Michael Stuber **DIVERSITY**

Michael Stuber

DIVERSITY

Das Potenzial von Vielfalt nutzen – den Erfolg durch Offenheit steigern

unter Mitarbeit von
Dipl.-Kfm. Stephan Achenbach
Dipl.-Soz. Almut Kirschbaum
Dipl.-Soz. Madlen Tschernischew

L Luchterhand

Bibliografische Information Der Deutschen Bibliothek

Die Deutsche Bibliothek verzeichnet diese Publikation in der Deutschen Nationalbibliografie; detaillierte bibliografische Daten sind im Internet über http://dnb.ddb.de abrufbar.

ISBN 3-472-05396-8

Lektorat: Richard Kastl, Dipl.-Kfm.

Einbandgestaltung: GrafikDesign Reckels & Schneider-Reckels, Wiesbaden
Satz: TGK Wienpahl, Köln
Druck: Wilhelm und Adam, Heusenstamm
Printed in Germany, Dezember 2003
Gedruckt auf säurefreiem, alterungsbeständigem und chlorfreiem Papier

Statt eines Vorwortes

Die Wirtschaft befindet sich in ihrem Streben nach Wachstum stets auf der Suche nach neuen Optimierungspotenzialen. Gleichzeitig müssen Qualitätsstandards, rechtliche Anforderungen und das sich ständig – und immer drastischer – ändernde Umfeld als Chance angesehen und mitgestaltet werden. In Ansätzen geschieht dies bereits für einzelne Themen, für die teilweise isolierte Konzepte entwickelt werden.

Dabei fehlt häufig der Blick für Gesamtzusammenhänge und somit für Schlüsselaspekte im eigentlichen Sinne. Entsprechend werden kaum ganzheitliche Antworten auf die immer komplexeren Herausforderungen und Perspektiven angeboten. Diversity tritt an, genau hierzu einen Beitrag zu leisten. Denn es gibt eine mögliche Antwort auf die Frage:

Was haben betriebswirtschaftliche Zielsetzungen, wirtschaftliche Trends sowie gesellschaftliche, politische und kulturelle Entwicklungen gemeinsam?

Sie alle beinhalten eine stark wachsende Bedeutung von Vielfalt und des Umganges mit Unterschiedlichkeit. Im Umkehrschluss heißt das: Wer mit Vielfältigkeit nicht umzugehen weiß, wird schon bald zu den Verlierern oder zumindest nicht zu den Besten gehören können. Ähnlich waren die Überlegungen, die in den USA Mitte der 1980er Jahre zu „Managing Diversity" geführt hatten. Ein Managementansatz, dessen Kern die positive Berücksichtigung von Unterschieden zwischen Menschen darstellt. Dies umfasst ein

- ▶ bewusstes (An-)Erkennen von Unterschieden,
- ▶ umfassendes Wertschätzen von Individualität,
- ▶ proaktives (Aus-)Nutzen der Potenziale von Unterschiedlichkeit,
- ▶ gezieltes Fördern von Vielfalt und Offenheit.

Damit beschreibt Diversity eine neue Grundhaltung der Unternehmensführung, die dynamisch an Relevanz gewinnt, wenn nicht zur Notwendigkeit wird. Diversity stellt eine neue Art und Weise dar, Geschäfte zu machen: a new way of doing business.

Redaktionsschluss für alle Angaben und Inhalte war der 15. August 2003.

Köln, im Herbst 2003   *Michael Stuber*

Zum Aufbau des Buches

Dieses praxisorientierte Fachbuch zu Diversity beleuchtet den Bezugsrahmen für dieses Thema in Deutschland und bietet umfassende Anregungen für die Implementierung. Dazu geht es einen wie folgt modellhaft dargestellten Weg.

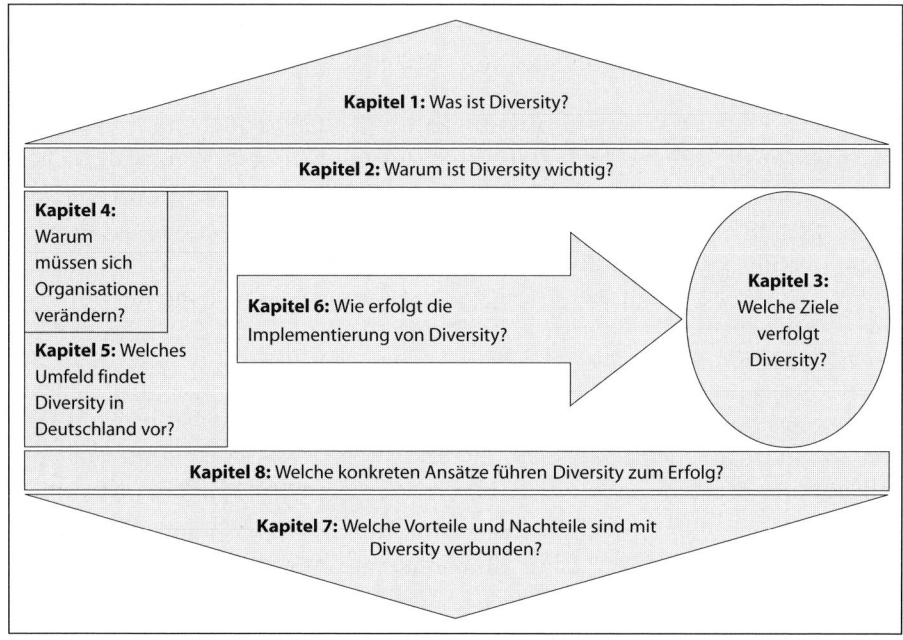

Abb. 0.1:   Modellhafte Darstellung der Buchinhalte

Zunächst erfolgt eine Darstellung verschiedener Definitionsmöglichkeiten für Diversity. Diese eröffnen gleichsam unterschiedliche Perspektiven für das Thema und eine Reihe unterschiedlicher Zugänge zu diesem Ansatz.

Kapitel 2 beschreibt die Relevanz des Diversity-Ansatzes anhand zweier Blickwinkel. Einerseits erfolgt eine Darstellung der vielfältigen Bezüge, die Diversity zu bedeutenden Managementthemen aufweist. Andererseits werden rechtliche, demographische und kulturelle Veränderungen beschrieben, die einen neuen Umgang mit Unterschiedlichkeit notwendig erscheinen lassen.

Der folgende Teil des Buches legt die Zielsetzungen von Diversity dar. Er beschreibt, welche künftigen Zustände mit diesem Ansatz erreicht werden sollen. Dabei wird deutlich, dass fast alle Diversity-Ziele auch für den nichtgewinnorientierten und den öffentlichen Bereich sinnvoll erscheinen.

Kapitel 4 beantwortet die Frage, weshalb sich selbst Organisationen, die jahrelang oder jahrzehntelang erfolgreich waren, unter Diversity-Gesichtspunkten verändern müssen. Hier kommen vor allem kulturelle Prinzipien und Muster von

Gemeinschaften zum Tragen, die zumindest in westlichen Industriegesellschaften nahezu universell beobachtbar sind.

Ein weiteres Kapitel beschäftigt sich mit der Ausgangssituation, die Diversity vorfindet – allerdings nicht wie Kapitel 4 auf Organisationen, sondern auf deren Umfeld bezogen. Die staatlichen, gesellschaftlichen und wirtschaftlichen Voraussetzungen, die Diversity in Deutschland vorfindet, werden als Rahmenbedingungen beschrieben, die bei einer Bearbeitung des Themas zu berücksichtigen sein werden.

Kapitel 6 stellt Bausteine der Implementierung von Diversity dar. Diese gliedern sich in die drei Hauptbereiche Grundlagen, Umsetzung und Prozessmanagement. Der Aufbau dieses Buchteils folgt wiederum dem Modell, das auch den Inhalt des Buches strukturiert. Zur Illustrierung konkreter Umsetzungsaktivitäten dienen 14 Fallbeispiele, die im Anschluss an die jeweiligen Abschnitte vorgestellt werden.

Das vorletzte Kapitel wägt die potenziellen, zu erwartenden oder aktiv erzielbaren Vorteile und Verbesserungen von Diversity gegen damit verbundene Kosten und mögliche Nachteile ab.

Schließlich stellt Kapitel 8 konkrete Ansätze vor, die für die Bearbeitung von Diversity genutzt werden können. Im Unterschied zu Kapitel 6 stehen hier nicht Instrumente, sondern Strategien im Mittelpunkt. Besonderes Augenmerk gilt dabei den Möglichkeiten, Veränderungen zu initiieren und zu fördern.

Mit diesem Aufbau will das Buch einen breiten Überblick und einen fundierten Einblick in Diversity gleichermaßen geben. Themen-Neulingen soll hierdurch der Einstieg ermöglicht werden, Diversity-Praktiker erhalten neue Anregungen. Allerdings war es nicht möglich, alle Fragen, die in Zusammenhang mit dem komplexen Thema Diversity auftreten, zu beantworten. Auf sie wird im Rahmen anderer Publikationen wie Fachartikel einzugehen sein. Über die Website www.ungleich-besser.de → das_Buch besteht die Möglichkeit, offene Fragen an den Autor zu richten. Dort findet sich auch eine stets aktuelle Version des Serviceteils.

Hinweise zur Nutzung des Buches

Das vorliegende Fachbuch greift an einigen Stellen auf wissenschaftliche oder andere Erkenntnisse zurück. Obwohl diese entsprechend gekennzeichnet sind, besteht nicht der Anspruch einer wissenschaftlichen Fundierung oder Systematik. Stattdessen bezieht das Buch in geeignet erscheinenden Punkten Stellung, wobei es die persönliche Ansicht des Autors widerspiegelt.

Diversity richtet sich in erster Linie an **privatwirtschaftliche Unternehmen**. Dennoch legt das Buch an einigen Stellen dar, dass der überwiegende Teil der Ausführungen eins zu eins oder mit geringfügigen Anpassungen auch auf **nicht gewinnorientierte Organisationen** übertragbar ist. Diese Betrachtungen beziehen sich nicht nur auf soziale Einrichtungen oder Nicht-Regierungsorganisationen, sondern auch auf die öffentliche Verwaltung und die Exekutive. Daher verwendet das Buch die Bezeichnungen „Unternehmen", „Organisationen" oder die Kombination „Unternehmen und andere Organisationen" im Wechsel. Beziehen sich Ausführungen nur auf eine der beiden Gruppen, so wird dies in dem jeweiligen Kontext deutlich gemacht.

Ähnlich verfährt das Buch bei der Verwendung von männlichen und weiblichen Formen. Grundsätzlich beziehen sich alle Äußerungen auf Angehörige beiderlei Geschlechts, wenn keine andere Bedeutung besonders hervorgehoben wird. Um dies zu verdeutlichen, aber dennoch eine gute Lesbarkeit zu gewährleisten, werden männliche Formen und Varianten mit großem „I" im Wechsel verwendet. Bei zusammengesetzten Wörtern wie zum Beispiel „Mitarbeiterbefragung" wird auf den Zusatz „Innen" grundsätzlich verzichtet. In diesen Fällen erstrecken sich die Betrachtungen dennoch explizit auch auf weibliche Personen.

Inhaltsverzeichnis

Kapitel 1
Was ist Diversity?

Das Thema Diversity ermöglicht sprichwörtlich vielfältige Zugänge und unterschiedliche Sichtweisen. Entsprechend entstehen verschiedene Definitionsmöglichkeiten mit gleichrangigen Berechtigungen und unterschiedlichen Konnotationen. Im Kern beschreibt Diversity das Phänomen „Vielfalt", das durch die zahlreichen Unterschiede entsteht, die alle Menschen zu einmaligen Individuen machen. Im zwischenmenschlichen Bereich erscheint ein zweites Paradigma von Bedeutung: Diversity als Geisteshaltung beschreibt das Bewusstsein für vielfältige Unterschiede und ihren Einfluss auf das tägliche Miteinander – insbesondere am Arbeitsplatz. Hier werden auch Werte und Einstellungen gegenüber Differenz und der Umgang mit „anderen" relevant. Dieses Paradigma umfasst mithin die Themen Toleranz, Respekt, Wertschätzung und Einbeziehung. Auf Unternehmen oder (nichtgewinnorientierte) Organisationen übertragen, beschreibt Diversity die bewusste Anerkennung, Berücksichtigung und konsistente Wertschätzung von Unterschiedlichkeit sowie die aktive Nutzung und Förderung von Vielfalt zur Steigerung des Erfolges. Somit beinhaltet dieser Ansatz die Offenheit und Aufgeschlossenheit für Potenziale, die sich außerhalb des bisher fokussierten Bereiches befinden. Auch für Unternehmen kann Diversity zu einer Geisteshaltung werden, wenn es nämlich fest im Leitbild und in allen Geschäftsprozessen verankert wird. Insofern lassen sich jeweils aus Sicht von Personen und Organisationen auf einer Sachebene und einer mentalen Ebene Definitionen für Diversity formulieren (vgl. Abb. 1.1).

▶ Diversity aus Sicht von Personen
  – das Phänomen „Vielfalt"
  – die Geisteshaltung „Offenheit"

▶ Diversity aus Sicht von Organisationen
  – das Instrument „Diversity Management"
  – der Leitgedanke „Diversity & Inclusion"

	Personenbezogene Sichtweisen	Organisationsbezogene Sichtweisen
Sachebene	**Phänomen „Vielfalt"** Die Tatsache, dass sich Menschen in vielerlei Hinsicht unterscheiden – oder auch gleichen („diversity")	**Instrument „Diversity Management"** Die gezielte interne und externe Berücksichtigung sowie die bewusste Nutzung und Förderung von Vielfalt zur Erfolgssteigerung („managing diversity")
Mentale Ebene	**Geisteshaltung „Offenheit"** Das Bewusstsein für Vielfalt und die eigene Einstellung zu Unterschiedlichkeit, die den Umgang mit Menschen mitbestimmen („valuing diversity")	**Leitgedanke „Diversity & Inclusion"** Die grundlegende, positive Ausrichtung einer Organisation auf Vielfalt und Individualität © mi.st [Consulting

Abb. 1.1: Definitionsperspektiven für Diversity. Abbildung: Eigene Darstellung.

1.1 Diversity aus Sicht von Personen

Das Phänomen „Vielfalt" (diversity)

Diversity im Sinne von Vielfalt beschreibt eine unverrückbare Realität. Nämlich dass jeder Mensch in gewisser Hinsicht vielen, wenigen und/oder keinem Menschen gleicht.

Etliche Definitionen von Diversity führen indes zu anderen Interpretationen. WissenschaftlerInnen und PraktikerInnen greifen häufig auf US-amerikanische Ansätze zurück. Allzu offensichtlich erfolgt eine Übersetzung von „Diversity" in „Vielfalt" und eine Fokussierung auf wenige, einige oder viele Faktoren, die – auf dem Wege der Unterscheidung oder Differenz – zu Vielfalt führen. Hier spielt eine feine Unterscheidung der Groß-/Kleinschreibung eine Rolle: zwischen „diversity" (mit kleinem „d") in der Bedeutung von Vielfalt und „Diversity" (mit großem „D"). Letzteres beschreibt ein umfassendes Konzept der Unternehmensführung. In vielen Übersetzungen kommt dieser Unterschied nicht zum Tragen, wodurch eine Reduzierung des Ansatzes und eine Fokussierung auf Unterschiedlichkeiten entsteht.

Mit einer Fokussierung auf Differenz erhalten die thematisierten Unterscheidungsfaktoren die Konnotation von trennenden Dimensionen. Der verbindende Charakter, den Unterscheidungsfaktoren gleichzeitig haben können, wird hierbei allzu leicht übersehen. Zwar führen quasi unendlich viele Unterschiedlichkeiten dazu, dass sich keine zwei Menschen völlig gleichen; jedoch bedeutet dies auch, dass jeder Mensch mit den meisten anderen Individuen, mit denen er in Kontakt kommt, zumindest einige Gemeinsamkeiten hat. Die einseitige Betonung von Unterscheidung – mit ausschließlich trennendem Charakter – führt in der aktuellen Diskussion (und in der Praxis) häufig zu der Frage, wie viel Vielfalt eine Organisation aushalte, wie viel Vielfalt überhaupt positiv sei oder wie viel Vielfalt noch eine Einheit ermögliche. Bei einer Einbeziehung von verbindenden Aspekten vieler Dimensionen ließe sich an dieser Stelle konstruktiv intervenieren. In der Praxis bieten Unternehmensleitbilder, -werte oder -ziele hier nahe liegende Ansatzpunkte, allzu große Disparitäten zu vermeiden und das Konzept von Einheit in Vielfalt zu verwirklichen. Dabei entsteht im Idealfall eine positive (Selbst-)Identifikationsmöglichkeit (z.B. mit dem Unternehmen), die mithin erforderlich ist, um Offenheit gegenüber anderen (im weitesten Sinne) zu ermöglichen.

Diversity thematisiert also Individualität und sieht Unterschiedlichkeit dabei nicht nur als etwas Trennendes, sondern auch als etwas Verbindendes an. Bestehende Vielfalt muss allerdings zunächst erkannt werden, bevor sie anerkannt und als Chance genutzt werden kann.

Seit seiner erstmaligen Nennung hat sich der Aktionsrahmen für Diversity von den ursprünglichen Kerndimensionen „Geschlecht" und „Ethnizität" erheblich erweitert und umfasst heute sämtliche nur denkbaren Unterschiede zwischen Menschen.[1]

Der Grundgedanke dieser Darstellung basiert auf dem Modell von Marilyn Loden und Judy Rosener (1991), welches zwischen „inneren und äußeren Dimensionen" unterscheidet. Dieses wurde später durch Lee Gardenswartz und Anita Rowe (1995) erweitert und umfasst „Persönlichkeit", „Innere Dimensionen", „Äußere Dimensionen" und „Organisationale Dimensionen".

Die oben dargestellte pragmatische Strukturierung stellt die so genannten Kerndimensionen von Diversity gleichberechtigt in den Vordergrund und lässt darüber hinaus offen, welche weiteren Themen im jeweiligen Unternehmensumfeld besonders relevant erscheinen und in einen zu definierenden Diversity-Ansatz eingeschlossen werden sollen. Die Kerndimensionen stellen sechs biologische oder soziale Faktoren dar, die Menschen von Natur aus gegeben sind, ihre Lebenswelten prägen oder praktisch nicht veränderbar sind: Alter, Befähigung oder Behinderung, ethnisch-kulturelle Prägung, biologisches und/oder soziales Geschlecht, sexuelle Orientierung und religiöse Glaubensprägung. Artikel 13 des EU-Vertrages (Amsterdamer Vertrag), die entworfene europäische Menschenrechts-Charta sowie die Antidiskriminierungsrichtlinien der EU nennen ebenfalls genau diese Faktoren menschlicher Vielfältigkeit als besonders schützenswerte Dimensionen. Sie stehen nicht separat nebeneinander, sondern greifen ineinander und überlagern sich. Denn jeder Mensch weist Ausprägungen all dieser (und zahlloser weiterer) Faktoren auf. So kann ein Individuum gleichzeitig Mann, jüdischen Glaubens und heterosexuell sein. Weiterhin verändern viele Dimensionen ihre Bedeutung im Kontext anderer Dimensionen, z.B. Alter in verschiedenen Kulturen.

Organisationen, die an und mit Diversity arbeiten, thematisieren weitere Arten von Unterschiedlichkeit, die für sie jeweils von Bedeutung sind. Dabei erscheinen meist Persönlichkeitsmerkmale, die ein Mensch selbst beeinflussen oder steuern kann, relevant; wie Denk- und Arbeitsweisen, Kultur und Sprache (Muttersprache[n], Fremdsprache[n], Dialekte), Ausbildung und private Lebensumstände. Aber auch unternehmensspezifische Faktoren wie die Zugehörigkeit zu einem Standort (z.B. Werk München oder Niederlassung Bremen), Unternehmensbereichen (z.B. Chemie oder Pharma) oder Funktionen (z.B. Marketing oder Produktion) oder die unterschiedliche Dauer der Unternehmenszugehörigkeit können das Miteinander bzw. Zusammenwirken der Belegschaft beeinflussen und daher Themen für Diversity sein.

---

1   Lieberman, Simma (2001) et al. stellen z.B. 66 Unterscheidungsmöglichkeiten vor.

Eine Besonderheit besteht in der (augenscheinlichen) Sichtbarkeit oder der (subtileren) Wahrnehmbarkeit der Kerndimensionen. Die Autoren Milliken und Martins kategorisieren Diversity in zwei übergreifende Gruppen: wahrnehmbare Unterschiede (observable differences) und kaum wahrnehmbare Unterschiede (unobservable differences). Zu den wahrnehmbaren Unterschieden gehören Rasse, Geschlecht, Alter und Nationalität, wobei letzterer Punkt fraglich erscheint. Zu den kaum wahrnehmbaren Unterschieden zählen Werte (Persönlichkeit, kulturelle Werte, Religion, sexuelle Orientierung, Humor) sowie Wissen und Fähigkeiten (Bildung, Sprachen, Fachkompetenz). An dieser Stelle ist jedoch Vorsicht geboten. Nicht immer sind alle so genannten wahrnehmbaren Unterschiede tatsächlich sichtbar. Vor allem „sexuelle Orientierungen", aber auch viele Behinderungen oder viele Glaubensrichtungen sind – entgegen landläufiger Auffassung – nicht, kaum oder nur situativ erkennbar oder vermutbar. Auch kann diese Art der Kategorisierung dazu verleiten, sich „nur" auf die wahrnehmbaren Unterschiede zu konzentrieren. Dies entspräche einem teilweise verständlichen Wunsch nach Eingrenzung, was jedoch zwangsläufig auch zu Ausgrenzung führe. Die Arbeit an wahrnehmbaren Unterscheidungen erreicht außerdem sprichwörtlich nur die Spitze des Eisberges, denn der größte Teil von Vielfalt entsteht durch nicht sichtbare Faktoren, die mithin einer besonderen Aufmerksamkeit bedürfen. Ein anderer Ansatz überprüft die in amerikanischen Definitionen beispielhaft (!) aufgezählten Themen auf ihre Relevanz in Deutschland oder Europa und übernimmt sie dann nach Gutdünken – oder eben nicht. Hierbei besteht die Möglichkeit (oder Gefahr), unbequeme Faktoren zu eliminieren und gleichzeitig keine weiteren hinzuzunehmen, die zum Beispiel in Deutschland oder der jeweiligen Organisation besondere Relevanz haben. In der Praxis wird beispielsweise „Hautfarbe" immer wieder als nicht relevant deklariert – schließlich gäbe es hierzulande kaum Menschen afrikanischer Herkunft. Allerdings werden umgekehrt Unterschiede zwischen ost- und westdeutscher Herkunft selten als Faktor neu aufgenommen.

Der Wunsch nach einer Reduzierung von Komplexität kann nochmals in Zusammenhang mit dem Thema Differenz betrachtet werden. Ein besonderes Risiko besteht in der Reduzierung der ausgewählten Unterscheidungsfaktoren bei gleichzeitiger Betonung von Unterschiedlichkeit im Sinne von (trennendem) Anderssein. So entstehen allzu leicht klassische Feindbilder zwischen einigen wenigen Gruppen: denjenigen, die der Norm entsprechen, also „normal" sind, und denen, die sich unterscheiden. Stattdessen erweisen sich Ansätze als vorteilhaft, die einerseits darauf verweisen, dass jeder Mensch angesichts zahlloser Faktoren ein einmaliges Individuum darstellt, und gleichzeitig betonen, dass wir vieles gemeinsam haben, uns also in einigen Faktoren ähneln („Einheit & Individualität").

Diversity im Sinne von Vielfalt thematisiert also verschiedene Faktoren von Unterschiedlichkeit. Eine Studie (2001) der mi.st [Consulting zeigt dabei, dass die einzelnen Kerndimensionen unterschiedlich hohe Beachtung finden: Während

Geschlecht und Ethnien bzw. Kultur von praktisch allen Unternehmen berücksichtigt werden, erhalten Behinderung und Alter mittlere Aufmerksamkeit; sexuelle Orientierung oder Religion werden dagegen selten in die Bearbeitung eingeschlossen. Ergebnisse einer ähnlichen Befragung, die in Zusammenarbeit mit der Deutschen Gesellschaft für Personalführung mbH (DGFP) durchgeführt wurde, unterstützen diese Aussagen. Demzufolge werden sexuelle Orientierung und Religion als nicht relevant angesehen. Relativ hohe Aufmerksamkeit erhalten Geschlecht, Alter, Bildung und kulturelle Werte. Nationalität, Behinderung und Familienstand werden als neutral eingeschätzt. Im Gegensatz hierzu gaben die Befragten an, dass fast keine Menschen mit Behinderungen in Führungspositionen arbeiten. Dies ergänzt die neutrale Wahrnehmung des Faktors Behinderung durch ein großes Fragezeichen. Ähnliche Betrachtungen könnten für andere „neutrale" oder „nicht relevante" Faktoren angestellt werden.

Die Geisteshaltung „Offenheit" (valuing diversity)

Als (Teil einer) Geisteshaltung beschreibt Diversity eine mentale Einstellung gegenüber Vielfalt und ein Bewusstsein für den Einfluss vielfältiger Unterschiedlichkeiten auf das tägliche Miteinander, auf Kommunikation und Kooperation. Neben dem (An-)Erkennen diverser Erscheinungsformen von Vielfalt erscheinen Fragen der Akzeptanz, des Respekts und der (aktiven) Wertschätzung von und des Umganges mit Unterschiedlichkeit als besonders wichtig für den betrieblichen Alltag. Diversity oder auch „Valuing Diversity" stellt somit Fragen an menschliche Grundhaltungen: Welche (fundamentale) Einstellung habe ich zu Unterschiedlichkeit? Wie gehe ich auf Menschen zu, die „anders" sind? Bin ich mir darüber im Klaren, dass praktisch alle persönlichen und kulturellen Faktoren die Arbeitsplatzsituation beeinflussen und wie dies geschieht? Wie offen bin ich für andere Sichtweisen und für Anregungen anderer?

Valuing Diversity geht also über die Ebene der Vielfalt hinaus. Dafür ist es notwendig, dass sich Menschen bewusst werden, dass sie in einer Welt leben, die von Vielfalt geprägt wird. Um sodann ein besseres Miteinander zu gewährleisten, müssen Verständnis und Respekt gegenüber dieser (an-)erkannten Vielfalt fest etabliert werden. Diversity beschränkt sich insofern nicht auf den (passiven) Ansatz der Toleranz.[2] Vielmehr sollen bestehende Denk- und Verhaltensweisen überdacht und gegebenenfalls geändert werden. Nicht für jeden ist dies ein einfacher Prozess, der in einer aktiven Wertschätzung für die (positiven) Beiträge anderer Menschen münden sollte. Denn jedes Individuum trägt mit seiner Einzigartigkeit zur Bereicherung der Allgemeinheit bei. Wird die offene Geisteshaltung einer Wertschätzung sodann mit klaren Kompetenzen in der Nutzung von Unterschiedlichkeiten verbunden, dann können echte Mehrwerte für die Organisation geschaffen werden. Ohne sie stellt Vielfalt an sich noch keinen Wert dar.

---

2   Vgl. Abramson, Jeffrey (2002), S. 230–243.

1.2 Diversity aus Sicht von Organisationen

Das Instrument „Diversity Management" (managing diversity)

Als vor mehr als 15 Jahren erstmals von „Diversity" gesprochen wurde, suchten US-amerikanische Unternehmen nach neuen Wegen zur effektiveren Integration von Frauen und ethnischen Minderheiten. Denn die frühere Fokussierung auf bestimmte Gruppen (equal employment opportunities, affirmative action) und auf das Anderssein hatten sich als wenig tragfähige Ansätze erwiesen: „Bevorzugung" und „Ausgrenzung" lauteten die Vorwürfe, die eine Verbreiterung des Themas notwendig machten, zumal damals neue Prognosen zur Entwicklung der Arbeitsmärkte vorgelegt worden waren, die zusätzliche demographische Herausforderungen erkennen ließen. Insgesamt eine Situation, die der in den Jahren 2000 bis 2003 in Deutschland nicht unähnlich erscheint.

Als Instrument der Unternehmensführung beschreibt Diversity („Managing Diversity") die Gesamtheit der Maßnahmen, die dazu führen, dass Unterschiedlichkeiten in und von einer Organisation anerkannt, wertgeschätzt und als positive Beiträge zum Erfolg genutzt werden. Es geht also um die gezielte interne und externe Berücksichtigung sowie die bewusste Einbeziehung und Förderung aller unterschiedlichen Stakeholder zur Steigerung des Erfolges eines Unternehmens oder einer Organisation.

Hier wird ein erster Unterschied zwischen Diversity und verschiedenen Gleichstellungsansätzen sowie Konzepten zum Aufzeigen „sozialer Gerechtigkeit" erkennbar. Diversity verfolgt das Ziel, Menschen mit all ihren Unterschieden zu berücksichtigen, also nicht so zu tun, als seien sie (auf irgendeiner Ebene) gleich. Aussagen wie „Bei uns spielt es keine Rolle, ob Sie Mann oder Frau, Deutsche oder Ausländerin, hetero- oder homosexuell sind" stehen dem Diversity-Gedanken insofern entgegen, als dass es faktisch sowohl für den Einzelnen als auch für die Organisation natürlich (auf irgendeiner Ebene) einen Unterschied macht. Dies erkennt Diversity an. Weiterhin löst Diversity die Fronten zwischen ehemals „getrennt" adressierten Gruppen (z.B. Männer vs. Frauen etc.) auf, indem das Individuum in den Vordergrund tritt. Durch das nicht länger bestehende Gruppendenken wird auch die Wahrnehmung reduziert, eine Beendigung von Diskriminierung und Ausgrenzung führe zu einer Bevorzugung der zuvor benachteiligten bzw. der künftig geschützten Gruppe. Entsprechend kann Diversity dazu führen, dass eine besondere betriebliche Gleichstellungspolitik für Frauen nicht mehr sinnvoll sein mag. Vielmehr wären die Unternehmen gefordert, das Engagement und die Qualifikationen ihrer Mitarbeiterinnen gleichermaßen anzuerkennen. Schließlich besteht in der klaren wirtschaftlichen Orientierung von Diversity ein möglicher Unterschied zu Gleichstellungskonzepten. Diese basierten teilweise auf dem politischen Willen, frühere Benachteiligungen (bestimmter Gruppen) durch gezielte Maßnahmen zu neutralisieren oder bestehende Ausgrenzungen/Diskriminierungen/Diffamierungen zu überkommen. Die Betrachtung von positiven wirtschaftlichen Effekten erfolgte oft nur im Nachhinein oder als Hilfsargumentation.

Natürlich bestehen in der betrieblichen Praxis bereits zahlreiche Ansätze, die einer Berücksichtigung und Nutzung von Vielfalt und Individualität dienen: Betreuung von Expatriates[3], betriebliches Sozialwesen, Team Building, Kinderbetreuung, interkulturelles Training, Gesundheitsmanagement, Zielgruppenmarketing u.v.m. Diese Insellösungen oder „Programme" richten sich im Allgemeinen an Gruppen, die davon „profitieren" sollen. Meist fehlt die Erkenntnis, dass die Themen „Vielfalt", „Individualität", „Unterschiede" und „Produktivität" die verbindenden Aspekte all dieser Ansätze darstellen. Diversity bietet insofern ein konsistentes Dach und einen direkten Bezug zum Erfolg einer Organisation. Weiterhin wird die Verknüpfung und Verbreiterung einzelner Initiativen ermöglicht: Diversity schließt alle ein – als Individuen, und führt eine positive Grundhaltung in die Unternehmenskultur ein. So können ungleich mehr Vorteile für die Organisationen und für mehr MitarbeiterInnen entstehen.

Der Leitgedanke „Diversity & Inclusion"

Für einzelne Personen bietet Diversity einen sachlichen Zugang (Phänomen Vielfalt) und einen mentalen (Geisteshaltung Offenheit). Lässt sich aus Sicht von Organisationen eine Analogie zur Geisteshaltung beschreiben? Es kann argumentiert werden, dass sich die Geisteshaltung von Organisationen in ihrem Leitbild, ihren Policies, öffentlichen Statements und letztlich in all dem zeigt, was die Organisation tut. Entsprechend beschreibt der Leitgedanke „Diversity & Inclusion" die ganzheitliche Einbettung und feste Verankerung von Diversity in allen Bereichen und Aspekten des Unternehmens. Erkennbar wird dies an der steten Einbeziehung und Nutzung der vielfältigen Potenziale aller Stakeholder – kurz: Inclusion.

Dabei fällt auf, dass die deutsche Sprache zwar für „exclusion" den Begriff „Ausgrenzung" bereithält, für „inclusion" dagegen kein Wort kennt, das dem umfassenden Charakter des englischen Ausdrucks ausreichend gerecht wird. Inclusion verweist nämlich in der Praxis ähnlich wie „Diversity" (mit großem „D") auf eine Grundhaltung hin, die eine bewusste Anerkennung und Berücksichtigung von Unterschiedlichkeiten, eine konsistente Einbeziehung aller sowie eine proaktive Nutzung und Förderung von Vielfalt beschreibt. Das deutsche „Einbeziehen" erscheint hierfür vergleichsweise schwach, da es die Konnotation von (wahlweiser, machtabhängiger) Partizipation enthält und eher funktionalen Charakter aufweist (jemanden einbeziehen – oder eben nicht).

---

3   Expartriates: ins Ausland entsandte MitarbeiterInnen.

Die Verwendung dieses Verständnisses für Diversity beinhaltet, wie schon der instrumentelle Ansatz, eine Orientierung am wirtschaftlichen Erfolg. Die Bedeutung von Diversity wird durch die ganzheitliche Integration tendenziell verstärkt. Dabei besteht jedoch die Gefahr einer Philosophisierung: Findet in ersten Phasen einer Diversity-Initiative keine konkrete Adressierung von Vielfalt, Unterschiedlichkeit und Individualität (als Geisteshaltung oder über Instrumente) statt, so wird auch die proklamierte Einbettung in das Unternehmensleitbild nicht zu nachhaltigen Veränderungen führen.

Das Verständnis von Diversity – Ergebnisse einer Studie

Die Studie „Corporate Diversity Practices in Europe", die mi.st [Consulting im Jahr 2001 durchführte, untersuchte unter anderem die Verständnislinien für Diversity. Die 20 befragten internationalen Unternehmen beschreiben mit dem Begriff Diversity Verschiedenheit, Andersartigkeit oder Individualität des einzelnen Menschen. Diese allgemeine Definition umfasst und anerkennt die Unterschiedlichkeit, die zum Beispiel aus verschiedenen Kulturen resultiert.

Ein zweiter Blickwinkel beleuchtet Diversity als Teil des Führungsinstrumentariums eines Unternehmens, mit Hilfe dessen sich Wertsteigerungen und Effizienzverbesserungen erreichen lassen, beispielweise die bessere Nutzung multinationaler Teams oder die einfachere Integration akquirierter Unternehmen oder Bereiche.

Ein drittes, ganzheitliches und integriertes Verständnis verweist auf die Notwendigkeit des Umgangs mit Andersartigkeit und Verschiedenheit, wonach Diversity grundsätzlich und stets in allen Unternehmensprozessen, Strukturen und Inhalten zu berücksichtigen ist.

Alle diese unterschiedlichen Definitionsaspekte wurden bei den befragten Firmen identifiziert – teilweise auch bei ein und demselben Unternehmen. Die Mehrzahl der befragten Firmen legte jedoch den Schwerpunkt auf die Sichtweise, Diversity als Instrument zur Steigerung des Erfolges in ihrem jeweiligen Kerngeschäft einzusetzen. Vor allem internationale Unternehmen wenden Diversity an, um eine optimale Nutzung vielfältiger Qualifikationen sowie unterschiedlicher Arbeitsmarkt- und Absatzmarktsegmente zu erreichen. Dies ist vor allem mit Blick auf das Verhältnis von Diversity und „sozialer Verantwortung" (Corporate Social Responsibility/Corporate Citizenship) als Teilaspekt von Nachhaltigkeit von Interesse. Es zeigt nämlich, dass der vorherrschende Diversity-Ansatz nicht ein sozialer, sondern ein wirtschaftlicher ist.

Die Zuordnung von Diversity zu Nachhaltigkeit erscheint vor diesem Hintergrund ungünstig, wenngleich eine Wechselwirkung vorhanden ist, die beide Themen positiv beeinflussen kann.

Mit Blick auf die historische Verknüpfung von Diversity und Chancengleichheit (für Frauen und Männer) sowie angesichts einer häufig vermuteten „Themenorientierung" (Kultur, Alter, Behinderung etc.) wurde dieser Aspekt in der Umfrage gesondert beleuchtet. Etwa 70 % der Teilnehmenden erwähnten das Modell der sechs Kerndimensionen als Aktionsrahmen für Diversity: Alter, Behinderung, Ethnizität, Geschlecht, Religion und sexuelle Orientierung. Eine vertiefende Frage ergab indes, dass diese Faktoren, obschon gleichberechtigt in die jeweilige Definition eingeschlossen, nicht gleichermaßen in der aktiven Umsetzung berücksichtigt werden.

Lediglich knapp 40 % der Befragten schlossen auch alle Kerndimensionen in die Implementierung von Diversity ein. An dieser Stelle erschien eine Differenzierung zwischen amerikanischen und europäischen Unternehmen von besonderem Interesse. Eine Vermutung bestand nämlich darin, dass US-Konzerne aufgrund der längeren Diversity-Tradition und vor dem Hintergrund des „Inclusion"-Ansatzes sowie wegen der Kultur einer „Political Correctness" zu einer breiten, umfassenden Definition neigen, die mehr Themen bzw. Gruppen einschließt als europäische Ansätze. Das Gegenteil zeigte sich. Europäische Konzerne erwähnten mehr Diversity-Aspekte als europäische Tochterunternehmen von US-Konzernen. Eine Erklärung hierfür mag darin bestehen, dass Letztere (noch) keine Notwendigkeit (oder Verpflichtung) darin sehen, Vielfalt in Europa in der gleichen (breiten) Weise zu bearbeiten, wie sie dies auf ihrer Seite des Atlantiks selbstverständlich tun.

Interessant sind die bestehenden Definitionen der befragten Unternehmen mit Blick auf die jeweilige Entwicklungsstufe von Diversity. So weist die Betonung von „Individualität" auf eine fortgeschrittene Phase des Verständnisses und der Implementierung hin. Diese Sichtweise wirkt nämlich der Wahrnehmung einer positiven (umgekehrten) Diskriminierung entgegen, da sie (tatsächlich) alle in das Konzept einbindet, da jeder Mensch individuell bzw. einzigartig ist.

Die explizite Beschränkung von Diversity auf wenige Dimensionen (z.B. „Geschlecht und Nationalität") wird dagegen als aktive Ausgrenzung vielfältiger Gruppen oder gar der jeweiligen Mehrheiten wahrgenommen. Hierin kann eine Reflexion der Glaubhaftigkeit und Ernsthaftigkeit von Diversity gesehen werden. Sie führte bereits in den frühen 1990er Jahren zur Präferierung allumfassender Ansätze, worin gleichsam ein entscheidendes Unterscheidungsmerkmal zu Förderkonzepten für bestimmte Gruppen oder Themen zu sehen ist. Insgesamt zeigte die Untersuchung, dass jedes Unternehmen ein eigenes, spezifisches Verständnis für Diversity entwickelt. Dies erscheint auch vor dem Hintergrund strategischer Überlegungen sinnvoll, die in folgenden Kapiteln angestellt werden.

1.3 Exkurs: Annahmen zu Diversity

Nachdem bisher beschrieben wurde, was unter „Diversity" verstanden werden kann, stellt das folgende Unterkapitel die Annahmen von Diversity in den Mittelpunkt. Dabei handelt es sich zum einen um das Menschenbild, von dem Diversity implizit ausgeht, und zum anderen um die Grundannahmen, die als implizite Voraussetzungen herangezogen werden.

Viele Organisationstheorien verwenden jeweils ein bestimmtes Menschenbild, das wie folgt beschrieben wird: „Organisationstheorien enthalten Annahmen über Eigenschaften, Bedürfnisse, Motive, Erwartungen und Einstellungen von Organisationsmitgliedern. Die Gesamtheit der Annahmen einer Theorie über den Menschen in Organisationen wird als Menschenbild bezeichnet."[4] Es ist anzunehmen, dass auch Diversity von einem bestimmten Menschenbild ausgeht. Dieses ist bisher (z.B. in der Literatur) noch nicht detailliert beschrieben und erfasst worden. An dieser Stelle wird deshalb ein Versuch unternommen, ein Menschenbild zu skizzieren, welches den Ansprüchen von Diversity gerecht werden kann.

Der „Diversity-Mensch"[5]

… verhält sich respektvoll gegenüber allen anderen MitarbeiterInnen des Unternehmens;

… ist tolerant gegenüber Unstimmigkeiten in Sprache, Lebensstil und Verhalten;

… schließt keine Person von der Gemeinschaft aus und diskriminiert niemanden;

… strebt nach freier Entfaltung und Selbstverwirklichung;

… hat den Wunsch nach Freiraum innerhalb des Unternehmens;

… ist kreativ und einfallsreich;

… ist flexibel in Situationen, die neu, schwierig oder herausfordernd sind;

… besitzt die Fähigkeit zur Selbsterkenntnis, um sicherzustellen, dass eigene Reaktionen verstanden werden und man sich in das Umfeld und Arbeit einbringt;

… besitzt die Fähigkeit zur Empathie, um nachvollziehen zu können, was jemand anderes in neuen oder fremden Situationen möglicherweise empfindet;

… hat Geduld für langsame Veränderungen und schwierige Situationen;

… sieht Arbeit als eine Quelle der Zufriedenheit an;

… hat den Willen zur Arbeit.

---

4   Staehle, Wolfgang (1999), S. 191.

5   Vgl. Sonnenschein, William (1997), S. 8.

Diese Überlegungen finden sich zum Teil auch auf den Seiten der „Society for Human Resource Management" (SHRM), auf denen es wie folgt heißt:[6]

▶ Diversity betrifft jeden Menschen, der sich mit seiner Meinung, Überzeugung und Erwartung gegenüber anderen auseinander setzt und einen positiven Umgang mit Andersartigkeit erreichen will.

▶ Diversity ist umfassend genug, um jeden mit einzuschließen, und geht über die Dimensionen Rasse und Geschlecht hinaus.

▶ Niemand sollte Ziel für Beschuldigungen für derzeitige oder vergangene Ungleichbehandlungen sein. Alle Menschen werden sozialisiert, um sich in einer bestimmten Art und Weise zu verhalten. Jeder Mensch ist zu bestimmten Zeiten Täter und zu manchen Zeiten Opfer von Diskriminierung und Stereotypisierung.

▶ Menschen verhalten sich ethnozentrisch – sie sehen die Welt durch ihr eigenes begrenztes Blickfeld und beurteilen ihr Umfeld anhand dessen, was ihnen vertraut ist.

▶ Menschen sträuben sich gegen Veränderung und bemühen sich ständig um einen Zustand von Homogenität. Diese Tatsache macht die permanente Umstellung, die durch Diversity gefordert wird, schwierig für Menschen, die bereits jetzt mit den Umschwüngen in heutigen Unternehmen überfordert sind.

▶ Menschen finden Beruhigung und Vertrauen in Ähnlichkeit. Sie tendieren dazu, die Gesellschaft derer zu suchen, die ihnen möglichst ähnlich sind.

▶ Es ist schwierig für Menschen, Macht zu teilen; die Geschichte belegt, dass dies selten freiwillig und ohne Grund geschieht.

Aufbauend auf diesem Menschenbild von Diversity, werden nachstehend drei Grundannahmen festgelegt.[7]

Durch die wirtschaftlichen und gesellschaftlichen Veränderungen hat sich eine Vielfalt bei den Beschäftigten herausgebildet, auf die ein Unternehmen notwendigerweise eingehen muss, wenn es erfolgreich auf dem Markt sein möchte. Es geht also darum, die vorhandene Vielfalt nicht zu beseitigen/zu uniformieren, sondern richtig zu managen. Geschieht dies nicht, können ökonomische Nachteile für das Unternehmen entstehen. So steigen beispielsweise die Kosten, wenn Personen, die nicht zur dominanten Gruppe gehören, nicht in das Unternehmen integriert sind. Eine nicht gelungene Integration beeinträchtigt negativ die Motivation der Mitarbeiter, und damit verbunden die Produktivität. Diversity ist des-

---

6   Vgl. http://www.shrm.org/diversity/definingdiversity.asp.

7   Vgl. Köhler-Braun, Katharina (1999), S. 192.

halb als positiver Wettbewerbsparameter zu betrachten und weil zum Beispiel eine vielfältig zusammengesetzte Belegschaft besser auf vielfältige Kundenwünsche eingehen und reagieren kann.

Erste Annahme

Diversity (personale Vielfalt) ist in jedem Unternehmen vorhanden und muss gemanagt werden. Wird Diversity nicht gemanagt, dann führt dies zu ökonomischen Nachteilen für das Unternehmen. Folglich sind Unternehmen bestrebt, Diversity zu managen, aber auch zu nutzen und zu fördern, da Diversity als positiver Wettbewerbsparameter anzusehen ist.

Vorhandene Vielfalt im Unternehmen wird also von Diversity befürwortet. Hierbei ist es wichtig, dass unter der existierenden Vielfalt keine Selektion erfolgt. Alle Personen bzw. Gruppen sind relevant für den Erfolg eines Unternehmens. Deshalb werden auch alle MitarbeiterInnen gleichberechtigt einbezogen. Aber nicht nur für das Unternehmen ist dies von Vorteil, sondern auch für jeden einzelnen Arbeitnehmer, da allen sich die Möglichkeit bietet, die eigene Individualität einzubringen. Es findet also keine gleiche Behandlung für alle statt, sondern eine individuelle Behandlung, da jeder Mensch anders ist. Somit lässt sich die zweite Annahme formulieren:

Zweite Annahme

Im Unternehmen erfolgt eine gleichberechtigte Einbeziehung aller Personen bzw. Gruppen in dem Bewusstsein, dass dies Vorteile sowohl für die Unternehmen als auch für die Gesellschaft und die Arbeitnehmer mit sich bringt. Ungleiche Arbeitnehmer haben ein Recht auf eine ungleiche Behandlung (im positivem Sinn). Dieses Recht gilt für alle gleich.

Wenn also alle Personen bzw. Gruppen gleichberechtigt in das Unternehmen einbezogen werden, dann impliziert dies, dass auch niemand diskriminiert werden darf.

Dritte Annahme

Diskriminierungen von Minderheiten bringen ökonomische Nachteile, deshalb müssen sie vermieden werden.

Die dritte Annahme wird rechtlich durch den Artikel „Gleichheit vor dem Gesetz" (Art. 3 GG) unterstützt, in dem es wie folgt heißt: „(1) Alle Menschen sind vor dem Gesetz gleich. (…) (3) Niemand darf wegen seines Geschlechts, seiner Abstammung, seiner Rasse, seiner Sprache, seiner Heimat und Herkunft, seines Glaubens, seiner religiösen oder politischen Anschauungen benachteiligt oder

„Es reicht nicht aus, Menschen aus verschiede-
nen Kulturen, unterschiedlichen Alters und
Geschlechts nur zusammenzubringen, es kommt
darauf an, wie diese Menschen dann miteinander
und mit anderen, etwa Angestellten und ihren
Kunden, umgehen."

DANIEL GOEUDEVERT, 2002

bevorzugt werden. Niemand darf wegen seiner Behinderung benachteiligt werden."[8]

Zusammenfassung Menschenbild und Grundannahmen

Die in diesem Abschnitt skizzierten Grundannahmen und das damit verbundene Menschenbild spiegeln den Grundgedanken wider, dass jedes Individuum einzigartig ist. Wenn diese Einzigartigkeit erkannt und richtig gemanagt wird, dann können daraus für Unternehmen Vorteile entstehen. Diversity bietet den erforderlichen Rahmen für eine erfolgreiche Einbeziehung vielfältiger Gemeinsamkeiten und Unterschiede von Menschen.

Die hier vorgenommenen Annahmen dienen dazu, Diversity bewusster zu gestalten und die kulturelle Verortung des Ansatzes in der westlichen Hemisphäre in Erinnerung zu bringen.

> **Lektion 1**
>
> Statt einer Standarddefinition für Diversity sollten Unternehmen ihr spezifisches Verständnis für dieses Thema entwickeln. Während die Kerndimensionen sozusagen die Pflicht darstellen, bilden externe und organisationale Faktoren die Kür. Da Vielfalt noch keinen Wert an sich darstellt, erscheint die Berücksichtigung offener Geisteshaltungen und effektiver Instrumente zur Nutzung von Unterschiedlichkeiten von Bedeutung. Die ganzheitliche Integration von Diversity & Inclusion als Leitgedanke einer Organisation bildet einen besonders umfassenden Ansatz dieses Themas.

Literatur

Abramson, Jeffrey (2002): Das Ideal demokratischer Gerechtigkeit. In: Das Ende der Toleranz? Alfred Herrhausen Gesellschaft für internationalen Dialog (Hg.), München: Piper, S. 230–243.

Gardenswartz, Lee; Rowe, Anita (1995): Diverse Teams at Work. Capitalizing on the Power of Diversity. Chicago: Irwin Professional Publishing.

Koall, Iris (2001): Managing Gender & Diversity. Von der Homogenität zur Heterogenität in der Organisation der Unternehmung. Münster: LIT.

Köhler-Braun, Katharina (1999): Durch Diversity zu neuen Anforderungen an das Management. In: Zeitschrift Führung und Organisation, Nr. 4, S. 188–193.

---

8   Allerdings regelt das GG nur das Verhältnis der Bürger zum Staat. Insofern ist z.B. der Paragraph „Grundsätze für die Gleichbehandlung der Betriebsangehörigen" (§ 75 BetrVG Abs. 1) deutlicher.

Krell, Gertraude (2001): Chancengleichheit durch Personalpolitik: Von „Frauen-förderung" zu „Diversity Management". In: Krell, Gertraude (Hrsg.): Chancengleichheit durch Personalpolitik, 3. Aufl., Wiesbaden: Gabler.

Lieberman, Simma; Simons, George F.; Berardo, Kate (2001): Putting Diversity to Work. CrispLearning.com

Loden, Marilyn; Rosener, Judy (1991): Workforce America: Managing employee diversity as a vital resource. Homewood: Business One Irwin.

Milliken, Frances J.; Martins, Luis L. (1996): Searching for common threads: Understanding the multiple effects of diversity in organizational groups. In: Academy of Management Review, Nr. 21, S. 402–433.

Müller, Ursula (1999): Geschlecht und Organisation. Traditionsreiche Debatten – aktuelle Tendenzen. In: Nickel, Hildegard u. a. (Hg.): Transformation Unter-nehmensorganisation Geschlechterforschung, Opladen: Leske + Budrich.

Rühl, Monika; Hoffmann, Jochen (2001): Chancengleichheit managen. Basis moderner Personalpolitik. Wiesbaden: Gabler.

Sonnenschein, William (1997): The Diversity Toolkit. How You Can Build and Benefit from a Diverse Workforce. Lincolnwood: Contemporary Publishing Group.

Staehle, Wolfgang (1999): Management. Eine verhaltenswissenschaftliche Perspektive, 8. überarbeitete Aufl., München: Vahlen.

Stuber, Michael (2002): Corporate Diversity Practices in Europe. In: Simons, George F. (Hg.), EuroDiversity. o. O.: Butterworth-Heinemann, S. 134–170.

Stuber, Michael (2003): Perspektiven der Diversity-Praxis. In: Vedder, Günther; Wächter, Hartmut (Hg.) Personelle Vielfalt in Organisationen, Mering: Hampp (in Vorbereitung).

Kapitel 2
Warum ist Diversity wichtig?

Nachdem Unternehmen und andere Organisationen jahrzehntelang erfolgreich tätig waren, stellt sich für viele die Frage, weshalb ein neuer Leitgedanke der Unternehmensführung künftig erforderlich sein sollte. Eine Antwort gab der frühere Chief Executive Officer von Hewlett Packard, Lew Platt: „Whatever made you successful in the past, won't in the future." Und tatsächlich erscheint es offensichtlich, dass Managementkonzepte, die in der Vergangenheit effektiv waren, angesichts veränderter Rahmenbedingungen künftig nicht unbedingt Erfolg bringen müssen.

Bei näherer Betrachtung wird erkennbar, dass Diversity – im Sinne der in Kapitel 1 beschriebenen Geisteshaltung und eines Leitgedankens – auf einer Metaebene vielfältige Bezüge zu den **Schlüsselthemen der Wirtschaft** aufweist. Insofern kann von einem „strategischen Fit" gesprochen werden: Diversity passt zu den jetzt und in Zukunft bedeutungsvollen Themen der Wirtschaft. Mit Blick auf konkrete **gesellschaftliche Veränderungen** (demographischer Wandel, veränderte Beziehungen zwischen Menschen, individueller Wertewandel) und **rechtliche Entwicklungen** wird weiterhin deutlich, dass die wesentlichen Anzeichen dieser Trends in Richtung Vielfalt und Individualität bzw. Inklusion weisen. Hieraus ergibt sich zusätzlich zum strategischen Fit eine konkrete Notwendigkeit für Diversity, da sich alle Stakeholder – Kunden, Mitarbeiter, Aktionäre, das gesellschaftliche Umfeld, Lieferanten – im Zuge der allgemeinen Differenzierung und Individualisierung deutlich verändern werden.

Allerdings müssen viele Organisationen nicht auf diese künftigen Entwicklungen warten. Es besteht bereits mehr Vielfalt innerhalb und außerhalb von Unternehmen, als bislang (an-)erkannt und genutzt wird. Natürlich betreffen diese Betrachtungen und Veränderungen nicht nur den privatwirtschaftlichen Bereich, sondern gleichermaßen die öffentliche Verwaltung, nicht gewinnorientierte Organisationen und nicht zuletzt Staat und Politik. Sie alle müssen sich auf die wesentlichen Veränderungen ihres Umfeldes einstellen, wenn sie nachhaltig glaubhaft oder erfolgreich bleiben wollen:

▶ Diversity ist ein Schlüsselthema wirtschaftlicher Metatrends
▶ Diversity ist eine Antwort auf veränderte Rahmenbedingungen
  – wachsende Anforderungen durch rechtlichen Wandel
  – wachsende Vielfalt durch demographischen Wandel
  – wachsende Offenheit durch Wertewandel
  – wachsende Inklusion durch veränderten Umgang

2.1 Diversity ist ein Schlüsselthema wirtschaftlicher Metatrends

Die Wirtschaftsteile großer Tageszeitungen, die Managementmagazine oder auch zahlreiche Konferenzen für Führungskräfte behandeln regelmäßig Themen, die die Zukunft der Unternehmen nachhaltig beeinflussen. Manche dieser Ansätze stellen sich als Modeerscheinungen heraus, andere als dauerhafte Herausforderungen, für die stets neue Lösungsstrategien entwickelt werden. Eine Reihe von Themen dürften jedoch in besonderem Maße den Erfolg – oder Misserfolg – von Unternehmen in Zukunft beeinflussen. Sie werden daher hier als Metatrends formuliert:

▶ Internationalisierung
  - europäische Integration
  - Globalisierung

▶ Organisationsveränderungen
  - Veränderungsgeschwindigkeit
  - Komplexität von Strukturen

▶ unternehmensübergreifende Aktivitäten
  - Mergers & Acquisitions (M&A)
  - strategische Allianzen

▶ Shareholder-Value
  - Kostendruck
  - Produktivitätsdruck

▶ Wettbewerbsdruck
  - schwierige Differenzierung
  - verschärfte Marktsituation & Innovationsdruck

▶ Ethik & Transparenz
  - Risikomanagement
  - Corporate Governance

Die folgenden Betrachtungen zeigen, dass all diese Schlüsselthemen einen direkten Bezug zu Diversity im Sinne von Vielfalt, Offenheit oder Einbeziehung aufweisen und sich dieses Thema insofern bestens mit den Prioritäten von Managern verbindet.

Internationalisierung

Durch die verstärkte Freizügigkeit von Waren, Dienstleistungen und Personen innerhalb der künftig vergrößerten EU und durch die zunehmende Globalisierung sehen sich Unternehmen mit immer mehr kultureller Vielfalt konfrontiert. Aber auch ihre Geschäftspartner und Wettbewerber unterscheiden sich häufiger und deutlicher von ihrer eigenen Kultur als je zuvor. Dabei spielen verschiedene Nationalitäten, Sprachen oder Ethnien oft nur vordergründig entscheidende Rollen. Durch weitere Unterschiede, die sich über die kulturellen Unterschiede legen, entstehen zunehmend komplexe Herausforderungen. In allen Fällen werden Interaktionen von verschiedenen Mentalitäten und Kulturen geprägt und sollten daher bei der Kommunikation berücksichtigt werden. Eine erfolgreiche Zusammenarbeit ist dabei nur möglich, wenn Unternehmen ein klares Bewusstsein für die vielfältigen Ebenen von Verschiedenartigkeit und deren Interdependenzen entwickeln. Die wesentlichen Ausprägungen von Internationalisierung, europäischer Integration und Globalisierung weisen insofern einen klaren, engen und vielschichtigen Zusammenhang mit Diversity auf.

Organisationsveränderungen

Unternehmen sind heute und in Zukunft mit häufigen und teilweise tief greifenden Umstrukturierungen befasst. Neue Organisationsstrukturen bringen es indes typischerweise mit sich, dass neue KollegInnen, zum Beispiel mit unterschiedlichen Ausbildungen und Erfahrungen, Denk- und Arbeitsweisen, Kommunikations- und Führungsstilen aufeinander treffen und künftig zusammen arbeiten (müssen). Weiterhin führen Restrukturierungen häufig zu neuen Prozessen, Berichtslinien oder Arbeitsinhalten. Eine produktive Nutzung dieser Veränderungen dürfte vor allem unter Berücksichtigung der vielfältigen Potenziale aller Beteiligten möglich sein. Durch die umfassende Wertschätzung der Belegschaft im Sinne von Diversity wird außerdem ein zusätzlicher Sicherheitsaspekt in Zeiten von Veränderungen vermittelt. Besonders im Zusammenhang mit Veränderungen wird Diversity in Form einer offenen Geisteshaltung von Bedeutung: Mit Aufgeschlossenheit oder sogar Neugier erhalten Veränderungen eine zusätzliche positive Konnotation und laufen in einer Diversity-Organisation wahrscheinlich glatter und effektiver ab als in traditionellen Umfeldern.

Unternehmensübergreifende Aktivitäten

Auch wenn die Hoch-Zeit der Unternehmenszusammenschlüsse und -übernahmen zumindest einstweilen vorbei zu sein scheint, gehören unternehmensübergreifende Aktivitäten zunehmend zum Alltag vieler Führungskräfte und Beschäftigten. Bei vielen strategischen Allianzen, bei enger Zusammenarbeit für Just-in-time-Lösungen, Outsourcing oder anderen Vernetzungen treffen verschiedene Unternehmenskulturen aufeinander. Ähnlich wie Mergers & Acquisitions (M&As)

verlaufen derartige Kooperationen vor allem dann erfolgreich, wenn die Verschiedenartigkeit der Partner geachtet und die unterschiedlichen Beiträge oder Stärken wertgeschätzt werden. Eine gute Vorbereitung der Zusammenarbeit, bei der die Notwendigkeit von Respekt und Akzeptanz sowie der Wert und die Nutzung von Unterschiedlichkeit vermittelt werden, hilft, Missverständnisse und Konflikte zu vermindern oder zu vermeiden. Damit wird eine intensive Wechselwirkung von Diversity und unternehmensübergreifenden Aktivitäten deutlich.

Shareholder-Value

Wenngleich der Begriff des Shareholder-Value etwas an Präsenz verloren hat, so bleiben doch Kosteneinsparungen und Produktivitätsoptimierungen Themen von überragender Bedeutung für viele Unternehmen. In diesem Zusammenhang drängt sich förmlich die Frage auf, wie sich ein neues Thema, das mithin auch mit Kosten verbunden sein dürfte, mit den verbreiteten Sparkonzepten vereinbaren lässt. Tatsächlich werden spätere Kapitel zeigen, dass Diversity auf viele Arten und Weisen dem Shareholder-Value-Gedanken zuträglich ist und sogar direkt dazu beiträgt, nachhaltige Werte oder Mehrwerte für die Anteilseigner zu schaffen. Durch die bewusste Nutzung der gesamten Potenziale aller MitarbeiterInnen hilft Diversity, die Produktivität zu optimieren; Entsprechendes gilt auf der Marktseite für Markt- oder Kundenpotenziale. Und was könnte in ökonomisch schwierigen Zeiten knapper Ressourcen wichtiger sein, als zunächst alle bereits, noch oder weiterhin vorhandenen Potenziale vollständig auszuschöpfen?

Wettbewerbsdruck

Auf den vielen Märkten sehen sich Unternehmen mit nachhaltigen Herausforderungen konfrontiert: direkter Wettbewerbsdruck, schwierige Differenzierung und dauerhafter Innovationsdruck.

Durch Konzentrationen und Konsolidierungstendenzen entstehen immer schärfere Wettbewerbssituationen. In derart umkämpften Märkten werden sich jene Unternehmen gut behaupten, die ein Bewusstsein für die Vielfalt des gesamten Marktes und verschiedener Marktsegmente nicht nur haben, sondern auch in Form von differenzierter Berücksichtigung der verschiedenen Kundenbedürfnisse einsetzen.

Ein weiterer Wettbewerbsaspekt zeigt sich als Folge von technischem Fortschritt und von Diversifikationsstrategien. Auf immer mehr Märkten finden sich austauschbare Produkte (oder auch Dienstleistungen). Damit werden Marken, aber auch das Image eines Unternehmens immer wichtiger. Diversity im Sinne eines werteorientierten Leitgedankens kann dazu beitragen, das Profil eines Unternehmens zu schärfen und von Wettbewerbern zu differenzieren. Während der kommenden Jahre dürfte dies zudem noch mit dem Zusatz „Vorreiterschaft"

„Die ‚One Bank Culture' meint nicht die ‚One Culture Bank'. Wir sollten die Unterschiedlichkeit in unserer Bank bejahen – die Unterschiede zwischen Regionen, Geschäftseinheiten, Funktionen und Personen. Diese Vielfalt ist ein besonderer Vorzug. Nur, wenn wir diese Unterschiedlichkeit anerkennen, respektieren und als Hebel benutzen, können wir bankübergreifend effizient handeln."

JOSEF ACKERMANN,
Sprecher des Vorstandes, Deutsche Bank AG, Mai 2002

möglich sein, da noch wenige Unternehmen das Thema offensiv bearbeiten. Auch die vielerorts beschworene Emotionalisierung von Marken wird mit Diversity leichter und deutlicher möglich.

Angesichts des Wettbewerbs wächst schließlich auch die Notwendigkeit, in immer kürzerer Zeit neue Produkte und Dienstleistungen bis zur Marktreife zu entwickeln. Dies erfordert eine hohe Flexibilität und ausgeprägtes Engagement der Belegschaften. In diesem Wettlauf gegen die Zeit kann ein Unternehmen besonders dann mithalten, wenn es MitarbeiterInnen beschäftigt, die all ihre Fähigkeiten, Ideen und Problemlösungsstrategien voll einsetzen und kompetent, produktiv und effektiv mit ihren KollegInnen zusammenarbeiten, die weitere Fähigkeiten, Kenntnisse, Stärken oder Denkweisen in die Zusammenarbeit einbringen.

Ethik & Transparenz

Die Globalisierung der Wirtschaft und der damit einhergehenden Internationalisierung von Managementpraktiken erfasst auch traditionell national geregelte Bereiche wie die Offenlegung interner Situationen. Zum Beispiel sind Aktiengesellschaften im Rahmen ihrer Konzernrechnungslegung an manchen Börsenplätzen verpflichtet, ihre Risiken darzustellen und zu bewerten. Hierbei finden verstärkt Personalrisiken Berücksichtigung, die auch die Gefahr von Diskriminierungsklagen beinhalten. Hier bestehen klare Bezüge zur künftigen Antidiskriminierungsgesetzgebung in den EU-Ländern, in denen die Beweislast gemäß der entsprechenden Richtlinien umgekehrt wird.

Andererseits zeigten die Bilanzierungsskandale der letzten Jahre, welche dramatischen Auswirkungen nicht nur unethische Praktiken, sondern auch deren öffentliche Diskussion haben können. Studien belegen, dass Unternehmen ein sorgenvolles Augenmerk auf mögliche Imageschäden richten, wenngleich sie nur zögernd vorbeugende Initiativen ergreifen. Diversity im Sinne von Offenheit kann dazu beitragen, das Image einer Organisation in Richtung Fairness zu schärfen und die öffentliche Glaubwürdigkeit ethischer Bemühungen zu verstärken.

Diversity und Unternehmensstrategie – Ergebnisse einer Studie

Eine Studie (2001) der mi.st [Consulting fand heraus, dass unterschiedliche Wirtschaftsthemen und Managementtrends von Unternehmen mehr oder weniger mit Diversity in Zusammenhang gebracht werden. Interessanterweise sahen die befragten Unternehmen vor allem einen engen Bezug zwischen Diversity und den immer häufigeren Organisationsveränderungen, die aus Restrukturierungen wie zum Beispiel im Rahmen von Business Reengineering[1]

---

1   Business Reengineering: Methode der (fundamentalen) Reorganisation eines Unternehmens entlang der Wertschöpfungskette.

entstehen. Der Zusammenhang erscheint keineswegs offensichtlich und wurde bislang in der Literatur kaum beschrieben. An zweiter Stelle wurden die Internationalisierung (durch Globalisierung oder europäische Integration) und die verstärkte Notwendigkeit der strategischen Differenzierung von Unternehmen genannt. Eine mittlere Bedeutung messen die Befragten der Wechselwirkung von Diversity und der gestiegenen Zahl von M&As bzw. der immer rascheren technologischen Innovation bei. Diese Einschätzung überraschte bei der Auswertung, da Diversity offensichtlich als ein geeignetes Instrument eingesetzt werden kann, um bei Fusionen und strategischen Allianzen unterschiedliche Unternehmenskulturen zusammenzuführen und die Verschiedenheit der Ursprungskulturen als Erfolgsfaktor zu nutzen.

Als wirtschaftliche Entwicklungen, die nur wenig oder gar nicht mit Diversity in Zusammenhang gebracht wurden, beschreibt die Studie die Themen Kosten- und Produktivitätsdruck sowie Shareholder-Value. Dies erscheint mit Blick auf finanzielle Einsparungsmöglichkeiten, die Diversity bietet, wenig verständlich. Gleichzeitig stellt dieses Ergebnis einen Erklärungsaspekt dar, weshalb nicht mehr Organisationen Diversity ernsthaft und fokussiert betreiben: Der direkte Zusammenhang zu der vielerorts größten Herausforderung der Wirtschaft, nämlich immer weitere Optimierungen des finanziellen Ergebnisses durch höheren Umsatz und Produktivität bei geringeren Kosten, wird nicht gesehen. Dabei bestehen hier vielfältige Bezüge, die vorangehend bereits angedeutet wurden und in späteren Kapiteln noch vertieft werden.

2.2 Diversity ist eine Antwort auf veränderte Rahmenbedingungen

Zu einer Notwendigkeit wird Diversity insoweit, als dass Unternehmen und andere Organisationen eine Reihe wesentlicher Entwicklungen nicht oder nur unbedeutend beeinflussen können und insofern dem Zwang unterliegen, sich auf diese Trends einzustellen. Tatsächlich weisen praktisch alle relevante Entwicklungen in Richtung Vielfalt, Offenheit und „Inklusion"; sie werden hier auf vier Ebenen dargestellt: Recht, Demographie, Kultur und Kommunikation. Auf jeder dieser Ebenen lassen sich interne und externe Zusammenhänge sowie Effekte der jeweiligen Veränderungen beschreiben.

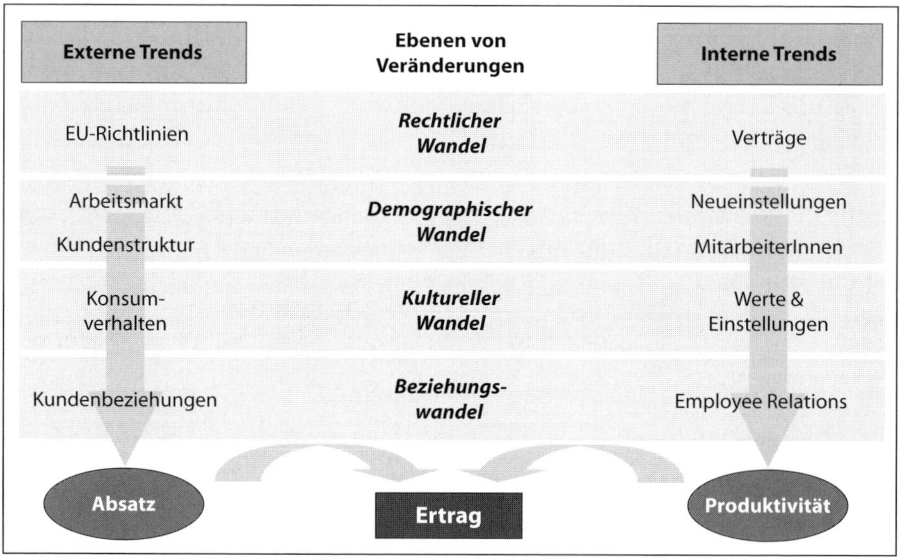

Abb. 2.1:   Diversity wird zur Notwendigkeit

Wachsende Anforderungen durch rechtlichen Wandel

Externe Entwicklungen[2]

Organisationen in der Bundesrepublik Deutschland, nicht nur Unternehmen, müssen sich neuen rechtlichen Anforderungen stellen. Diese sind vor allem eine Folge des Artikel 13 des so genannten Amsterdamer Vertrages. Er schaffte die Basis, bestehenden Diskriminierungen künftig entgegenzuwirken. Konkret bestehen drei verbindliche Richtlinien und ein Aktionsprogramm der EU. Einzelne Staaten der europäischen Union und auch einige deutsche Bundesländer haben bereits gesetzliche Regelungen eingeführt, die einige spezifische Benachteiligungen ver-

---

2   Die folgenden Ausführungen entstanden in Zusammenarbeit mit der Sozietät RWWD: www.rwwd.de.

bieten. Allerdings gibt es in der Bundesrepublik bislang kein umfassendes, verbindliches Antidiskriminierungsgesetz. Erschwerend kam bislang hinzu, dass unterschiedliche Ministerien mit Veränderungen in ihrem jeweiligen Zuständigkeitsbereich betraut waren.

Als Umsetzung des Artikel 13 wurden am 29. Juni 2000 bzw. am 27. November 2000 drei wichtige Instrumente von der Europäischen Kommission und vom (Minister-)Rat der Europäischen Union genehmigt. Sie sollen helfen, Diskriminierungen auf Basis von Rasse oder ethnischer Herkunft, Religion oder Weltanschauung, einer Behinderung, des Alters oder der sexuellen Orientierung zu bekämpfen und zu verhindern:

1) die Richtlinie 2000/43/EG zum Verbot von Diskriminierung aus Gründen der Rasse oder der ethnischen Herkunft in einem breiten Spektrum von zivilrechtlichen Bereichen: Beschäftigung, Bildung, Bereitstellungen von Gütern und Dienstleitungen sowie Sozialschutz

2) die Richtlinie 2000/78/EG zum Verbot von Diskriminierungen in Beschäftigung und Beruf, die Diskriminierungen aus Gründen der Religion oder Weltanschauung, einer Behinderung, des Alters oder der sexuellen Orientierung untersagt

   Diese Richtlinie müsste bis zum 2. Dezember 2003 in nationales Recht umgesetzt worden sein.

3) ein Aktionsprogramm der Gemeinschaft zur Bekämpfung von Diskriminierungen (Beschluss 2000/750/EG), das die Umsetzung der Richtlinien unterstützen und ergänzen soll. Hierfür werden Informations- und Erfahrungsaustausch sowie die Verbreitung bewährter Verfahren in legislativen wie auch in nicht legislativen Bereichen gefördert.

Die Umsetzung der Richtlinien 2000/43/EG und 2000/78/EG wird in Deutschland in mehreren Schritten erfolgen und nicht in einem umfassenden Artikelgesetz. Das Lebenspartnerschaftsgesetz, Änderungen des Mietrechts in Bezug auf barrierefreien Wohnraum und das Gleichstellungsgesetz für behinderte Menschen sind bereits in Kraft getreten. Ein Gesetz zur Durchsetzung der Gleichstellung von Frauen und Männern in der Bundesverwaltung und in den Gerichten des Bundes ist verabschiedet worden, während das geplante Gleichstellungsgesetz für die Privatwirtschaft vorerst zugunsten einer Selbstverpflichtungserklärung zurückgestellt worden ist.[3]

Bezug nehmend auf das geplante arbeitsrechtliche Antidiskriminierungsgesetz soll neben den arbeitsrechtlichen Inhalten der Richtlinie 2000/43/EG (Rasse/

---

3   Vgl. Pfarr, Heide (2001).

ethnische Herkunft) die so genannte Rahmenrichtlinie 2000/78/EG umgesetzt werden, die sich auf den Bereich Beschäftigung und Beruf beschränkt. Das arbeitsrechtliche Antidiskriminierungsgesetz wird dabei auch Regelungen zu Diskriminierungen wegen der Religion, Weltanschauung, Rasse und ethnischen Herkunft enthalten. Entscheidend hierbei dürfte ein Detail werden, das für das deutsche Rechtssystem zumindest ungewöhnlich erscheint. Die Beweislast in strittigen Diskriminierungsfällen wird umgekehrt. Organisationen müssen künftig nachweisen, dass sie nicht diskriminiert haben. Zukünftig muss der betroffene Arbeitnehmer die Umstände, die eine unmittelbare oder mittelbare Diskriminierung vermuten lassen, lediglich glaubhaft machen.

Eine entsprechende Regelung kennt das deutsche Recht jedoch bereits seit der Umsetzung der Richtlinie über die Beweislast bei der Diskriminierung aufgrund des Geschlechts (97/80/EG). § 611a I Satz 3 BGB regelt die Beweislastumkehr bei geschlechtsbezogener Diskriminierung. Die bisherige Erfahrung zeigt erstaunlicherweise aber, dass die Inanspruchnahme der Gerichte aufgrund dieser Regelung gering ist.

Eurobarometer

Um die Einstellungen der Menschen in Europa zu Diskriminierung zu untersuchen, wurde eine Eurobarometer-Erhebung (2002) von der Europäischen Kommission in Auftrag gegeben, an der alle 15 Mitgliedsländer teilnahmen. Ein Ergebnis zeigt, dass in der Europäischen Union die Meinung herrscht, dass Menschen mit einer Behinderung, religiöse Minderheiten, Homosexuelle und Menschen, die älter als 50 Jahre sind, auf dem Arbeitsmarkt benachteiligt werden. Des Weiteren sprach sich die Mehrzahl der Befragten gegen eine Diskriminierung aus Gründen des Geschlechts, der ethnischen Herkunft, der Religion, der Behinderung, des Alters und der sexuellen Orientierung aus.[4]

Dennoch wird die im Rahmen der Umsetzung der Richtlinien 2000/43/EG und 2000/78/EG neu einzuführende bzw. auf andere Diskriminierungtatbestände zu erweiternde Beweislastumkehr dazu führen, dass in Beschäftigungszusammenhängen zum Beispiel die Personalauswahl, das Performance-Management, die Personalentwicklung oder aber Freisetzungsentscheidungen sich nachweislich neutral gegenüber den genannten Kriterien verhalten müssen. Die Einführung entsprechender Dokumentationen durch die Arbeitgeber in den oben genannten Bereichen werden dann wohl als Mindestmaßnahmen gelten müssen. Dieses Prinzip gilt übrigens auch für die Mitgliedschaft in Organisationen, die ebenfalls diskriminierungsfrei geregelt sein muss.

---

4   Vgl. www.stop-discrimination.info/index.php?id=95 (pdf-Dokument als Download).

Da die oben genannten Richtlinien wirksame, verhältnismäßige und abschrek-
kende Sanktionen zur Vermeidung von Diskriminierung verlangen, ist damit zu
rechnen, dass der Gesetzgeber im Rahmen der Richtlinienumsetzung entsprechende Schadensersatzansprüche zugunsten der Geschädigten statuieren wird.

Interne Entwicklungen

Neben den staatlichen Regelungen spielen zunehmend Betriebsvereinbarungen
in den Unternehmen eine wesentliche Rolle. Immer mehr Organisationen verpflichten sich selbst zu mehr Chancengleichheit oder Fairness am Arbeitsplatz.
Da viele dieser Vereinbarungen bindenden Charakter haben, ergibt sich auch hieraus eine Notwendigkeit für Unternehmen, ihre Kultur zu überprüfen und ihre
Systeme mit Blick auf Benachteiligungen zu überprüfen und gegebenenfalls weiterzuentwickeln. Vor allem wegen der Außenwirkung der Vereinbarungen und –
mit Blick auf die Glaubwürdigkeit – ihrer Einhaltung erscheint ein Umdenken in
vielen Fällen erforderlich (vgl. hierzu auch Kapitel 4). Dies gilt umso mehr, als
dass die Bundesregierung ein Chancengleichheitsgesetz für die Privatwirtschaft
nur unter der Maßgabe ausgesetzt hat, dass Unternehmen freiwillig und nachvollziehbar Schritte unternehmen, die zu einer effektiveren Beteiligung von Frau-
en am Arbeitsleben in allen Arbeitsbereichen und im Management führen.

Wachsende Vielfalt durch demographischen Wandel

Eine wesentlicher Aspekt der Wirtschaftlichkeitsbetrachtung von Diversity besteht
in der Identifikation von Veränderungen, die von Unternehmen nicht beeinflusst
werden können und insofern zu der Notwendigkeit führen, Vielfalt aktiv zu berücksichtigen, um diese Veränderungen als Chance zu nutzen. Erfolgt dies nicht,
entstehen Opportunitätskosten, zum Beispiel durch sinkenden Markterfolg, abnehmende Personalbeschaffungs- oder -einsatzeffizienz.

Im Folgenden werden relevante quantitative Entwicklungen exemplarisch dargestellt, die den Kerndimensionen Alter, Geschlecht, ethnisch-kulturelle Prägung,
sexuelle Orientierung, Behinderung und religiöse Glaubensprägung folgen.
Zunächst erfolgt jedoch eine Darstellung von Veränderungen der Berufs- und
Qualifikationsstrukturen.

Veränderungen der Berufs- und Qualifikationsstrukturen

Die Berufs- und Qualifikationsstrukturen in der Bundesrepublik Deutschland verändern sich nachhaltig.[5] Seit 1950 stieg die Zahl der Erwerbspersonen (= Erwerbstätige und Erwerbslose) absolut um ca. 17,5 Millionen auf 40,55 Millionen im Jahre 2001.[6] „Ursache dafür sind (…) demographische Verschiebungen (Berufseintritt geburtenstarker Jahrgänge), Arbeitskräftezuwanderungen (Übersiedler, Aussiedler, Ausländer) sowie eine gestiegene Erwerbsbeteiligung von (v. a. auch verheirateten) Frauen."[7] Relativ gesehen ergibt sich folgendes Bild: Im genannten Zeitraum stieg die Erwerbsquote (= Anteil der Erwerbspersonen an der Gesamtbevölkerung) nur sehr moderat um 2,5 %; dagegen steigt die Erwerbslosenquote (= Zahl der Erwerbslosen bezogen auf die Erwerbspersonen) kontinuierlich seit den 1960er Jahren an.[8] Wichtige Unterschiede existieren bezüglich der Erwerbsbeteiligung einzelner Gruppen, worauf im Folgenden genauer eingegangen wird. Die Entwicklung der Qualifikationsstruktur zeigt, dass die Anforderungen an Erwerbspersonen deutlich gestiegen sind. Hieraus folgt einerseits ein Trend zu höheren formellen Bildungsabschlüssen. Prognosen sagen voraus, dass in Zukunft etwa 50 % eines Geburtenjahrgangs ein Hochschulstudium aufnehmen wird.[9] Zum anderen zeigt sich auch bei den berufsbildenden Abschlüssen ein Trend zu höherer Bildung. Dennoch besitzt zurzeit fast die Hälfte aller Erwerbspersonen keinen „höheren" Bildungsabschluss, während der Anteil der akademisch gebildeten Erwerbspersonen (relativ betrachtet) nicht sehr hoch ist.[10] Unternehmen und andere Organisationen können auf diese Veränderungen reagieren, indem sie die Bildungs- und Qualifikationsstruktur ihrer zunehmend vielfältigen Belegschaften durch effektive Personalstrategien nutzbar machen.

Alter

Die wohl markanteste Entwicklung stellt die absolute und relative Alterung der Gesellschaft dar, die bereits seit den 1960er Jahren kontinuierlich anhält und sich laut der Prognosen des Statistischen Bundesamtes bis in die 2050er Jahre fort-

---

5   Die Berufsstruktur gibt Auskunft über Art und Umfang der Erwerbstätigkeit. „Zumeist ist darüber hinaus aber mit Berufsstruktur im engeren Sinne gemeint, dass und wie Personen durch den berufsfachlichen Inhalt ihrer Erwerbstätigkeit gesellschaftlich zu verorten sind und welche sozialen Strukturen sich daraus ergeben. (…) Als Qualifikationsstrukturen sind demgegenüber diejenigen Strukturmerkmale der Gesellschaft zu verstehen, die sich allein aus der erwerbsrelevanten Ausbildung und Qualifikation von Personen ergeben." (Voß, G. Günter; Dombrowski, Jörg [1998], S. 60).

6   Vgl. www.destats.de/bais/d/erwerb/erwerbtab1.htm.

7   Voß, G. Günter; Dombrowski, Jörg (1998), S. 62.

8   Vgl. Voß G. Günter; Dombrowski, Jörg (1998), S. 62.

9   Vgl. Teichler, Ulrich (1999).

10 Vgl. Voß, G. Günter; Dombrowski, Jörg (1998), S. 63 ff.

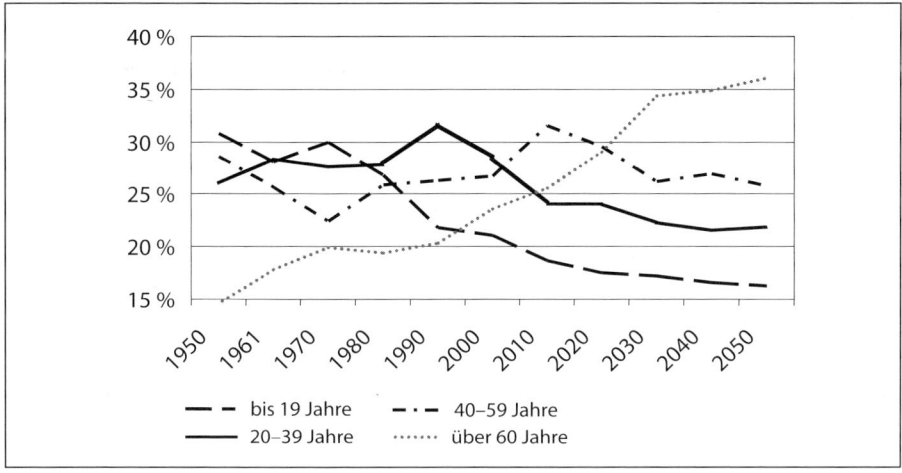

Abb. 2.2: Entwicklung der Altersgruppen (Quellen: Statistisches Bundesamt, mi.st [Consulting)

setzen wird. Während die gänzliche Umkehrung der Generationenverhältnisse eine zweifellos bedeutende Veränderung darstellt, wird sie bislang – anders als andere gesellschaftliche Veränderungen – nur von einzelnen personalpolitischen Konzepten (punktuell) aufgegriffen. Dies erscheint umso erstaunlicher, als dass praktisch kein anderer Diversity-Themenbereich derart tief greifende Konsequenzen mit sich bringen wird. Hieraus leitet sich eine besondere Notwendigkeit ab, diese Vielfaltsfacette gezielt zu berücksichtigen.

Mit dem gesellschaftlichen Alterungsprozess geht ein drastischer Rückgang des Arbeitskräfteangebots einher. Während weltweit der Anteil der Menschen über 64 Jahre an der Gesamtbevölkerung von 6,9 % im Jahre 2000 auf 16,3 % im Jahre 2050 steigen wird[11], sinkt der Bevölkerungsanteil in Deutschland, der zwischen 15 und 64 Jahren alt ist, im gleichen Zeitraum um 18 %.[12] Die Tendenz zur Alterung der Bevölkerung wird auch durch das Statistische Bundesamt bestätigt. Dort heißt es in einer Pressemitteilung, dass im Jahr 2050 die Hälfte der Bevölkerung älter als 48 Jahre, ein Drittel sogar 60 Jahre oder älter sein werde.[13] Selbst angesichts aktueller Arbeitslosigkeit und fortschreitender Rationalisierung kann mit Sicherheit davon ausgegangen werden, dass sich vor diesem Hintergrund die Lebensarbeitszeit in Zukunft verlängern wird. Dies bedeutet für Unternehmen, dass sie alle MitarbeiterInnen durch intensive (interne) Weiterbildung „bis ins hohe Alter" voll am betrieblichen Prozess beteiligen müssen. Ohne die Vereinbarkeit der privaten und beruflichen Lebensbereiche ist eine nachhaltige Produktivität etwa bis zum siebzigsten Lebensjahr indes kaum zu erreichen. Diese Balance gewinnt aber nicht nur angesichts der Verlängerung des Arbeits-

---

11   Central Intelligence Agency (2001), S. 5.

12   Central Intelligence Agency (2001), S. 23.

13   Vgl. www.destatis.de/presse/deutsch/pm2003/p2300022.htm.

lebens an Bedeutung, sondern auch aufgrund des wachsenden Bedürfnisses nach Lebensqualität und einer gesunden Lebensführung. Unternehmen sind demzufolge darauf angewiesen, all ihren MitarbeiterInnen die Vereinbarkeit von Beruf und Privatleben nicht nur zu ermöglichen, sondern diese zu fördern, um nachhaltig von einer in jeder Hinsicht beschäftigungsfähigen Belegschaft profitieren zu können.

Der Rückgang des Arbeitskräfteangebots legt weiterhin nahe, die MitarbeiterInnenbindung künftig mehr in den Mittelpunkt zu rücken und dabei alle Altersgruppen einzubeziehen. Dabei wird ein neues Verhältnis zwischen „Alt" und „Jung" notwendig sein, um Synergien zwischen den Generationen zu erzeugen. Als Kundengruppe werden hierbei Senioren immer wichtiger, und sie werden sich nicht weiter damit begnügen, als Zielgruppe der Pharmaindustrie umworben zu werden.

Schließlich bedeutet der Rückgang des Arbeitskräfteangebots auch, dass in Zukunft eine größere Vielfalt von MitarbeiterInnen von Unternehmen aufgenommen werden muss. Eine wachsende vertikale wie horizontale Beteiligung von Frauen am (gesamten) Arbeitsleben dürfte ein hierbei zentraler Punkt sein. Weiterhin wird eine steigende Migration Folge der Verschiebungen auf dem Arbeitsmarkt sein. Dabei wird Deutschland kaum auf innereuropäische Zuwanderung hoffen können – in vielen EU-Ländern, vor allem zum Beispiel Italien, stellt sich die Alterung der Gesellschaft ähnlich wie hierzulande dar.

Potenziale des Alters in Wirtschaft und Gesellschaft
Pressemitteilung vom 21.05.2003
„Kommission erforscht Potentiale des Alters in Wirtschaft und Gesellschaft"
Bundesministerium für Familie, Senioren, Frauen und Jugend

„(...) Das Bundesministerin für Familie, Senioren, Frauen und Jugend hat 2003 eine Sachverständigenkommission berufen, die in den nächsten zwei Jahren den Fünften Altenbericht zum Thema ‚Potenziale des Alters in Wirtschaft und Gesellschaft – Der Beitrag älterer Menschen zum Zusammenhalt der Generationen' mit dem Schwerpunkt ‚ältere Arbeitnehmer und Arbeitnehmerinnen' erstellen wird. (...)

Die Bundesministerin für Familie, Senioren, Frauen und Jugend, Renate Schmidt, erklärt hierzu: ‚Der Erhalt unseres hohen sozialstaatlichen Niveaus und die Wettbewerbsfähigkeit unserer Wirtschaft sind davon abhängig, wie wir den Herausforderungen des demographischen Wandels begegnen. Wir müssen eine Gesellschaft gestalten, in der Aufgaben neu verteilt und auch Belastungen neu, aber gerecht, ausgehandelt werden. In der Wirtschaft zählen ältere Beschäftigte leider schnell zum alten Eisen. In 60 % aller Unternehmen in Deutschland gibt es keine Arbeitnehmer und keine Arbeitnehmerinnen über 50 Jahre mehr. Eine solche Entwicklung schadet allen, auch den Unternehmen. Die ältere Generation muss Gelegenheit haben, ihr Können, ihr Wissen und ihre Erfahrung einzubringen und die Wirtschaftskraft in Deutschland zu stärken. Die längere durchschnittliche Lebensdauer darf nicht als Problem, sondern muss als Gewinn für die Gesellschaft und für die Wirtschaft betrachtet werden. Dies gilt insbesondere auch für die Phase nach dem Erwerbsleben. Die Jahre von 60 bis 80 sind ein neuer Lebensabschnitt, in dem anders als früher die Menschen noch leistungsfähig und -bereit sind. Dieser Lebensabschnitt soll nicht nur individuell, sondern auch für die Gesellschaft genutzt werden – im Interesse eines gelungenen Lebensabschnitts für die Betroffenen und im Interesse der gesamten Gesellschaft. Das Know-how, die Kompetenz und die Lebenserfahrung dürfen weder in der Wirtschaft noch in der Gesellschaft weiter verschleudert werden.' (…)"

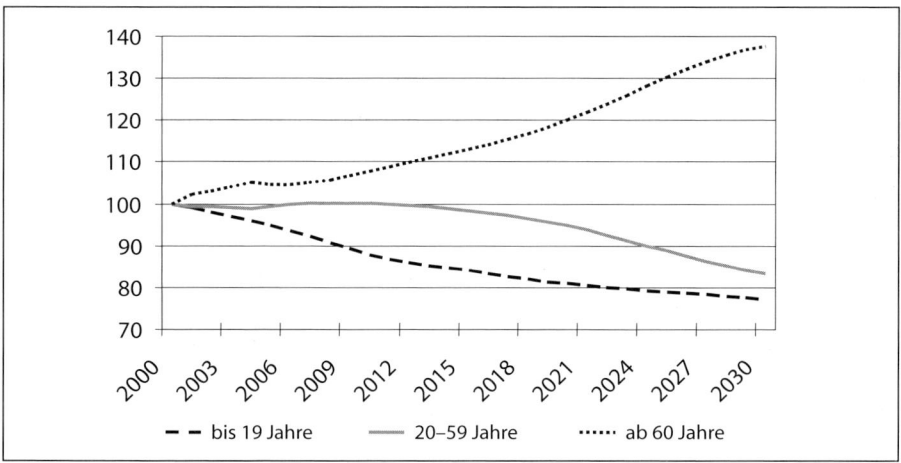

Abb. 2.3: Prognose der Altersgruppen (2000 = 100)
(Quellen: Statistisches Bundesamt, mi.st [Consulting)

Geschlecht

Die Zahl der erwerbstätigen Frauen ist in den letzten 30 Jahren deutlich gestiegen. Im Jahre 2002 waren 16,2 Millionen Frauen erwerbstätig[14], d.h. 2,5 Millionen mehr als 1970! Ihre Zahl steigt insbesondere mit zunehmenden Alter. Diese Entwicklung weist auf einen Wandel der Lebensentscheidungen von Frauen hin. Die Erwerbslosenquote von Frauen ist dabei jedoch stets deutlich höher als die

---

14   Vgl. www.destatis.de/basis/d/erwerb/erwerbtab1.htm am 18.08.2003.

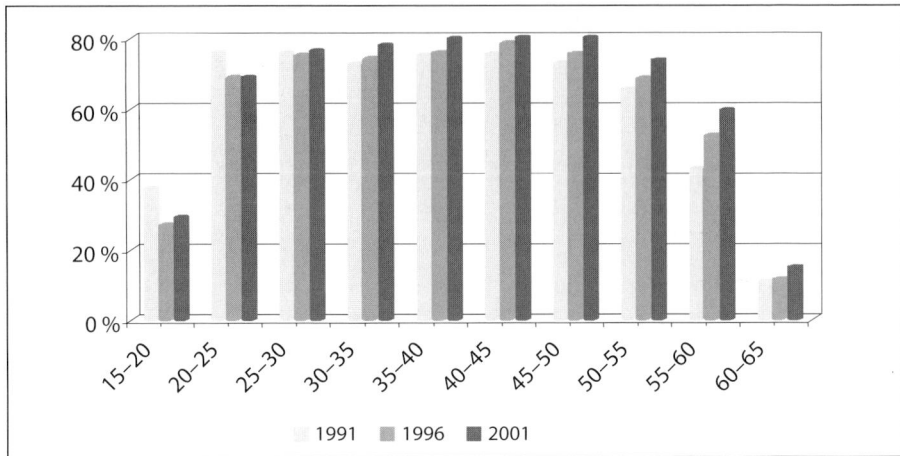

Abb. 2.4:   Erwerbstätige Frauen nach Altersgruppen
(Quellen: Statistisches Bundesamt, mi.st [Consulting)

der Männer, welche sogar leicht gesunken ist.[15] Hieraus ergibt sich für Unternehmen einerseits eine Chance, andererseits eine Notwendigkeit, Frauen verstärkt und gezielt als Teil der Belegschaften zu fördern.

Der zuvor darstellte Trend zur Höherqualifizierung in der Bevölkerung zeigt sich insbesondere durch einen geschlechtsspezifischen Blick auf den demographischen Wandel. So liegt der Frauenanteil unter den Studienanfängern inzwischen bei knapp 50 %[16], nachdem er bei den Abiturienten diese Marke bereits überschritten hat. Besonders an der Entwicklung der letzten zehn Jahren zeigt sich, dass sich das Ungleichgewicht der Frauen- und Männeranteile unter den Hochschulabsolventinnen (im fächerübergreifenden Überblick) nahezu aufgelöst hat. Hieraus ergibt sich, dass Frauen nicht nur einen wachsenden Anteil der Beschäftigten, sondern auch der qualifizierten und hoch qualifizierten Gruppe darstellen und insofern hier erhebliches Potenzial besteht.

Angesichts des in Deutschland – anders als zum Beispiel in Großbritannien – herrschenden Prinzips, AkademikerInnen ganz überwiegend beruflich im Themenbereich ihres Studienfaches oder -schwerpunktes zu beschäftigen, stellt sich die Frage nach der Fächerwahl von Studentinnen. Frauen entscheiden sich zunehmend für Studienfächer, die in der Wirtschaft gefragt sind, wie zum Beispiel für Ingenieurswissenschaften und Rechts-, Wirtschafts- und Sozialwissenschaften. Damit streben Frauen in hoch qualifizierte, relevante Berufsfelder; dennoch sind sie als Absolventinnen meist mehr als doppelt so häufig von Arbeitslosigkeit betroffen als ihre männlichen Kollegen.[17]

---

15   Vgl. Voß, G. Günter; Dombrowski, Jörg (1998), S. 62.

16   Vgl. www.destatis.de/basis/d/biwiku/hochtab8.htm am 18.08.2003.

17   Vgl. Schreyer, Franziska (1999).

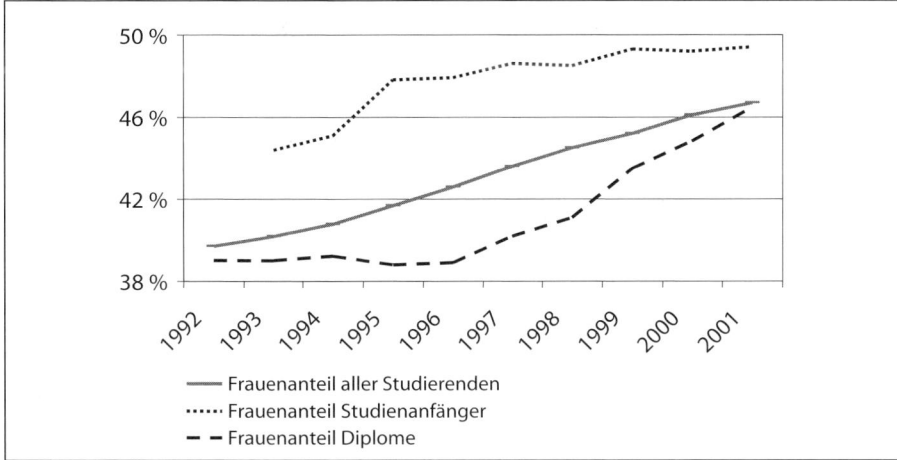

Abb. 2.5:   Frauenanteil an deutschen Hochschulen
(Quellen: Statistisches Bundesamt „Wirtschaft & Statistik", mi.st [Consulting)

Es wird deutlich, dass deutsche Unternehmen und andere Arbeitgeber das wachsende Potenzial hoch qualifizierter Frauen noch nicht gänzlich (an-)erkennen oder
gar nutzen. Hier besteht nicht nur Öffnungsbedarf, sondern auch zahlreiche Verbesserungsmöglichkeiten, vor allem für die Wirtschaft, die stets nach Optimie-
rungsansätzen sucht. So könnte zum Beispiel der Mittelstand seinen ungedeck-
ten Fach- und Führungskräftebedarf heute und in Zukunft durch eine stärkere
Berücksichtigung von Frauen für alle Positionen zumindest teilweise ausgleichen.

Ethnisch-kulturelle Prägung

Vielfältige Entwicklungen tragen dazu bei, dass ethnisch-kulturelle Minderheiten
einen immer größeren Teil der Bevölkerung darstellen – und damit auch des
Absatz- und Arbeitsmarktes. Für eine korrekte quantitative Analyse erscheint es
erforderlich, deutsche Besonderheiten des Staatsbürgerschaftsrechtes zu berücksichtigen. Zwei offizielle Statistiken sind hierbei relevant: Die Ausländerstatistik
und die Einbürgerungsstatistik. Nach jahrzehntelangem Anstieg ging der Anteil
der „Ausländer" in Deutschland zu Beginn dieses Jahrzehnts erstmals leicht zurück. Dies darf jedoch nicht darüber hinwegtäuschen, dass auch eingebürgerte
Ausländer zur ethnisch-kulturellen Vielfalt in Deutschland beitragen. Ihre Zahl hat
sich durch das novellierte Staatsbürgerschaftsrecht erhöht. Quantitativ bedeutender waren in den 1990er Jahren die Zahlen der Einbürgerungen von Aus- und
Übersiedlern. Obwohl sie nicht als Ausländer oder ethnische Minderheit betrachtet werden, zeigt doch die öffentliche Debatte der jüngeren Vergangenheit, dass
auch sie zur kulturellen Vielfalt in Deutschland beitragen. Seit 1992 wurden in
der BRD insgesamt über zwei Millionen Menschen (Ausländer und Aussiedler)
eingebürgert. Auch wenn diese sich teilweise „integriert" haben dürften, so stel-

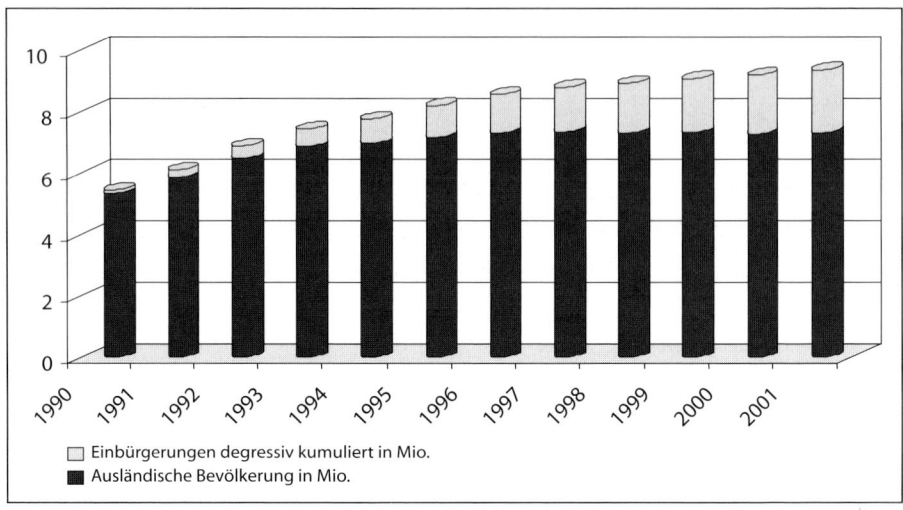

Abb. 2.6: Ethnisch-kulturelle Vielfalt in Deutschland
(Quellen: Statistisches Bundesamt, mi.st [Consulting)

len sie doch ethnisch-kulturelle Vielfalt dar. mi.st [Consulting hat diesen Umstand in einem degressiv kumulierten Modell abgebildet, das diese demographische Entwicklung darstellt.

Aufgrund unterschiedlicher Geburtenraten und weiterer Migration gehen Experten davon aus, dass sich die ethnisch-kulturelle Vielfalt in Deutschland in ca.
20 Jahren verdoppeln wird und damit ungefähr der heutigen US-amerikanischen
Situation entsprechen wird.

Auch in diesem Themenbereich stellt sich die arbeitsmarktrelevante Frage des
Qualifikationsniveaus. Hier zeigt sich, dass der Anteil ausländischer Studierender
in Deutschland kontinuierlich wächst. Allerdings handelt es sich bei diesen nicht

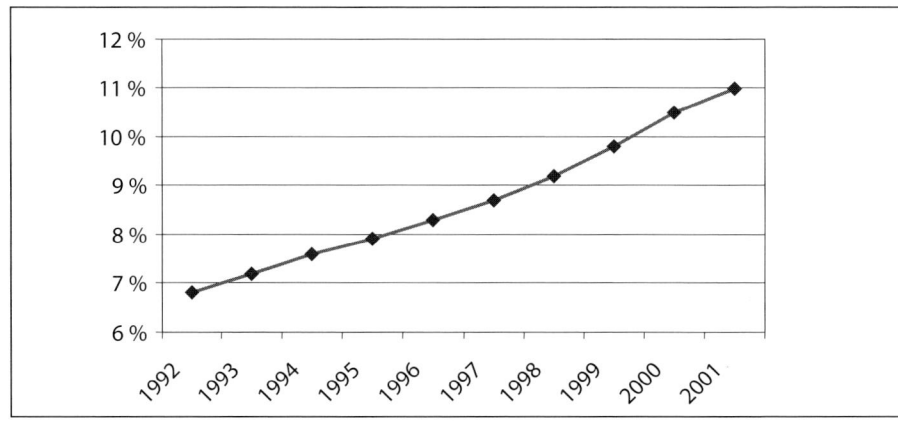

Abb. 2.7: Ausländische Studierende
(Quellen: Statistisches Bundesamt „Wirtschaft & Statistik", mi.st [Consulting)

ausschließlich um so genannte Bildungsinländer, d.h. in Deutschland lebende Ausländer, sondern teilweise um Austauschstudenten. Dennoch spricht die kontinuierliche Entwicklung dafür, dass das Potenzial ethnisch-kulturell vielfältiger Akademiker wächst und von Arbeitgebern bewusst genutzt werden sollte.

Die wachsende ethnisch-kulturelle Vielfalt in der Bevölkerung stellt im Übrigen ein zunehmendes Marktpotenzial dar, welches noch nicht systematisch, zum Beispiel im Rahmen eines Diversity-Marketings, berücksichtigt wird (vgl. Kapitel 6).

Sexuelle Orientierung

Statistischen Berechnungen folgend, leben in Deutschland 4,2 Millionen erwachsende homosexuelle Frauen und Männer. Von diesen nimmt inzwischen ein Viertel bundesweit an den jährlichen Großveranstaltungen zum „Christopher Street Day" (CSD) aktiv teil. Diese Zahl hatte sich zwischen 1995 und 2000 knapp vervierfacht. Die Anzahl der durchgeführten Veranstaltungen ist von 1993 bis 2000 von zehn auf 22 angestiegen. Die EPOA (European Pride Organisers Association) legt entsprechende Zahlen für Europa vor: Im Jahre 2000 fanden europaweit 68 Gay Pride Events statt – überwiegend mit Demonstrationen oder Paraden, bei denen insgesamt 3,5 Millionen TeilnehmerInnen und ZuschauerInnen gezählt wurden. 1995 waren es noch 35 Veranstaltungen mit 700.000 Beteiligten.

Auf Seiten der Homosexuellen ist aus diesen Zahlen ein gestiegenes Selbstbewusstsein zu erkennen, das teilweise als Stolz bezeichnet werden kann (daher „Gay Pride"). Umgekehrt bedeutet dies, dass Schwule und Lesben immer weniger bereit sind, sich zu verstecken bzw. ihre sexuelle Orientierung zu verbergen. Entsprechend dürften sie seltener bereit sein, direkte oder indirekte Benachteiligungen, zum Beispiel am Arbeitsplatz, hinzunehmen. Unternehmen sollten dies

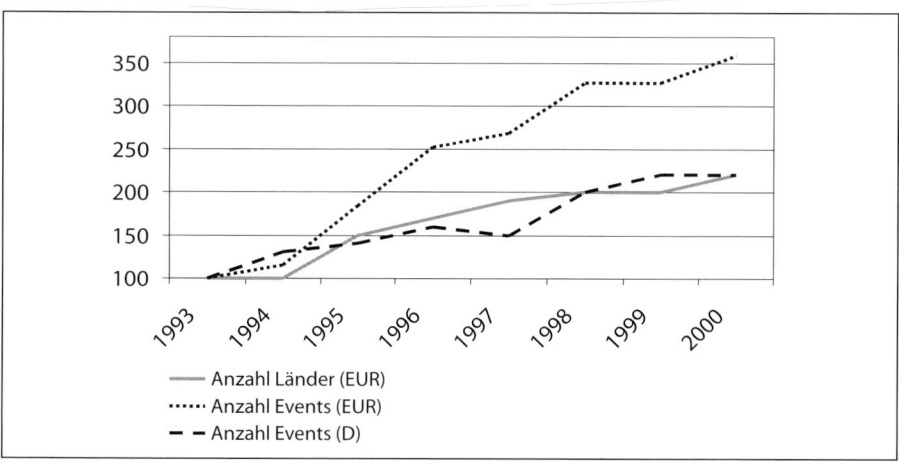

Abb. 2.8:   Verbreitung Gay Pride Events (1993 = 100) (Quellen: EPOA, mi.st [Consulting)

mehr als bisher durch eine offene, wertschätzende Unternehmenskultur berücksichtigen, in der Heterosexualität nicht die einzig akzeptierte sexuelle Identität ist. Dies kann sich sowohl intern im Personalmanagement als auch extern im Marketing, in der Werbung und in Kundenbeziehungen widerspiegeln, wie spätere Kapitel zeigen werden.

Die Ausgrenzung von Homosexuellen geschieht meist unbewusst, führt dennoch stets zu wirtschaftlichen Verlusten. So verwenden Homosexuelle häufig (Arbeits-) Energie darauf, unerkannt zu bleiben, oder sie verlassen ein Unternehmen, in dem Schwulen- und Lesbenwitze geduldet werden. Die Wirtschaft kann diese Kosten vermeiden und durch die gezielte Nutzung der gesamten Vielfalt aller Beschäftigten zudem an Innovationskraft gewinnen.

Behinderung

„Als schwerbehindert gelten Personen, denen von den Versorgungsämtern ein Grad der Behinderung von 50 und mehr zuerkannt wurde."[18] Im Jahr 2001 lebten rund 6,7 Millionen Menschen mit einer Schwerbehinderung in Deutschland. Die folgende Abbildung zeigt, dass auch diese Bevölkerungsgruppe wächst. Ihre Zahl macht 8,1 % der Bevölkerung aus, d.h. jede/-r Zwölfte. Von diesen sind ein Drittel im erwerbsfähigen Alter zwischen 18 und 60 Jahre. Allerdings greift die Diskussion aus Sicht von Diversity zu kurz, wenn sie sich ausschließlich auf den gesetzlich geregelten Bereich der Schwerbehinderung bezieht. Die künftige Antidiskriminierungsgesetzgebung kann auch Menschen mit einem Behinderungsgrad von weniger als 50 % einschließen. Insgesamt betrifft dieses Thema rund 12 % der deutschen Bevölkerung.

Meist wird mit „Behinderung" die Nutzung eines Rollstuhls assoziiert, d.h. eine sichtbare, fallweise Einschränkung der Mobilität. Dieser Eindruck verstärkt sich im Alltag durch Parkplätze mit dem Rollstuhl als Symbol für Behinderung. Die Statistik zeigt jedoch, dass rund die Hälfte aller Behinderungen, wenn überhaupt, nicht unmittelbar erkennbar ist.

Auch in der Arbeitswelt haben Menschen mit einer Behinderung mit vielfältigen Vorbehalten und Vorurteilen zu kämpfen. Illustriert wird dies durch die Beschäftigtenquote von Schwerbehinderten, die 2001 nur bei 3,8 % (768.400 Plätze) lag. Die gesetzlich vorgeschriebene Quote liegt bei 5 bzw. 6 % (978.500 Plätze)[19]. Die Zahl der unbesetzten Pflichtplätze lässt die Vermutung zu, dass die damit verbundene Ausgleichsabgabe für Unternehmen ökonomisch vertretbar zu sein scheint.

---

18   www.destatis.de/presse/deutsch/pm2003/p0630085.htm.

19   Die gesetzlich vorgeschriebene Pflichtquote betrug 2001 5 % und bei bestimmten öffentlichen Arbeitgebern 6 % (zuvor generell 6 %).

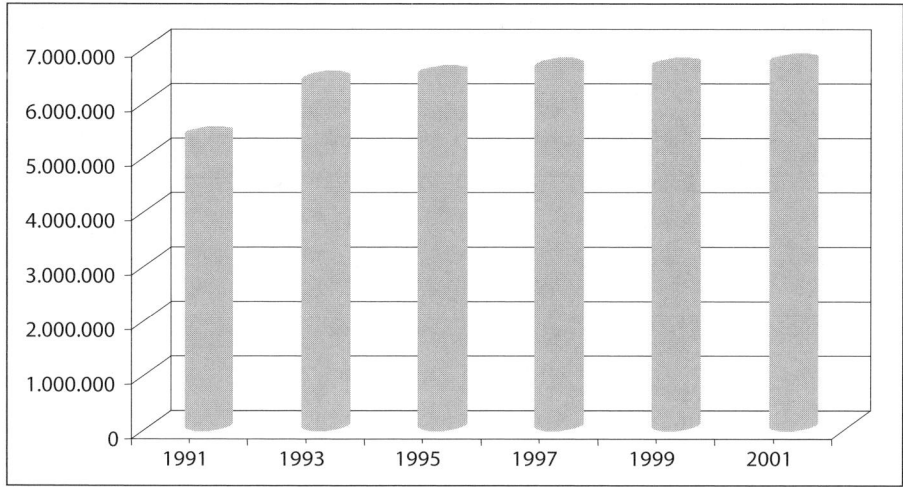

*Abb. 2.9:   Menschen mit anerkannter Schwerbehinderung
(Quellen: Statistisches Bundesamt, mi.st [Consulting)*

Dabei wirken sich Behinderungen angesichts des technischen Fortschritts immer seltener als „Verhinderung" aus. Die Integration und Nutzung der Potenziale von Mitarbeitern mit einer Behinderung wird dadurch erleichtert bzw. ermöglicht. Besonders häufig werden diese Möglichkeiten erkannt, wenn ein Mitarbeiter im Laufe seiner beruflichen Tätigkeit „behindert" wird und nach Wegen einer Weiterbeschäftigung gesucht wird. Diese Kreativität könnte indes auch bei Neueinstellungen Mehrwerte für den Arbeitgeber bringen. So zeichnen sich viele Beschäftigte mit einer Behinderung durch besondere Loyalität, hohen Einsatz und – je nach Art der Behinderung – besondere Fähigkeiten aus (z.B. feines Gehör vieler Sehbehinderter). Auch zeigt sich vielfach, dass das Betriebsklima durch KollegInnen mit einer Behinderung insgesamt kooperativer wird. Und schließlich senkt jede Einstellung die Ausgleichsabgabe.

Religiöse Glaubensprägung

Nicht erst seit dem 11. September ist bekannt, wie drastisch sich unterschiedliche Glaubens- oder Religionsfragen auswirken können. Schon seit Jahrtausenden zeigten sie großen, teilweise umwälzenden Einfluss auf gesellschaftliche und politische Prozesse. Wir stark die religiöse Glaubensprägung den Alltag von Menschen und damit auch die Arbeitssituation beeinflussen kann, wird in der christlich geprägten westlichen Welt allzu oft (und allzu leicht) übersehen. Dies gilt umso mehr, als die großen christlichen Kirchen an Zulauf bzw. Zuspruch verlieren. Durch Globalisierung und Migration gewinnt dieses Thema erheblich an Bedeutung für Unternehmen, aber auch andere Organisationen.

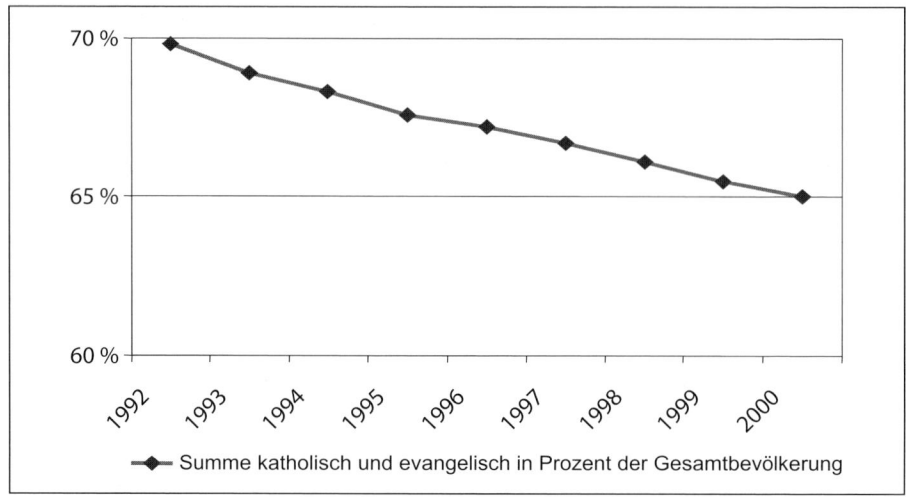

Abb. 2.10: Angehörige der großen Staatskirchen
(Quellen: Statistisches Bundesamt, mi.st [Consulting)

Wie die sexuelle Orientierung gehört die religiöse Glaubensprägung aber zu den überwiegend nicht sichtbaren Kerndimensionen von Diversity. Unternehmen sind insofern gefordert, proaktiv bzw. präventiv in diesem Themenbereich tätig zu werden und Fragen der Kleidung, der Feiertagsregelungen, der Speisenangebote oder der Arbeitsorganisation (Pausen, Ruhezeiten, Nahrungsaufnahme) zu betrachten. So kann gewährleistet werden, dass sich heutige und künftige MitarbeiterInnen verschiedener Religionsgemeinschaften gleichermaßen wertgeschätzt fühlen. Dabei ist freilich zu bedenken, dass nicht jeder Mensch eine explizite Glaubensprägung aufweist. Sie kann auch ohne Religionszugehörigkeit vorhanden sein, oder aber sie existiert nicht: Die Gruppe der Atheisten stellt einen wachsenden Anteil an der Bevölkerung dar.

Zusammenfassung

Welche Schlussfolgerungen lassen sich aus den aufgezeigten demographischen Entwicklungen für Diversity ziehen? Zunächst scheint es auf dem Arbeitsmarkt genügend Personen zu geben, die einer qualifizierten beruflichen Tätigkeit nachgehen können. Dies impliziert jedoch keinesfalls, dass all diese Personen für verfügbare Positionen geeignet sind. Berichte zum Arbeitsmarkt machen deutlich, dass ein kontinuierlicher Bedarf an qualifizierten Personen besteht. Dies gilt vor allem für zukunftsträchtige und „anspruchsvolle" Berufe. Dieses Defizit erhöht die Chance auf Beschäftigung für Personen, die besonders oder entsprechend qualifiziert sind und deren Beschäftigungspotenzial bislang vernachlässigt wurde (z.B. Frauen, MigrantInnen).[20] Sicherlich bewirken die beschriebenen Trends jedoch

---

20 Vgl. Vedder, Günter (2002), S. 6 ff.

eine nachhaltige Veränderung aller Belegschaften, der Arbeitsmärkte und der Absatzmärkte, aber auch der Lieferanten- und Investmentmärkte. Für unterschiedliche Facetten dieser wachsenden Vielfalt bestehen für Unternehmen unterschiedliche Notwendigkeiten, ihre bisherigen Kulturen, ihre Prozesse, Strukturen oder auch Inhalte (z.B. Sprachen) offener, durchlässiger und auf Einbeziehung ausgerichtet umzugestalten (vgl. Kapitel 4).

Wachsende Offenheit durch Wertewandel

In der Bundesrepublik Deutschland besteht eine Tendenz zur Individualisierung, die mit einem Werte- und Einstellungswandel korrespondiert. Diese Erscheinung ist nicht gänzlich neu. Aber sie hat sich seit der Nachkriegszeit bedingt durch strukturelle Veränderungen kontinuierlich verändert. Im Zentrum dieser Entwicklungen steht der Mensch, das Ich sowie der private und berufliche Wunsch nach Selbstentfaltung oder Selbstverwirklichung.[21] Entsprechend prägt nicht länger Konformität das Leben vieler, sondern das Streben nach Individualität, das sich unter anderem in der Kinderfrage, neuen Familienstrukturen, nichtehelichen Lebensgemeinschaften, Alleinerziehung und einer wachsenden Bedeutung der Vereinbarkeit von Privat- und Berufsleben zeigt.

In den letzten Jahrzehnten erweiterten sich die individuellen Entscheidungsspielräume vieler Menschen, während ihr Lebensstandard stieg. Dies erklärt sich zum Beispiel durch allgemeine Einkommenssteigerungen, die Ausweitung und Erhöhung des Transfereinkommens, das Anwachsen der arbeitsfreien Zeit und den Anstieg der durchschnittlichen Lebenserwartung. Viele gestalten nunmehr ihr Leben entsprechend ihren individuellen Neigungen und Präferenzen.

Grundzüge des Wertewandels

Im Kontext dieser Entwicklungen vollzieht sich in Deutschland ein konkreter Werte- und Einstellungswandel. „Es ist erstens eine dramatische Scherenbewegung im Verhältnis zwischen der tendenziell drastisch an Boden verlierenden Wertegruppe ‚Gehorsam und Unterordnung' und der tendenziell drastisch an Boden gewinnenden Wertegruppe ‚Selbstständigkeit und freier Wille' erkennbar, die den aktuellen Wertewandel – auch hinsichtlich seiner vorherrschenden Trendrichtung von Pflicht- und Akzeptanz- zu Selbstentfaltungswerten – von zentralen Indikatoren her abbildet."[22] Dabei ist anzunehmen, dass Menschen die Werte „Selbstständigkeit und freier Wille" sowie „Selbstentfaltung" nicht nur in der außerberuflichen Lebenssphäre verwirklichen wollen, sondern auch im beruflichen Umfeld.

---

21   Vgl. Statistisches Bundesamt (2000).

22   Klages, Helmut (1998), S. 701.

Der Wertewandel zeigt sich unter anderem in der Beschreibung verschiedener Generationen, zum Beispiel „Generation X" und „Generation Y" (Generation Next). Nach den Baby Boomers streben diese nun in die Arbeitswelt und erwarten moderne Unternehmenskulturen, Arbeitsplätze und -modelle sowie flexible Vergütungssysteme und Karrierewege. Standen früher noch Sicherheit, Gehalt und Statussymbole hoch auf der Prioritätenliste der BerufseinsteigerInnen, so wurde dies vom Wunsch nach interessanten Tätigkeiten, einem aufgeschlossenen Umfeld und durchlässigen Organisationen abgelöst. Ein von Diversity geprägtes Unternehmen berücksichtigt diese Werte der heutigen und künftigen Arbeits- und Absatzmärkte.

Neben dem allgemeinen Wertewandel sind auch bei der Einstellung gegenüber der Arbeit Veränderungen zu beobachten. Es werden beispielsweise Mitsprache, selbstverantwortete Eigenaktivität und Eigendisposition sowie der Abbau übermäßiger Kontrollen gewünscht. Dabei hat sich eines jedoch nicht verändert: Der Beruf nimmt nach wie vor eine zentrale Stellung im Leben ein.[23] „Arbeit wird zum unverwechselbaren Baustein der geistigen, seelischen und körperlichen Subjektbildung. Sie rückt in der Wertehierarchie allmählich ganz nach oben, verschmilzt mit dem Glanz von Würde. Arbeit wird zu einem prägenden Persönlichkeitsmerkmal."[24] Dies ist zum Beispiel daran erkennbar, dass sich manche Menschen über den Beruf definieren und einordnen. So zielt die Frage danach, wer man sei, häufig auf den Beruf ab. Der Beruf ist so relevant, dass unser soziales Ansehen in der Gesellschaft, und folglich auch unsere Zufriedenheit, auch durch ihn determiniert werden. Die berufliche Tätigkeit bestimmt also maßgebend unser Leben und auch unsere Identität, denn jede Identität setzt sich aus mehreren Teilidentitäten zusammen, und die Berufsidentität ist eine davon.

Die Berufsrolle und die beruflich bestimmte soziale Position (Berufstätige sind in erster Linie Rolleninhaber bzw. Funktionsträger, von denen ein bestimmtes Verhalten erwartet wird) haben eine wichtige Funktion in der Prägung und Stabilisierung der Person. Eine Rolle determiniert aber nicht das gesamte Verhalten, denn es bestehen immer Handlungs- und Interpretationsspielräume, die eine Selbstdarstellung und -behauptung ermöglichen. Dies ist wichtig, denn ein Mitarbeiter oder eine Mitarbeiterin möchte nicht nur eine Rolle im Unternehmen ausfüllen, sondern möchte sich mit dem eigenen Beruf identifizieren und letztlich seine/ihre Identität weiterentwickeln können. An dieser Stelle stellt sich die Frage, inwieweit sich die Berufspersönlichkeit mit der wirklichen Persönlichkeit deckt bzw. welche Interdependenzen herrschen. Betrachtet man die Berufsbilder der heutigen Zeit, so fällt auf, dass sowohl fachliche als auch persönliche Qualifikationen von einer Person verlangt werden, die sich nicht trennen lassen. So bilden soziale und fachliche Kompetenzen im Umgang mit Kunden die Basis

---

23   Vgl. Statistisches Bundesamt (2000), S. 490 ff.

24   Negt, Oskar (2001), S. 72.

für wirtschaftlichen Erfolg. Natürlich werden hier nur die Teile einer Persönlichkeit angesprochen, die vom jeweiligen Beruf abverlangt werden. Dies impliziert auch Negativbestimmungen, d.h., es wird auch definiert, welche Fähigkeiten und Eigenschaften nicht relevant sind. Dabei übernehmen Kollegen, Vorgesetzte, Untergebene usw. eine wesentliche Funktion (Generalised Other). Nur mit ihrer Hilfe ist eine Selbstbeschreibung von Personen möglich. Es erfolgt ein Vergleich mit einer Gruppe, wobei Gemeinsamkeiten und Unterschiede festgestellt werden. So kann ein Mensch persönliche Eigenschaften und Fähigkeiten erkennen. Eine Folge davon besteht in der Assoziation mit bestimmten Gruppen und der Abgrenzung von anderen.

Diese Prozesse laufen in Zeiten zunehmender Individualisierung entsprechend komplexer, vielgestaltiger und teilweise unklarer ab. Für Arbeitgeber besteht jedoch eine besondere Notwendigkeit, Identitätsprobleme beim Individuum zu vermeiden, indem das Arbeitsumfeld vielfältige Individuen positiv anerkennt und Kulturen entstehen lässt, die auf die Ziele eines Unternehmens ausgerichtet sind, ohne sich als Konformitätszwang auszuwirken. So können Unternehmen ihren MitarbeiterInnen ermöglichen, Identitäten zu entwickeln. Mit Blick auf Diversity sollen diesbezüglich zwei Annahmen getroffen werden:

1. Es ist davon auszugehen, dass die Vielfalt in einem Unternehmen, das den Diversity-Ansatz verfolgt, größer ist oder wird als in anderen Unternehmen, da sie explizit gefördert wird. Durch diese Vielfalt ist die Auswahl an Personen bzw. Gruppen größer, mit denen sich eine Person identifizieren kann. Dadurch verbessert sich die Möglichkeit, sich selbst beschreiben zu können. Folglich können Identitätsprobleme beim Individuum verringert werden.

2. Da der Diversity-Ansatz eine relativ freie Entfaltung aller Personen im Unternehmen ermöglicht, unterstützt er die Entwicklung der Berufsidentität und letztlich die Identität insgesamt. Allerdings kann eine zu große Heterogenität im Unternehmen und die damit einhergehende stärkere identitätsbestimmte Abgrenzung von anderen auch zu einer Isolation führen.

Phänomene des Wertewandels

Während der Wertewandel durch statistische Erhebungen direkt beschrieben werden kann, wird er andererseits in seinen konkreten Auswirkungen sichtbar. Einige Konsequenzen des Wertewandels sollen diesen anschaulich machen und in seiner Bedeutung für Arbeitgeber verdeutlichen.

Haushaltsgröße

Veränderte Werte und Lebensziele zeigen sich unter anderem in veränderter Elternschaft und neuen familiären Strukturen. Diese werden zum Beispiel in sinkenden Haushaltsgrößen sichtbar.

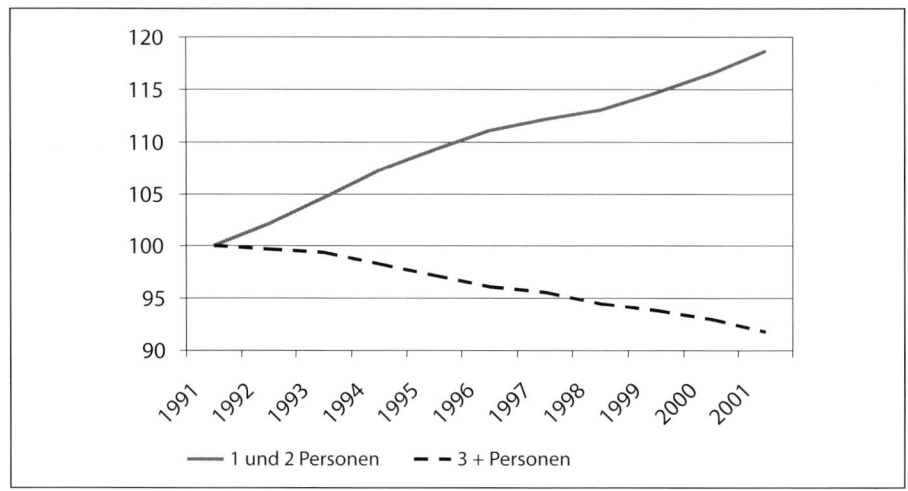

Abb. 2.11: Entwicklung der Haushaltgrößen (1991 = 100)
(Quellen: Statistisches Bundesamt, mi.st [Consulting)

Natürlich sind die Gründe für diese Entwicklungen vielschichtig. Der Rückgang der Haushaltsgröße im 19. Jahrhundert war auf den Rückzug von familienfremden Personen (z.B. Dienstboten) zurückzuführen. „Als Ursache für die seit der Jahrhundertwende abnehmende Haushaltsgröße kann u.a. der Wandel von der Agrar- zur Industriegesellschaft angesehen werden. Damit im Zusammenhang steht die Zunahme der Zahl der städtischen Haushalte, die auch heute noch im Durchschnitt kleiner sind als die in ländlichen Gemeinden."[25] Des Weiteren gehen Mehrgenerationenfamilien aufgrund der zunehmenden Lohnarbeit und der damit verbundenen Möglichkeit zur Gründung eines eigenen Haushalts zurück. Eine wesentliche Rolle spielt zudem die Fertilität, die seit dem 19. Jahrhundert ständig sinkt. In diesem Zusammenhang erhöht sich der Anteil der kinderlosen Haushalte kontinuierlich. Schließlich ist die Abnahme der Haushaltsgröße bei wachsender Zahl der Haushalte das Resultat von veränderter Heiratsneigung und geändertem Scheidungsverhalten.

Die Rolle der Familie und insbesondere die Rolle der Frauen in den Familien wurden in den späten 1960er und beginnenden 1970er Jahren durch Studenten- und Frauenbewegungen, die neue Wohnformen und Lebensmodelle hervorbrachten, neu definiert.

Neben der traditionellen Familie existieren heute noch weitere Formen des Zusammenlebens, die gesellschaftlich anerkannt sind. Anschließend werden zwei mögliche Lebensformen vorgestellt, die immer mehr an Bedeutung gewonnen haben: Alleinwohnende und nichteheliche Lebensgemeinschaften.

---

25 Statistisches Bundesamt (2000), S. 37.

Alleinlebende/Alleinwohnende

„Der Mikrozensus definiert Alleinlebende als Personen, die für sich alleine in einem Haushalt wohnen und wirtschaften, gleichgültig welchen Familienstand sie haben."[26] Für Diversity-Betrachtungen erscheint auch der Begriff Alleinwohnende(r) von Bedeutung: Alleinwohnende(r) zu sein bedeutet nicht unbedingt, Single zu sein. Eine Beziehung zu einem Partner bzw. einer Partnerin kann durchaus gegeben sein. Zu den Alleinwohnenden zählen auch Geschiedene, verheiratet Getrenntlebende und Verwitwete. Der Familienstand ist auch für diese Zuordnung nicht relevant.

Mit Blick auf die Gruppe der Alleinwohnenden hat sich die Zahl der Einpersonenhaushalte von Männern und Frauen seit 1950 in allen Altersgruppen absolut und relativ vergrößert. „Das Alleinleben beschränkt sich nun nicht mehr nur auf junge, noch nicht verheiratete und ältere Menschen, die sich, verwitwet oder geschieden, mit dem Alleinleben arrangieren müssen, sondern ist heute zu einem bewusst praktizierten Lebensstil geworden."[27] Dieser Trend zeigt sich besonders in deutschen Größstädten. So lebte 1998 fast ein Viertel der Berliner Bevölkerung in Single-Haushalten.[28]

Nichteheliche Lebensgemeinschaften

Unter einer nichtehelichen Lebensgemeinschaft werden zwei erwachsene Personen unterschiedlichen Geschlechts verstanden, die auf längere Zeit als Frau und Mann zusammenwohnen und gemeinsam wirtschaften, ohne miteinander verheiratet zu sein.[29] In diesen Gemeinschaften können minderjährige Kinder eines oder beider Partner leben.

Das Zusammenleben der Partner ist also nicht mehr ausschließlich an die Institution Ehe gebunden. Die Lebensform der nichtehelichen Lebensgemeinschaft breitet sich zunehmend in allen Bevölkerungsschichten aus, und sie stößt weitgehend auf Akzeptanz.

Nichteheliche Lebensgemeinschaften zeichnen sich gegenüber Ehen durch eine verstärkte Individualisierung der Lebensführung aus. Die finanzielle Unabhängigkeit wird betont. Weitere Kennzeichen können sein: eigener Wohnraum, eige-

---

26 Bertram, Hans (1995), S. 37.

27 Bertram, Hans (1995), S. 56 f.

28 Vgl. www.statistik-berlin.de/pms/2a5/1999/99-05-26a.html.

29 Hier stellt sich die Frage, ob die ausdrückliche Nennung gegengeschlechtlicher Gemeinschaften eine bewusste Nichtberücksichtigung homosexueller Lebensgemeinschaften darstellt. Diese kämen statistisch insofern nur als Lebenspartnerschaften nach dem LPartG oder als Wohngemeinschaften zum Tragen.

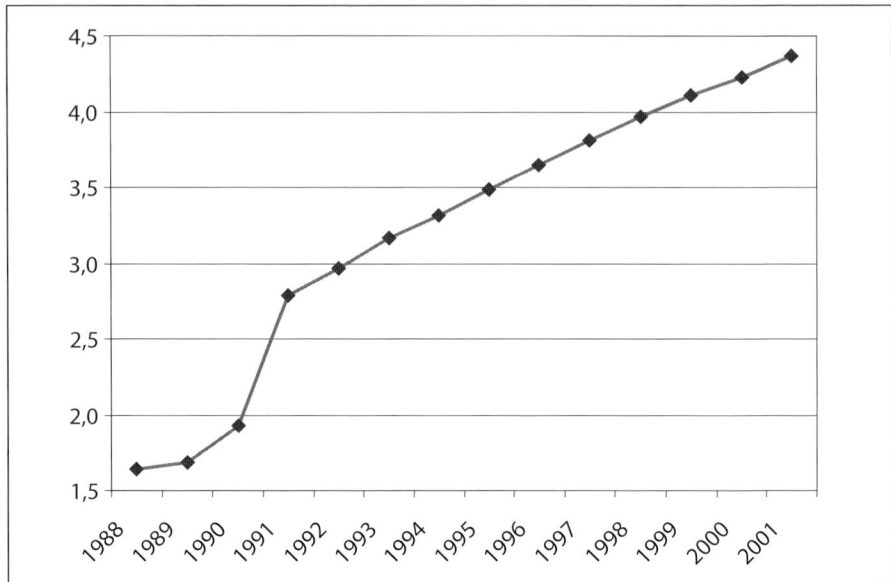

Abb. 2.12: Personen in nichtehelichen Lebensgemeinschaften (in Mio.)
(Quellen: Statistisches Bundesamt, mi.st [Consulting)

ner Freundes- und Bekanntenkreis neben gemeinsamen Freunden und Bekann-
ten und das Bemühen um kommunikative Konfliktlösungen.

Homosexuelle

Homosexuelle Frauen und Männer haben ihr vermeintliches Randgruppendasein
in den letzten Jahrzehnten verlassen (siehe oben). Gleichzeitig entwickelt sich
eine zunehmende Akzeptanz von Schwulen und Lesben, die gleichsam ein Ausdruck des allgemeinen Wertwandels darstellt.

Im Zuge der Einführung der (gleichgeschlechtlichen) Lebenspartnerschaft erfolgten eine größere Zahl von Meinungsumfragen in der Bevölkerung. Diese zeich-
neten ein klares Bild der Zustimmung für die so genannte „Homo-Ehe". Noch
einige Jahre zuvor gab es nicht wenige ablehnende Stimmen. Dieser Einstellungswandel wurde von dem Outing prominenter Homosexueller und einer deutlich gewandelten Medienpräsenz und -berichterstattung begleitet.

Die Abnahme von Berührungsängsten und das Wachsen von Akzeptanz lässt sich
auch an der stark gestiegenen Zahl heterosexueller BesucherInnen bei den großen Gay-Pride-Veranstaltungen zum „Christopher Street Day" (CSD) in Deutschland ablesen. Ihre zunehmende (An-)Teilnahme fällt in den Jahren 1995 bis 2000
stärker aus als die Zunahme der (homosexuellen) TeilnehmerInnen.

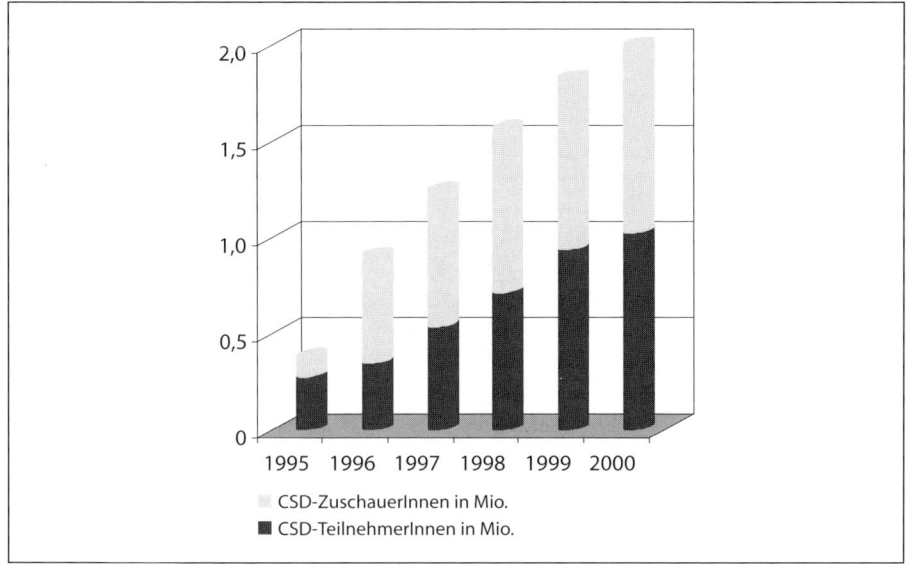

Abb. 2.13: BesucherInnen bei CSD-Veranstaltungen (Quellen: EPOA, mi.st [Consulting)

Eheschließungen/Scheidungen

Es spricht vieles dafür, dass die Ehe in der Bevölkerung als sinnvolle Einrichtung, nicht aber als eine Notwendigkeit oder biographischer Automatismus erachtet wird. Die wichtigste Entscheidung für zwei Personen in einer Partnerschaft beinhaltet weniger die Frage, ob man heiratet, sondern vielmehr, ob man zusammenzieht oder nicht. Fassen zwei Personen den Entschluss zu heiraten, dann steht diese Eheschließung häufig in Zusammenhang mit einem Kinderwunsch.

Der Rückgang der Eheschließungen lässt sich unter anderem mit dem allgemeinen Wertewandel oder mit historisch-sozialen Wandlungsprozessen erklären. Dabei ist zunächst eine weitgehende Gleichstellung ehelicher und nichtehelicher Kinder zu beobachten. Des Weiteren nimmt die Stigmatisierung nichtverheirateter Mütter ab. Dadurch werden verschiedene Formen einer Elternschaft außerhalb der Ehe erleichtert. Zudem fördern die gestiegenen Mobilitätserfordernisse der Industriegesellschaft das Alleinwohnen und die Ehelosigkeit. Die langfristige (eheliche) Festlegung auf einen Partner wird somit strukturell erschwert. Ein weiterer Punkt besteht in dem rückläufigen Kinderwunsch, der ebenfalls den Rückgang der Eheschließungen beeinflusst, da das Motiv der kindorientierten Ehegründung häufiger entfällt.[30] Heirat wurde zu einer individuell zu begründenden Entscheidung und folgt immer seltener verbindlichen Mustern.

Eine große Rolle spielt auch die zeitliche Verschiebung der Heirat im Lebenslauf. Seit Mitte der 1970er Jahre ist in Deutschland das durchschnittliche Heirats-

---

30   Vgl. Peuckert, Rüdiger (1999).

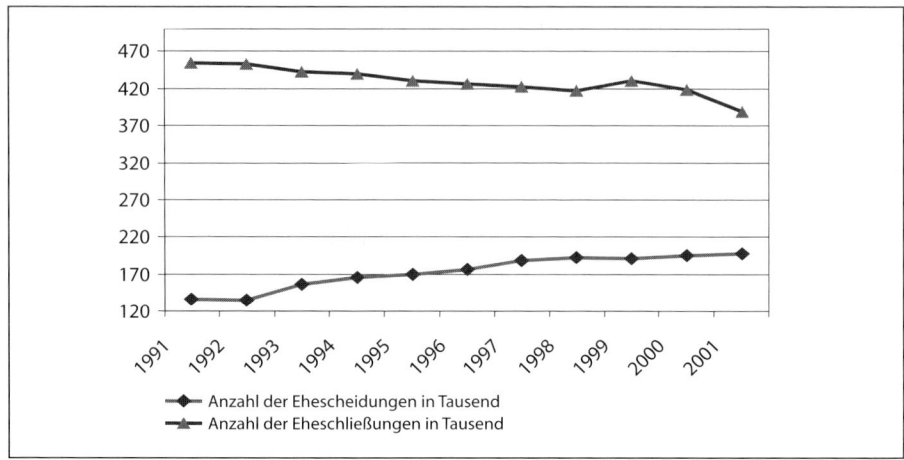

Abb. 2.14: Eheschließungen und Scheidungen
(Quellen: Statistisches Bundesamt, mi.st [Consulting)

alter Lediger ständig angestiegen. 1997 waren ledige Männer bei der Hochzeit im Durchschnitt 30 Jahre und vier Monate alt. Für Frauen, die zum ersten Mal heirateten, ergab sich ein Durchschnittsalter von 27 Jahren und zehn Monaten.[31]

Gleichzeitig zu den sinkenden Heiratszahlen steigt die Zahl der Scheidungen an. Leider beschreibt die Literatur wenig Gründe für diese Zunahme. Als ein Motiv sind nicht erfüllte Erwartungen bekannt. Heiraten zwei Menschen, haben beide Personen bestimmte Erwartungen und Vorstellungen von dieser Beziehung. Häufig scheinen diese unterschiedlich und womöglich nicht realistisch zu sein und können nur schwer vom Partner bzw. der Partnerin erfüllt werden.

Konsequenzen des Wertewandels

Die grundlegenden Werteausrichtungen in der Gesellschaft haben sich in den letzten Jahrzehnten verschoben und verändern sich weiter. Damit einhergehend bilden sich neue Lebensziele und entsprechende Einstellungsmuster sowie in der Folge neue Lebenswirklichkeiten heraus. Unternehmen, die weiterhin erfolgreich sein wollen, müssen diesen Veränderungen, die sich in ihren Belegschaften und Märkten widerspiegeln, Rechnung tragen. Sowohl im Personalmanagement als auch in der Marktbearbeitung erscheint es zwingend erforderlich, traditionelle Vorstellungen, die sich in Sprache, Bildern oder Texten sowie in betrieblichen Regelungen aller Art zeigen, weiterzuentwickeln.

Offenheit und Flexibilität bilden die wesentlichen Anforderungen an das Arbeitsumfeld der Zukunft, zumal dieses sich vermehrt in einem globalen Kontext befindet. Die Zusammenarbeit mit Menschen in anderen Zeitzonen erfordert vie-

---

31   Statistisches Bundesamt (2000), S. 42.

lerorts neue Arbeitszeitregelungen. Eine Anwesenheitskultur, die Präsenz von 8 bis 18 Uhr als Leistung und Einsatz interpretiert, dürfte damit kaum kompatibel sein: Manche Kollegen (mit Asienkontakt) beginnen frühmorgens zu arbeiten (und gehen am frühen Nachmittag), andere (mit Amerika-Kontakt) starten vielleicht erst mittags in ihren Arbeitstag, der bis spätabends dauert. Die neuen Lebenssituation vieler MitarbeiterInnen – als Singles, als Alleinerziehende, als Living-apart-together-Paare, als Doppelverdiener oder, oder, oder – legen gleichermaßen viele flexible Regelungen nahe. Das traditionelle Familienmodell des berufstätigen Vaters mit Ehe-/Hausfrau und Mutter, die ihm „den Rücken freihält", befindet sich immer weiter auf dem Rückzug – Experten sehen die vierköpfige deutsche Familie, die dieses Modell lebt, gerade noch bei 20 % aller Familien.

Aber nicht nur Personalmanagementsysteme und das Marketing sollten die neuen Wirklichkeiten anerkennen und nutzen. Auch Unternehmenskulturen müssen eine Offenheit widerspiegeln, in der alle MitarbeiterInnen für ihre Beiträge zum Erfolg wertgeschätzt werden, unabhängig davon, ob sie einen Lebensentwurf verfolgen, der in den letzten Jahrzehnten als Standard, als „Maß" oder eben als Norm angesehen wurde, oder nicht. Die Ausprägung einer Kultur mag sich allwöchentlich an den Montagmorgen-Unterhaltungen zeigen, bei der Verteilung von Sonderschichten (Wochenende, Feiertag) oder bei Beförderungen und Vergütungsverhandlungen.

Durch eine Berücksichtigung neuer Werte und Lebensumstände, ohne diese zu werten, können Unternehmenskulturen entstehen, in denen eine positive Identitätsbildung möglich und wahrscheinlich ist. Mit dieser entstehen gleichzeitig leistungsorientierte Kulturen mit engagierten, loyalen und kreativen MitarbeiterInnen.

Demographische Trends und Wertewandel – Ergebnisse einer Studie

In einer europäischen Studie von mi.st [Consulting wurden Unternehmen bezüglich demographischer Trends und Wertewandel befragt. Alle befragten Organisationen stimmten darin überein, dass die zunehmende Partizipation von Frauen in der Arbeitswelt und als Marktteilnehmerinnen sowie die wachsende ethnisch-kulturelle Vielfalt schon aus wirtschaftlichen Gründen berücksichtigt werden müssen. Geschieht dies nicht, drohten Schwierigkeiten zum Beispiel bei der Fachkräfterekrutierung oder in der Marktbearbeitung. Diese Überlegung mag vor allem bei manch deutschem Unternehmen dazu führen, zum Beispiel ihren Umgang mit „ausländischen" MitarbeiterInnen oder mit weiblichen Kunden zu überdenken.

Doch weitere, weniger bekannte Trends werden in den nächsten Jahren den Handlungsdruck im Bereich Diversity intensivieren. So fordern immer vielfältigere Lebensstile den Unternehmen neue Produkte und Arbeitsformen ab. Die Anpassung an und das Verständnis für diese Entwicklungen kann durch eine interne Wertschätzung von Vielfalt (in breitem Sinne) erzielt werden. Dieser Zusammenhang wurde von vielen der Befragten gesehen.

Weiterhin sahen die beteiligten Unternehmen in dem zunehmenden Streben der MitarbeiterInnen nach Flexibilität sowie in der Forderung von Nachwuchskräften nach einem ausgeprägt offenen Arbeitsumfeld Entwicklungen, die kulturelle Veränderungen im Sinne von Diversity erfordern. Weniger bedeutend wurde der zunehmende Wandel von Werten und Traditionen eingeschätzt, der dennoch die Herbeiführung von nichtnormierten Organisationskulturen nahe legt. Besonders auffallend erschien, dass ausgerechnet die kontinuierlich zunehmende Zahl von alleinerziehenden Männern und Frauen kaum als bedeutender Trend angesprochen wurde. In diesem Zusammenhang drängt sich die Frage auf, weshalb dennoch umfangreiche Marketinginitiativen in diesem Bereich sowie Work-Life-Balance-Aktivitäten entfaltet werden. Schließlich richten diese sich unter anderem an Alleinerziehende. Keine Bedeutung maßen die Befragten der zunehmenden Sichtbarkeit und dem wachsenden Stolz homosexueller Frauen und Männer bei. Auch dies überrascht, sind doch gerade in diesem Bereich drastische Veränderungen in den letzten Jahren erkennbar gewesen (siehe oben).

Eine Studie, die in Zusammenarbeit mit der DGFP erhoben wurde, untersuchte, welche Gründe es für einen Start einer Diversity-Initiative im Unternehmen gibt. Für 76 % aller befragten Unternehmen sind die Internationalisierung der Märkte, die Globalisierung und die europäischen Integration der wichtigste Grund. Die demographische Entwicklung und der Mangel an Fachkräften sind für 68 % der Befragten ein weiterer Treiber für Diversity. 51 % stimmten der Tatsache zu, dass eine Veränderung der Beschäftigungsstruktur ein Grund für die Einführung von Diversity wäre. Weiteren Handlungsbedarf sehen die Unternehmen in den Gesellschaftsveränderungen (Wertewandel, Individualisierung) – 46 % und in den staatlichen personalpolitischen Regulierungsmaßnahmen – 9 %.

Wachsende Inklusion durch veränderten Umgang

Wenn zwei Personen aufeinander treffen, dann kommunizieren sie miteinander. Man kann nicht nicht kommunizieren.[32] Selbst etwas Nicht-Gesagtes kann gedeutet werden. Hierin kann eine Schwierigkeit liegen, da sich kaum ein Mensch einer Interpretation entziehen kann. Allzu leicht werden „falsche" Rückschlüsse gezogen, gegen die man sprichwörtlich machtlos ist.

---

32   Vgl. Watzlawick, Paul (1990), S. 50 ff.

Hat sich die Kommunikation, hat sich der Umgang, das Miteinander der Menschen in den letzten Jahren verändert? Diese Frage lässt sich mit einem klaren „Ja" beantworten, und dieses Ja weist umfangreiche Bezüge zu Diversity auf.

Vor allem die Entwicklung der Medien hat Menschen überall auf der Welt einander näher gebracht. Einerseits bewirkt die moderne Telekommunikation, dass nirgendwo auf der Welt dramatische Dinge passieren können, ohne dass ein Großteil des Erdballs innerhalb von Minuten davon erfährt – die Live-Berichterstattung vom 11. September ist ein trauriger Beleg dafür. Durch diese Veränderung der Medien sind uns „andere" Weltbürger viel eher „bekannt", als dies noch vor einer Generation der Fall war.

Auf der individuellen Ebene hat das Internet das Leben vieler Menschen, zumindest in den Industrienationen, zum Teil grundlegend verändert. Fast ein jeder hat Zugang zu unvorstellbaren Informationsmengen und zu Kontakten in die ganze Welt. Ganz neue Gemeinschaften (Communities) entstehen innerhalb der großen Cyber-Community. Und es erscheint nicht mehr abwegig, dass zwei Internetfreunde in Deutschland und Kanada unter Umständen mehr verbindet als zwei Klassenkameraden in einer Kleinstadt.

Ergänzt werden diese Trends durch die gestiegene weltweite Mobilität. Waren früher Auslandsreisen (Geschäfts- oder Urlaubsreisen) noch eine Besonderheit für viele, so hat der Besuch in „fremden" Kulturen eine gewisse Normalität erlangt.

All diese Entwicklungen haben zur Folge, dass viele Menschen einen stark erweiterten Horizont – in vielerlei Hinsicht – herausgebildet haben. Vieles, was früher noch fremd war, erscheint heute zumindest nicht mehr bedrohlich, vielleicht sogar interessant oder aber sympathisch. Die relative Bekanntheit bewirkt auch einen offeneren Umgang mit Menschen, die anders sind als wir selbst. Man tritt einander weniger zurückhaltend gegenüber und nimmt insofern eine kooperative Haltung ein. Dies spiegelt sich auch in der Geschäftswelt wider, die seit einigen Jahren – letztlich auch als Folge der Globalisierung und des Einflusses des Internets – von einer früher kaum gekannten „Lockerheit" im Umgang geprägt ist. Nicht, dass jegliche Förmlichkeit dabei verloren ginge, aber die im International-Englischen übliche Ansprache mit dem Vornahmen trug doch vielerorts zu einem neuen Stil bei, um nur ein Beispiel anzuführen. Auf der Ebene der Unternehmenskulturen mag die verstärkte Ausbildung von Vertrauensorganisationen, die auf Partnerschaftlichkeit und Partizipation aufbauen, als Beispiel für den neuen Umgang und die neue Kommunikation dienen.

Die explizite Berücksichtigung von Diversity im Sinne von Wertschätzung, Offenheit und Inklusion bildet eine ideale mögliche Ergänzung des allgemeinen beschriebenen Trends zu einem offenen, kooperativen Umgang und einer persönlichen, positiven Kommunikation.

Lektion 2

Die Stakeholder der Wirtschaft, aber auch die Gesellschaft als Ganzes bieten bereits wesentlich mehr Vielfalt, als bisher anerkannt und genutzt wird. Zusätzlich belegen zahlreiche quantitative und qualitative Trends, dass Vielfalt, Offenheit und Inklusion kontinuierlich zunehmen. Für alle Organisationen entsteht hieraus eine Notwendigkeit, Diversity gezielt und bewusst zu bearbeiten. Nicht zuletzt legen dies auch die künftigen rechtlichen Rahmenbedingungen nahe.[33]

Literatur

Bertram, Hans (1995): Das Individuum und seine Familie. Lebensformen, Familienbeziehungen und Lebensereignisse im Erwachsenenalter. DJI Familiensurvey. Opladen: Leske + Budrich.

Central Intelligence Agency (CIA) (Hg.) (2001): Long-Term Global Demographic Trends: Reshaping the Geopolitical Landscape. Washington.

Klages, Helmut (1998): Werte und Wertewandel. In: Schäfers, Bernhard; Zapf, Wolfgang (Hg.): Handwörterbuch zur Gesellschaft Deutschlands, Bonn, S. 698–709.

Negt, Oskar (2001): Arbeit und Identität im Wandel. In: Personalführung, Nr. 9, S. 70–75.

Peuckert, Rüdiger (1999): Familienformen im sozialen Wandel. Opladen: Leske + Budrich.

Pfarr, Heide (2001): Ein Gesetz zur Gleichstellung der Geschlechter in der Privatwirtschaft. Edition der Hans Böckler Stiftung 57, Düsseldorf.

Schreyer, Franziska (1999): Frauen sind häufiger arbeitslos – gerade wenn sie ein „Männerfach" studieren. In: IAB Kurzbericht, Nr. 14 2979.

Statistisches Bundesamt (2000): Datenreport 1999.

Stuber, Michael (2002): Diversity & Alter – Die unentdeckte Vielfalt; Wandel und Zusammenwirken der Generationen. In: Koall, I.; Bruchhagen, V.; Höher, F. (Hg.), Vielfalt statt Lei(d)tkultur – Managing Gender & Diversity, Münster: u.a.O.: LIT, S. 153–162.

Teichler, Ulrich (1999): Studieren bald 50 % eines Geburtenjahrgangs? In: Das Hochschulwesen 47 Jg., S. 116–119.

---

33 Weitere Business-Case-Betrachtungen, insbesondere die Frage, welche Vorteile und Verbesserungen durch Diversity erzielt werden können, erfolgen in Kapitel 7.

„The timing of our renewed push for diversity was just right. Our diversity journey is essential to the new culture that we are striving to create and to our business success. We need the full commitment of everybody in creating the Unilever we want. It is a hard-edged business issue."

N. FITZGERALD, CEO Unilever, Juni 2003

Vedder, Günter (2002): Diversity Management. In: Poth/Poth Loseblattsammlung Marketing, Kap. 52, S. 1–62.

Voß, G. Günter; Dombrowski, Jörg (1998): Berufs- und Qualifikationsstruktur. In: Schäfers, Bernhard; Zapf, Wolfgang (Hg.): Handwörterbuch zur Gesellschaft Deutschlands, Bonn, S. 60–71.

Watzlawick, Paul; Beavin, Janet; Jackson, Don (1990): Menschliche Kommunikation. Formen, Störungen, Paradoxien. Bern: Huber.

Kapitel 3
Welche Ziele verfolgt Diversity?

In der Diskussion um Vorteile und Notwendigkeiten sowie Umsetzungsvarianten wird allzu häufig übersehen, nach der eigentlichen Zielsetzung von Diversity zu fragen. Was, d.h. welchen künftigen Zustand will Diversity erreichen? Orientiert man sich an den unterschiedlichen Definitionsperspektiven aus Kapitel 1, so stellt sich zunächst die Frage, ob Vielfalt an sich ein Ziel darstellt. Tatsächlich besteht hierin ein Element des Diversity-Zielsystems vieler Organisationen. Aber Vielfalt stellt keinen Wert an sich dar, oder anders ausgedrückt: Diversity ist kein Selbstzweck. Aus wissenschaftlichen Untersuchungen heterogener Teams ist nämlich bekannt, dass Vielfalt alleine noch kein Garant für Erfolg ist. Zusätzlich bedarf es einer Kompetenz im Umgang mit Unterschiedlichkeiten. Oder übertragen auf Organisationen: einer Kultur, die der Vielfalt von Menschen positiv begegnet. Insofern verfolgt Diversity auch das Ziel, Menschen mit all ihren Unterschieden wertzuschätzen; als BürgerInnen, MitarbeiterInnen, KundInnen, LieferantInnen, AktionärInnen, WählerInnen etc.

Vielfalt und Wertschätzung könnten insoweit als Tandem einen sozial-politisch motivierten Ansatz bilden. Diversity geht jedoch bewusst weiter und bezieht die Ziele einer Organisation, zum Beispiel die Kunden- oder Marktorientierung eines Unternehmens, mit ein. Ziel vieler Diversity-Initiativen ist in dieser Hinsicht, nicht irgendeine Vielfalt zu erreichen, sondern eine Vielfältigkeit, die der der Arbeits- oder Absatzmärkte (oder der Gesellschaft) möglichst entspricht. Das Erreichen all dieser Zielelemente soll schließlich dazu dienen, den Erfolg einer Organisation zu steigern. Hierin ist gewissermaßen ein übergeordnetes Ziel von Diversity zu verstehen. Dieses wiederum wird vor allem dadurch erreicht, dass die Diversity-Aktivitäten einer Organisation bewusst nach außen kommuniziert werden. Als Kernbausteine eines Diversity-Zielsystems werden daher beschrieben:

▶ Vielfalt der Stakeholder als Spiegel des Umfeldes

▶ produktives Arbeitsumfeld als Basis des Erfolges

▶ klare Imageposition als Verbindung zu externen Stakeholdern

Weiterhin wird zu betrachten sein, wie diese sich außerhalb der Privatwirtschaft darstellen lassen:

▶ Exkurs: Diversity-Ziele im nicht gewinnorientierten Umfeld

In einer Umfrage von mi.st [Consulting wurden Diversity-ManagerInnen internationaler Unternehmen zu den Zielsetzungen von Diversity befragt. Eine Analyse der Antworten ließ die folgenden Schwerpunkte erkennen:

▶ eine vielfältige Belegschaft

▶ ein Arbeitsumfeld, das verschiedene Wertvorstellungen, Ansichten und Fähigkeiten produktiv nutzt und als Erfolgsfaktor ansieht

▶ optimierte Kundenorientierung

▶ Steigerung des Unternehmenserfolges

Die Umfrage macht deutlich, dass Diversity von den Befragten nicht als Selbstzweck, sondern in Verbindung mit entsprechenden unternehmerischen Zielsetzungen verfolgt wird. Dies ist vor allem im Vergleich zu politisch oder sozial motivierten Konzepten, wie der Förderung bestimmter Gruppen, von Bedeutung. Bei diesen stellt nämlich die Verbesserung der Situation der jeweiligen Gruppenmitglieder ein Ziel an sich dar. Diversity dagegen sieht darin einen positiven Folgeeffekt, der im Rahmen eines Win-win-Ansatzes erzielt wird. Ein an Diversity orientiertes Management vermag es demnach, Konsens zwischen Gleichstellungsinteressen und Unternehmenszielen zu schaffen, wenn es die Potenziale aller MitarbeiterInnen nutzt und ein entsprechendes Arbeitsumfeld bietet. Diversity bietet somit Anknüpfungspunkte zum Ansatz des Total-E-Quality-Managements[1], demzufolge Bestrebungen zur Verbesserung der Chancengleichheit als integrativer Teil des unternehmerischen Qualitätsmanagements erkannt werden.

Auffällig ist weiterhin, dass die vier Elemente des gefundenen Zielsystems direkt mit den verschiedenen Bausteinen der Definitionen von Diversity aus Kapitel 1 korrelieren. Hierin wird eine wichtige und förderliche Kohärenz der untersuchten Diversity-Ansätze erkennbar. In der zitierten Umfrage wurden zu Fragestellungen der Ziele Unterschiede zwischen amerikanischen und europäischen Konzernen identifiziert. US-Organisationen betonen bei Diversity die kulturelle Zielsetzung, ein Umfeld zu schaffen, in dem tatsächlich alle Potenziale vollständig genutzt werden. Europäische Firmen dagegen sehen in der Steigerung der Vielfalt ihrer Belegschaften eine vorrangige Zielsetzung. Dieser Unterschied mag darauf zurückzuführen sein, dass globale US-Konzerne bereits eine stärker diversifizierte Belegschaft aufweisen und daher ein größeres Augenmerk auf das Zusammenwirken der unterschiedlichen MitarbeiterInnen legen (müssen).

Insgesamt stehen bei allen Ansätzen wirtschaftliche Interessen im Vordergrund. Politische, gesellschaftliche und soziale Abwägungen stellen im Allgemeinen einen Mehrwert dar. In diesem Zusammenhang ist auch zu erklären, dass Diversity versucht, Quoten und positive Diskriminierung zu vermeiden. So wird auch das Konfliktpotenzial verwandter Konzepte, die Bevorzugung zur Korrektur vergangener Benachteiligung einsetzen, minimiert.

Die Bedeutung eines klar beschriebenen Zielsystems für Diversity ergibt sich auch aus dem Wunsch, den Erfolg einer Diversity-bezogenen Veränderung zu messen. Ein möglicher Ansatz besteht in diesem Zusammenhang in der Messung des Zielerreichungsgrades. Dieser wird messbar, indem definierte Oberziele (englisch: goals) in messbare Teilziele (englisch: objectives) aufgeteilt und operatio-

---

1   Vgl. Engelbrech, Gerhard (1997).

nalisiert werden. Für diese ist dann der Zielerreichungsgrad messbar (Weiteres in Kapitel 6).

Das Verfolgen der oben genannten Zielsetzungen impliziert im Übrigen, dass die jeweiligen Organisationen den angestrebten Zustand (noch) nicht (vollständig) erreicht haben. Daraus werden sich später die Fragen ableiten, welchen Status quo Organisationen aufweisen (Kapitel 4) und welche Ansätze und Strategien zur Veränderung der Ist-Situation in Richtung der Ziele verfolgt werden können (Kapitel 6 und 8).

Vielfalt der Stakeholder als Spiegel des Umfeldes

Viele Organisationen bauen auf dem Grundgedanken von Vielfalt auf. Schon die Arbeitsteilung in verschiedene Fachabteilungen basiert auf diesem Grundsatz. Auch bei Projektteams erscheint es einsichtig, diese gezielt vielfältig zusammen-zusetzen. Experten gehen weiterhin davon aus, dass Unternehmen, die vielfältig zusammengesetzt sind, einen größeren Markterfolg haben. Dies liegt aus unter-schiedlichen Gründen nahe:

Zunächst kann man davon ausgehen, dass optimal qualifizierte MitarbeiterInnen statistisch gesehen in allen Bereichen des Arbeitsmarktes anzutreffen sind. Inso-fern müsste sich bereits automatisch eine gewisse Vielfalt in Belegschaften ein-stellen. Wie im vorigen Kapitel gezeigt wurde, ist diese Gleichverteilung aller-dings weder außerhalb noch innerhalb von Unternehmen gegeben. In diesem Umstand ist bereits ein Verbesserungspotenzial und insofern eine Zielsetzung, einen anderen Zustand zu erreichen, zu erkennen.

Andererseits erscheint es einsichtig, dass eine vielfältige Belegschaft besser in der Lage sein dürfte, die vielfältigen Absatzmärkte eines Unternehmens zu be-arbeiten und die unterschiedlichen Kunden bestmöglich zufrieden zu stellen. Zur Illustration werden vielfach Beispiele herangezogen, gemäß derer zum Beispiel ältere Bankkunden mehr Vertrauen zu einem älteren Bankmitarbeiter aufbauen können oder weibliche Kunden beim Pkw- oder Computer-Kauf sich womöglich besser von einer Kundenberaterin betreut fühlen. Eine Konferenzteilnehmerin beschrieb diesen Umstand sinngemäß mit den Worten: „Ich kaufe dort, wo ich am wenigsten blöd behandelt werde."

Aber Diversity will nicht nur für jeden Topf einen Deckel finden. Man kann davon ausgehen, dass das bloße Vorhandensein von Vielfalt in einem Unternehmen alle MitarbeiterInnen besser dazu befähigt, die Perspektiven anderer einzunehmen – „To walk in somebody else's moccasins", wie die Amerikaner vieldeutig sagen. Die Gewohnheit, im betrieblichen Alltag mit unterschiedlichen Sichtweisen kon-frontiert zu sein, wird sich insofern positiv auf die Markt- und Kundenorientie-rung auswirken. Die Belegschaft schaut häufiger „über den Tellerrand" und identifiziert so brachliegende Marktpotenziale und erzielbare Mehrwerte in der Kundenbetreuung.

Um dies zu erreichen, erscheint es erstrebenswert, Vielfalt auf allen Ebenen und in allen Bereichen anzustreben, gewissermaßen eine Diversity-Organisation aufzubauen. Dabei wird es entscheidend für den Erfolg sein, ein möglichst breites, umfassendes Verständnis für Diversity zugrunde zu legen und sich nicht auf ein, zwei vertraute Vielfaltsfaktoren zu beschränken. Schließlich findet sich unter allen Stakeholdern die gesamte Bandbreite von Unterschiedlichkeit wieder.

Bei der Verfolgung der beschriebenen Zielsetzungen erscheint ein Modell von Interesse, das die Phasen darstellt, die bei der Entwicklung einer Diversity-Organisation durchlaufen werden können. Sie beziehen sich auch auf den Umgang mit „anderen" (Vielfalt) innerhalb oder außerhalb von Organisationen:

$$\text{Ablehnung} \rightarrow \text{Ignoranz} \rightarrow \text{Herabsetzung} \rightarrow \text{Toleranz} \rightarrow$$
$$\text{Akzeptanz} \rightarrow \text{Integration}\text{[2]}$$

Diese Phasen machen deutlich, dass das Verhalten im Diversity-Umfeld eine Bewusstseinsänderung erfordert, also in erster Linie einen mentalen Prozess darstellt: Vielfalt muss wahrgenommen werden, um sie verstehen zu können. Nach dem dargestellten Modell stellen sich anfänglich ablehnende oder negative Haltungen ein, die jedoch Teil der Entwicklung darstellen. Ein produktiver Umgang miteinander erfordert weiterhin, über die Ebene der Toleranz hinauszugehen. [3]

Dieses Modell verdeutlicht, dass Diversity-Organisationen nicht einfach durch die Einstellung (Personalbeschaffung) vielfältiger MitarbeiterInnen entstehen. Entsprechende Veränderungen benötigen Zeit und ein bewusstes Durchlaufen mehrerer Phasen, die insgesamt eine „gesunde" Entwicklung der Organisation und ihrer Kultur darstellen.

Produktives Arbeitsumfeld als Basis des Erfolges

Betrachtet man Diversity als eine Geisteshaltung (vgl. Kapitel 1), so lassen sich diesbezüglich eigene Zielsetzungen formulieren. Ein Ziel von Diversity besteht in diesem Zusammenhang in dem bewussten Erkennen, der aktiven Wertschätzung und der gezielten Nutzung von Unterschieden durch die MitarbeiterInnen einer Organisation. Analog lässt sich dies für Diversity als Managementinstrument betrachten: Ein Ziel von Diversity besteht in dieser Hinsicht in dem bewussten Erkennen, der aktiven Wertschätzung und der gezielten Nutzung von Unterschieden aller Stakeholder durch die Organisation.

---

2   Vgl. Hayles, Robert; Mendez Russel, Arminda (1996), S. 22.

3   Vgl. Bucher, Richard (2000), S. 122.

Zusammenfassend lässt sich formulieren, dass der hier beschriebene Baustein eines Diversity-Zielsystems darin besteht, ein organisatorisches Umfeld zu schaffen, in dem Vielfalt als Erfolgsfaktor genutzt wird, weil alle Beteiligten über eine entsprechende Geisteshaltung und die nötigen Kompetenzen verfügen. Eine so beschriebene Diversity-Kultur wird die zuvor dargestellte Diversity-Organisation überhaupt erst effektiv machen:

Ein Unternehmen, das seine MitarbeiterInnen konsequent wertschätzt und spezifische Bedürfnisse berücksichtigt, kann sich ihrer hohen Loyalität und einer Nutzung aller verfügbaren Potenziale sicher sein. Wenn MitarbeiterInnen ihrerseits Unterschiede positiv in ihr Denken und Handeln integrieren, werden sie innerhalb von Arbeitsgruppen und über Abteilungs- oder Bereichsgrenzen hinweg besser zusammenarbeiten. Eine kooperative Grundhaltung hilft, Konkurrenzdenken und Bereichsegoismen abzubauen und stattdessen eine respektvolle Kultur aufzubauen, in der die Expertise und das Know-how von KollegInnen vorbehaltlos anerkannt und für die Organisation genutzt wird. Schließlich kann eine verstärkte Offenheit gegenüber dem „anderen" auch eine positivere Einstellung gegenüber Veränderungen ergeben, die Unternehmen weiterhin erfassen werden.

Auch bei der Verfolgung dieser Diversity-Zielsetzung lässt sich ein Entwicklungsmodell anwenden:

$$\text{Bewusstsein} \rightarrow \text{Verständnis} \rightarrow \text{Kompetenzen}$$

Durch diese drei Komponenten kann menschliches Verhalten überdacht, bewertet und entwickelt werden. Sie bilden einen Prozess ab, durch den gleichermaßen deutlich wird, dass Veränderungen nicht über Nacht herbeigeführt werden können. Grafisch kann das Verhältnis zwischen „Awareness","Understanding" und „Diversity Skills" in Form einer Spirale dargestellt werden.[4] Die drei Entwicklungsstufen beziehen sich – wie die beschriebenen Zielsetzungen – sowohl auf die Unternehmensebene wie auch auf die individuelle/persönliche Ebene. Zum einen wird somit die Entwicklung der Organisation beschrieben, zum anderen die Entwicklung der beteiligten Individuen.

Klare Imageposition als Verbindung zu externen Stakeholdern

Sollen eine vielfältige Belegschaft und ein produktives Arbeitsumfeld ganzheitlich zum Erfolg einer Organisation beitragen, so wird die externe Kommunikation zu entsprechenden Themen eine wesentliche Rolle spielen. In diesem Zusammenhang stellt Diversity auch eine Chance dar, sich besser gegenüber externen Stakeholdern zu profilieren und in der Öffentlichkeit zu positionieren. Dieser Aspekt spielt angesichts immer vergleichbarer Produkte und Dienstleistun-

---

4   Vgl. Bucher, Richard (2000), S. 33.

gen für Unternehmen eine besondere Bedeutung. Aber auch nicht gewinn-orientierte Organisationen (und nicht zuletzt der Staat) sind zunehmend auf ihr Image bedacht.

Eine gezielte Kommunikation zu den Themen Vielfalt, Offenheit oder Inklusion erscheint auf Arbeits-, Absatz- und Finanzmärkten sowie im gesellschaftlichen Umfeld möglich – und häufig auch sinnvoll. So ist es mit Blick auf die Präferenzen heutiger AbsolventInnen zuträglich, sich als aufgeschlossenes Unternehmen mit einem multikulturellen Arbeitsumfeld zu positionieren. Im Massenkonsumententenmarkt dagegen spielt die Emotionalisierung von Marken, zum Beispiel über Diversity-nahe Attribute wie Vertrauen oder Wertschätzung, eine wachsende Rolle. In der Öffentlichkeit wird das Ansehen von Unternehmen, gerade in der Folge großer Skandale, immer wichtiger. Dieses kann durch Fairness und Verantwortung als Diversity-relevante Themen gestärkt werden. Schließlich achten immer mehr Analysten (und so genannte Kleinaktionäre) bei ihren Unternehmensbewertungen verstärkt auf Diversity-Maßnahmen der untersuchten Organisationen.

Die klare Kommunikation eines Unternehmens zu Diversity nach innen und außen, hilft somit, eine Reihe von handfesten Mehrwerten zu erzielen. Dabei erscheint es angebracht, diese Zielsetzung nicht von Anfang an mit gleicher Intensität zu verfolgen, wie die beiden vorgenannten, eher intern orientierten. Schließlich spielt die Frage der Glaubwürdigkeit im Zusammenhang mit Diversity eine Schlüsselrolle. Kann ein Unternehmen allerdings Fortschritte im Diversity-Kontext vorweisen, so gibt es keinen Grund, diese nicht aktiv in der Außenkommunikation zu nutzen. Besteht zum Beispiel ein umfassendes Konzept zur Nutzung kultureller Vielfalt, so kann sich dies positiv auf entsprechende, zum Beispiel international positionierte, Produktmarken auswirken. Die interne Nutzung von Generationenvielfalt dürfte sich dagegen positiv bei der Bearbeitung des Marktsegmentes der Senioren zeigen, die eine Wertschätzung älterer MitarbeiterInnen im Allgemeinen befürworten.

Wie alle Bausteine eines Zielsystems lässt sich auch dieser für die spätere Erfolgsmessung nutzen. So können Auszeichnungen für Diversity, Presseberichte oder Einladungen zu Kongressen als Anhaltspunkt für die externe Positionierung herangezogen werden. Aber auch das Arbeitgeberimage oder das Markenimage in unterschiedlichen Zielgruppen bilden mögliche Messpunkte einer Zielerreichung. In den folgenden Kapiteln wird darüber hinaus dargestellt, dass auch die Implementierung von Diversity teilweise im externen Umfeld eines Unternehmens stattfindet – zum Beispiel durch Diversity-orientierte, karitative Förderprojekte oder ehrenamtliches Engagement von Mitarbeitern in entsprechenden Umfeldern.

Exkurs: Diversity-Ziele im nicht gewinnorientierten Umfeld

Aufgrund der wirtschaftlichen Orientierung von Diversity stellt sich grundsätzlich die Frage, ob oder inwieweit Diversity-Zielsetzungen auch für den nicht gewinnorientierten Bereich, zum Beispiel für NGOs[5], relevant sind oder sein können. Die folgenden Ausführungen zeigen, dass eine Anwendung des Diversity-Grundgedankens (analog zur Privatwirtschaft) dazu führt, dass auch Verbände, karitative Organisationen, die öffentliche Verwaltung und die Politik durch Diversity Mehrwerte erzielen können.

Diversity hat für einzelne Menschen, für den Staat oder die Gesellschaft unterschiedliche Bedeutungen. Auch die konkrete Wahrnehmung verändert sich je nach persönlicher Perspektive und jeweiligem situativen Kontext. So kann eine ganzheitliche Sicht bezogen auf den Public-Sektor bedeuten, dass Diversity die gezielte Berücksichtigung sowie die bewusste Förderung gesellschaftlicher Vielfalt im gesamten gesellschaftlichen Bereich zur Verbesserung der gesamtstaatlichen Situation zum Ziel hat. Analog zu Unternehmen oder anderen Arbeitgebern würde dies bewusst alle Bürgerinnen und Bürger einschließen und hätte zur Folge, dass staatliches Engagement, d.h. auch politische Konzepte, daraufhin überprüft würden, inwieweit sie die gesamte Vielfalt der Gesellschaft widerspiegeln, d.h. für „den Mainstream" und für andere Gruppen wenn nicht gleichermaßen, so doch proportional relevant sind.

Gender Mainstreaming – Amsterdamer Vertrag

Diesem Gedanken lassen sich aktuelle Bestrebungen und Diskussionen zur Anwendung des 1996 im Amsterdamer Vertrag verankerten Konzeptes des Gender Mainstreamings anknüpfen. Gender Mainstreaming bietet eine Handlungsanleitung zur Verbesserung der Lebensqualität und dem Abbau von Benachteiligungen von Frauen und Männern zur Umsetzung der Geschlechterdemokratie. Die Strategie des Gender Mainstreamings „(…) besteht in der Reorganisation, Verbesserung, Entwicklung und Evaluation von Entscheidungsprozessen in allen Politikbereichen und Arbeitsbereichen einer Organisation. Das Ziel von Gender Mainstreaming ist es, in alle Entscheidungsprozesse die Perspektive der Geschlechterverhältnisse einzubeziehen und alle Entscheidungsprozesse für die Gleichstellung der Geschlechter nutzbar zu machen."[6]

---

5   NGOs sind meist gemeinnützige Organisationen, die primär Sachziele und politische Ziele verfolgen. Dadurch unterscheiden sie sich im Wesentlichen von Profitorganisationen, die Formalziele, zum Beispiel die der Gewinnmaximierung, des Shareholder-Values oder der Marktführerschaft anstreben.

6   Stiegler, Barbara (2000). Vgl. auch Kirschbaum, Almut (2003) oder Ehrhardt, Angelika; Jansen, Mechthild (2003).

Diversity beschreibt die Gesellschaft der Zukunft und die Zukunft der Gesellschaft. In dieser Zukunft und mit dieser Gesellschaft müssen politische Systeme erfolgreich sein. Auch für sie gilt, dass Erfolge der Vergangenheit keine Gewähr für einen Erfolg in der Zukunft darstellen.

Eine genauere Betrachtung auf staatlicher Ebene zeigt, dass Diversity gewissermaßen den roten Faden der aktuellen und künftigen Herausforderungen der gesellschaftlich-politischen Landschaft darstellt. So zeigen beispielsweise die Ereignisse und Folgen des 11. September 2001, wie extrem sich der negative Umgang mit Unterschiedlichkeit auswirken kann. Aber auch Globalisierung und europäische Integration und die sich verändernde Verteilung der weltpolitischen Kräfte lassen Diversity aus staatlicher Sicht immer relevanter werden: Welche Krise bleibt heutzutage noch lokal oder regional begrenzt?

Auch politisch-gesellschaftliche Debatten in Deutschland und Europa beinhalten immer häufiger das Thema „Unterschiedlichkeit" und könnten durch „Diversity" wohl konstruktiver geführt werden (vgl. Kapitel 5).

Im gesellschaftlichen Kontext kann Diversity das Zusammenleben von immer mehr unterschiedlichen Individuen verbessern und zu einem positiven Verständnis für Veränderungen führen. Analog zur Unternehmenssituation kann Diversity für einen Staat bewirken, dass die BürgerInnen eine positive Haltung und klare Loyalität gegenüber dem öffentlichen System zeigen. Des Weiteren strebt die Berücksichtigung von Unterschiedlichkeit an, als Imagefaktor und Standortvorteil eines Staates bzw. einer Gesellschaft eingesetzt zu werden und hierdurch einen größeren Wohlstand für alle zu erreichen. Insgesamt wird so nicht nur der Standort für Eliten und Unternehmen attraktiver, auch destruktives Verhalten gegenüber dem Staat (z.B. Steuerhinterziehung) könnte sich verringern.

Analog zur Schaffung eines produktiven Arbeitsumfeldes in Unternehmen kann Diversity für einen Staat das Streben nach einer Gesellschaft darstellen, die den positiven Wert von Unterschieden anerkennt und Vielfalt nutzt und fördert. In dieser Gesellschaft gehen Menschen mit der eigenen Individualität und der anderer positiv um. Diese und die folgenden Überlegungen lassen sich auch auf Regionen, Städte, Hausgemeinschaften oder auch auf Familien übertragen.

In den folgenden Abschnitten wird gezeigt, wie Diversity in vielen Bereichen und von unterschiedlichen Akteuren aufgegriffen und genutzt werden kann. Das Ziel besteht stets darin, die jeweilige Kernaufgabe einer Organisation besser und nachhaltiger wahrzunehmen, als dies ohne Diversity geschieht.

Für die Politik beinhaltet dies eine Förderung einer vielfältigen und konstruktiven Kultur und Gesellschaft, zum Beispiel durch Imagekampagnen (z.B. „Familie Deutschland"), durch ein positives Zuwanderungsgesetz oder durch Förderpro-

„Wertschöpfung durch Wertschätzung:
Diversity ist eine Frage der Produktivität.“

Stefan Lauer,
Personalvorstand Deutsche Lufthansa AG, im August 2003

gramme (ähnlich „Equal" oder „Xenos") sowie durch die Schaffung klarer Rahmenbedingungen, zum Beispiel durch Antidiskriminierungsgesetze, Hate-Crime-/Bias-Crime-Gesetze oder Steuergesetze, die für unterschiedliche Menschen gleich fair sind.

Schon im Bereich Bildung können durch die Vermittlung von Kenntnissen und Kompetenzen im Zusammenhang mit Vielfalt wichtige Grundlagen geschaffen werden. Zum Beispiel durch Unterrichtseinheiten mit multikulturellen Inhalten, Aufhebung geschlechtsspezifischer Bildungsmechanismen, Erleben und Anwenden der Vorteile gemischter Gruppen und die Förderung der Bildungsbeteiligung vielfältiger Gruppen in allen Bereichen.

Auch die Medien könnten verstärkt durch vielfältige, vorurteilsfreie Botschaften an einer weiteren Entwicklung der Kultur teilhaben. Dies mag beispielsweise durch diskriminierungsfreie Sprachregelungen, Berichterstattung ohne Klischees, Thematisierung von Ausgrenzung und den Wert von Vielfalt, die Wahl von Protagonisten vielfältiger Herkunft und eine bewusst „diverse" Themenauswahl erfolgen.

NGOs haben die Möglichkeit, das Thema „Vielfalt & Individualität" im Rahmen ihrer jeweiligen Arbeit aufzugreifen: in der Förderarbeit von Stiftungen, bei der Grundlagen- oder Lobbyarbeit von Verbänden, in den Tarifverhandlungen durch Gewerkschaften, auf Tagungen, in der Presse- und Öffentlichkeitsarbeit sowie in der öffentlichen Diskussion und im Zusammenhang mit sachverwandten Themen (Work-Life-Balance, Teilzeit, Gender Mainstreaming, Migration, Behindertenarbeit, Alterung der Gesellschaft etc.).

Schließlich kann die Wissenschaft das Thema „Vielfalt & Individualität" in Forschung, Lehre und Studium aufgreifen; zum Beispiel im Rahmen von Semester- oder Abschlussarbeiten oder Seminaren, als Lehrinhalte im Rahmen von Soziologie, Psychologie, Pädagogik, Politik- oder Wirtschaftswissenschaften, als Forschungsgegenstand in diesen Disziplinen oder in Form von Übungen, die Vielfalt als Arbeitsform erlebbar machen, sowie durch den weiteren Aufbau internationaler Studierenden- und Lehrkräftemobilität.

Für den gesamten nicht gewinnorientierten Bereich gilt: Sowohl die Definitionen als auch die Bedeutung und die Ziele von Diversity sind analog zum privatwirtschaftlichen Bereich relevant. Vor allem die internen Betrachtungen, d.h. mit Blick auf Produktivität, Zusammenarbeit und das Arbeitgeber-Arbeitnehmer-Verhältnis, erscheinen gleichermaßen zutreffend. Lediglich die Frage der Kunden- und Ertragsorientierung stellt sich für manche Organisationen anders dar, da diese in vielen Fällen nicht unmittelbar gegeben ist. Allerdings verfolgen die meisten NGOs gesellschaftliche Ziele, zum Beispiel die Meinungsbildung in der Gesellschaft zu fördern oder gesellschaftliche Veränderung zu unterstützen etc. Auch der Staat oder öffentlich-rechtliche Medien und andere Einrichtungen wenden sich an die gesamte Gesellschaft. Insofern kann ein Erfolg all dieser Organisationen nur dann wahrscheinlich sein, wenn das Handeln derselben die Vielfalt der Gesellschaft (als „Zielgruppe") anerkennt und nutzt. Wie im Falle von Unternehmen wird dies vor allem dann gut gelingen, wenn in den Organisationen selbst Vielfalt herrscht, positiv eingeschätzt und genutzt wird. Schließlich erscheint es auch im nicht-gewinnorientierten Bereich sinnvoll, dass Organisationen ihr Engagement für Diversity auch nach außen tragen, so dass es vom jeweiligen, relevanten Umfeld (z.B. der Öffentlichkeit) wahrgenommen wird.

> **Lektion 3**
>
> Diversity verfolgt das Oberziel, den Erfolg eines Unternehmens oder einer nicht gewinnorientierten Organisation zu vergrößern. Dabei stellt Diversity im Sinne von Vielfalt keinen Selbstzweck dar. Vielfältige Stakeholder führen erst in Verbindung mit einer Diversity-Kultur zu Mehrwerten: ein Umfeld, in dem Unterschiede wertgeschätzt werden und in dem die Beteiligten fähig sind, diese zu nutzen. Schließlich muss Diversity nach außen getragen werden, um mit Blick auf das relevante Umfeld Mehrwerte zu generieren.

Literatur

Bucher, Richard (2000): Diversity Consciousness: Opening Our Minds To People, Cultures, and Opportunities. New Jersey: Upper Saddle River.

Ehrhardt, Angelika; Jansen, Mechthild (2003): Gender Mainstreaming. Grundlagen, Prinzipien, Instrumente. Polis 36, Wiesbaden: Hessische Landeszentrale für politische Bildung.

Engelbrech, Gerhard (1997): Total E-Quality Management: Ein Konzept zur Förderung der Chancengleichheit in der Arbeitswelt. ibv (Informationen für die Beratungs- und Vermittlungsdienste der Bundesanstalt für Arbeit), Nr. 51.

Hayles, Robert; Mendez Russel, Arminda (1996): The Diversity Directive: Why Some Initiatives Fail & What To Do About It. New York: Irwin Professional Publishing.

Kirschbaum, Almut (2003): Neue Strategien zur Umsetzung von Gleichstellung und Chancengleichheit. Oldenburg: bis-Verlag Universität Oldenburg.

Stiegler, Barbara (2000): Wie Gender in den Mainstream kommt: Konzepte, Argumente und Praxisbeispiele zur EU-Strategie des Gender Mainstreaming. Bonn: Friedrich Ebert Stiftung.

Stuber, Michael (2000): Gleich drei Wünsche auf einmal – Diversity: Chancengleichheit, ökonomischer Erfolg und sozio-politische Raison. In: EU-news, Nr. 6 (September), S. 4

Kapitel 4
Warum müssen sich
Organisationen verändern?

Viele Präsentationen der Grundideen von Diversity rufen bei Unternehmen und anderen Organisationen Zustimmung hervor. Auch herrscht große Einsicht, dass gute Gründe für Offenheit und Einbeziehung sprechen. Auf die eigene Organisation bezogen, wird allerdings vielfach darauf hingewiesen, man sei ja bereits sehr vielfältig, habe einen englischen Kollegen oder eine Frau mit Prokura. Und Toleranz sei ohnehin selbstverständlich; jeder könne so sein, wie er ist, und Probleme in Form von Konflikten gäbe es praktisch keine.

Diese Wahrnehmung ist sicherlich für viele Beteiligte richtig und insofern auch ein relevanter Aspekt des Status quo. Allerdings verwundert nicht, dass andere Beteiligte aufgrund ihres individuellen Blickwinkels und anderer persönlicher Erfahrungen abweichende Wahrnehmungen zu dieser Diskussion beitragen. Dieses Phänomen wird soziologisch durch das Prinzip von Monokulturen und der damit zusammenhängenden Insider- bzw. Outsiderdynamik beschrieben. Die entsprechenden Mechanismen lassen sich in Kultursimulationen im Rahmen von Trainings immer wieder aufs Neue erzeugen.

Neben der bloßen Beschreibung eines Mechanismus, der die Realität wiedergibt, erscheint die Frage nach den Entstehungs- und Bewahrungsgründen von Monokulturen, Insider- und Outsidergruppen von Bedeutung. Sind diese Gründe bekannt, können effektive Strategien zur nachhaltigen Veränderung des Status quo erarbeitet und umgesetzt werden. In der Sozialpsychologie finden sich zwei relevante Kräfte, die wesentlich zur Entstehung und Bewahrung von Monokulturen und damit zu Ausgrenzung und Diskriminierung beitragen: persönliche Vorurteile und organisationale Präferenzen. Beide Kräfte – eine auf der individuellen Ebene, eine auf der Ebene der Organisation – bilden eine Kombination, die Strukturen und Kulturen der jeweiligen Machtverhältnisse erhält.

Insgesamt erscheinen drei Gründe von Bedeutung, weshalb sich Organisationen ändern müssen:

▶ Monokulturen
▶ persönliche Vorurteile
▶ organisationale Präferenzen

Alle drei Gründe spiegeln sich in der Debatte um Frauen in Führungspositionen wider:

▶ Exkurs: Frauen in Führungspositionen

Monokulturen

Monokulturelle Organisationen sind dadurch gekennzeichnet, dass eine dominante Gruppe (nicht unbedingt die Mehrheit!) die Norm definiert, von der Abweichungen als Minderwertigkeit angesehen wird. Entscheidend hierbei ist die Bedeutung und die Macht der bloßen Definition von Überlegenheit, die nicht mit tatsächlicher Qualifikation zusammenhängen muss. In der Literatur wird die dominante Gruppe (Insider) in Organisationen meist beschrieben als hoch qualifizierte, deutsche Männer mittleren Alters, die in einer Familie leben.[1] Die Zusammensetzung der dominanten Gruppe ändert sich jedoch mit dem organisationalen Kontext sowie mit dem betrachteten Zeitfenster oder Ort. So können auch weibliche Trainer, türkische Fußballfans oder jugendliche Besucher eines Bürgerzentrums dominante Gruppen bilden.

Neben der „demographischen" Ähnlichkeit innerhalb der dominanten Gruppen in Monokulturen, die nicht zwingend gegeben ist, spielen kulturelle Übereinkünfte eine überragende Rolle. Dies kann je nach Monokultur ganz verschiedene Bereiche betreffen und sich in unterschiedlichen Phänomenen äußern.

In folgenden Bereichen finden sich häufig ausgesprochen (explizit) oder stillschweigend (implizit) Übereinkünfte: politische Überzeugungen, Freizeitinteressen, religiöse Bekenntnisse, gesellschaftliche Werte, Lebensziele und -entwürfe, Präferenzen für Speisen und Getränke oder Musikstile sowie viele andere. Die jeweiligen kulturellen Übereinkünfte zeigen sich in unsichtbaren Normen, in Ritualen, der Verwendung von Fachausdrücken, in der Kleidung und nicht zuletzt im Verhalten gegenüber Outsidern. Die Charakteristiken von Insidergruppen bewirken erlebbare Dynamiken, die häufig als „Gruppenzwang" beschrieben werden und auch dazu führen, dass allzu häufig und allzu leicht ein (vermeintlicher) Konsens in Monokulturen erzielt nur vermutet wird. Dabei sind die meisten gruppenbildenden Mechanismen den Angehörigen der Insidergruppe nicht bewusst, führen aber dennoch zu einer klaren Machtverteilung und dezidierten Vorteilen für die dominante Gruppe gegenüber den so genannten Outsidern. Dadurch wird zudem das prägende Muster bestärkt, dass Ähnlichkeit oder sogar Gleichheit nicht nur gut, sondern besser ist. Dieses wiederum führt zu der Erwartung, andere müssten sich anpassen.

Wie in nachfolgenden Abschnitten gezeigt wird, sind Monokulturen in den unterschiedlichsten Ausprägungen im wahrsten Sinne des Wortes „normal". So überrascht es nicht, dass auch in Deutschland viele Organisationen auf Monokulturen basieren. Harmonie entsteht durch Gleichheit, die durch Normen gefördert wird. Nur langsam werden die vielfältigen kulturellen Einflüsse auf das „Business" und die Bedeutung der in Kapitel 2 beschriebenen gesellschaftlichen Veränderungen

---

1   Vgl. Vedder, Günter (2002), S. 11, und Emmerich, Astrid; Krell, Gertraude (2001), S. 423.

anerkannt. Es ist nicht ungewöhnlich, dass viele die Augen selbst vor bestehender Vielfalt verschließen und, wenn sie unausweichlich deutlich geworden ist, versuchen, eine andere Art von Gleichheit herzustellen. Als Beispiel hierfür sei das Fußballspielen von Deutschen und Migranten angeführt. Bei diesem wird versucht, über die sportliche Betätigung eine Gleichheit herzustellen. Dass dies zunächst ein Hilfskonstrukt darstellt, kann beim anschließenden gemeinsamen Grillen deutlich werden, wenn unterschiedliche Essgewohnheiten zu Tage treten.

Allgemein führt die Proklamation von Gleichheit vielfach dazu, dass gleiche Chancen und Möglichkeiten für alle gesehen und insofern keine Verbesserungsmöglichkeiten anerkannt werden. Mit anderen Worten: Die Voraussetzungen, die Bereitschaft und die Motivation für weitreichende Veränderungen, wie sie im Sinne von Diversity – ökonomisch sinnvoll – angestrebt werden, sind nicht besonders ausgeprägt. Dabei erscheint es wesentlich, dass durch die Internationalisierung (in Europa und weltweit) nationales Denken und damit monokulturelle Ansätze auf dem Rückzug sind.

Auch beschäftigen sich viele Unternehmen bereits mit einzelnen Aspekten von Vielfalt. Beispiele hierfür sind: flexible Arbeitszeitmodelle zur besseren Vereinbarkeit von Beruf und Privatleben, interkulturelle Trainingsprogramme, innovative Chancengleichheitsprogramme und Karriereförderung für Frauen (z.B. durch Mentoring), flexible Ruhestandsmodelle und vieles mehr. Häufig stehen sie als Insellösungen jedoch auf verlorenem Posten und sind von der wirtschaftlichen Lage sowie von persönlichen Präferenzen der Unternehmensleitung abhängig. Grund hierfür ist meist die fehlende strategische Einbindung in die Unternehmensstrategie oder ein klarer Hinweis auf den Beitrag zum wirtschaftlichen Erfolg. Des Weiteren bleibt der rote Faden, der diese (und andere) Aktivitäten verbindet, allzu häufig unerkannt: Es geht um Unterschiede, insbesondere um jene Unterschiede, die in einer Monokultur als minderwertige Abweichung interpretiert werden.

Die tatsächliche Benachteiligung von Outsidern in Monokulturen wird von Angehörigen der Insidergruppe, die sich des zugrunde liegenden Mechanismus meist nicht bewusst sind, im Allgemeinen als Einzelfall angesehen und durch vielfältige Einflüsse und Umstände begründet. Die Ausgrenzung oder Diskriminierung sei unbeabsichtigt. Naturgemäß stehen für die Outsider jedoch die konkret erlebten Nachteile im Vordergrund. In diesem Zusammenhang sind sich Angehörige der untergeordneten Gruppe ihrer Gruppenzugehörigkeit – im Gegensatz zu den Insidern – bewusst und erkennen im System begründete Ursachen für ihre Benachteiligung (z.B. durch Gleichbehandlung in einer Monokultur, vgl. Kapitel 5.) Daher fordern sie rasche und deutliche Veränderungen, die wiederum von der Insidergruppe als langwierige Entwicklung eingeschätzt werden.

Abhilfe kann in Monokulturen nur geschaffen werden, wenn zunächst Bewusstsein für die Situation geschaffen wird, zum Beispiel in Trainings. Weiterhin sind ein bewusstes Aufeinanderzugehen und ein intensiver Austausch von kulturellen Besonderheiten von Bedeutung – also auch das Anerkennen von Unterschiedlichkeiten und ihren Auswirkungen. Von entscheidender Bedeutung ist darüber hinaus, die Gründe für die Entstehung von Monokulturen darzulegen und die Mechanismen aufzuzeigen, durch die sie gefestigt werden. Hierzu zählen vor allem die von Menschen ausgehenden persönlichen Vorurteile und die von Organisationen ausgehenden organisationalen Präferenzen.

Persönliche Vorurteile

Vorurteile, Stereotype und Diskriminierungen sind soziale Abgrenzungsmechanismen, die in zahlreichen Gemeinschaften täglich zum Ausdruck kommen. Sie sind ausgesprochen menschlich oder „natürlich", insoweit sie vor allem im Rahmen der Erziehung und Sozialisation entstehen.

Ein Vorurteil ist „eine relativ starre und meist von zahlreichen Menschen positive oder negative Meinung ohne objektive Prüfung".[2] Es gibt demnach positive oder negative Vorurteile, wobei die erstgenannte Form von geringerer sozialer Brisanz ist. Negative Vorurteile können auch als Antipathien beschrieben werden: „(…) unzutreffende negative Einstellungen gegenüber Außengruppen bzw. Minoritäten. Sie sind häufig aus den Normen einer Gruppe abgeleitet, die den Umgang mit Mitgliedern einer Außengruppe betreffen."[3]

Aber wie entstehen Vorurteile? Zur Klärung dieser Frage erscheint ein Blick in die Vergangenheit angebracht. Schon als Kind lernen wir von unseren Bezugspersonen (Eltern, LehrerInnen usw.), was richtig und falsch ist, gut und böse, schwarz und weiß, wie man spricht, geht, isst, mit wem man spielt und auch, mit wem man nicht spielt. Von besonderer Bedeutung ist dabei, dass Kinder in dem Alter, in dem sie diese Grundordnung erlernen, kaum Reflexionsfähigkeit aufweisen. Die Regeln werden daher akzeptiert, zumal sie meist über Belohnung (Anerkennung) und Bestrafung (Ablehnung) durchgesetzt werden. Die Auswirkungen dieser Sozialisation bekommen wir erst viel später zu spüren. So sind beispielsweise ein Umzug während der Schulzeit oder der erste (eigenständige) Auslandsaufenthalt häufig Gelegenheiten, erstmalig persönliche Erfahrungen mit dem eigenen Anderssein zu machen und womöglich in Konflikt mit der erlernten Werteordnung zu kommen. Erhalten wir keine Gelegenheiten, die Vorgaben unserer Kindheit zu hinterfragen, so bleiben sie als strukturgebendes Element unseres Lebens erhalten: So, wie wir sind, ist es gut. So, wie wir Dinge tun, ist es richtig. Andere sind weniger gut, und Dinge anders zu tun, ist falsch. Diese Grunddisposition bildet einen wesentlichen Erklärungsansatz für die Bildung von Mono-

---

2   Reinhold, Gerd (1997), S. 712.

3   Fischer, Lorenz; Wiswede, Günter (1997), S. 258.

kulturen, in denen eben diese Mechanismen statt auf der individuellen auf der Gruppenebene zum Einsatz kommen.

In unseren heutigen komplexen Gesellschaften setzen Vorurteile häufig an bestehenden Stereotypen an. Ein Stereotyp ist die „(…) Bezeichnung eines Denkens und Verhaltens nach feststehenden Orientierungen, die häufig zu Vorurteilen, Starrheit und Vereinfachung bei der Beurteilung von Personen oder Sachen führen. (…) Die Bildung von Stereotypen ist in gewissem Umfang für jeden Menschen zur Erleichterung der Orientierung notwendig und Teil des sozialen Lernens."[4] „Stereotype sind durch Übergeneralisationen entstandene Simplifizierungen."[5]

Obwohl Vorurteile und Stereotype einerseits als Teil des Erziehungsprozesses entstehen und andererseits zur Strukturierung des Alltags hilfreich sind, werden sie von vielen strikt abgelehnt. Dennoch sind sie in der Realität ständig vorhanden und bestimmen wesentlich mit, wer nicht in eine Organisation oder Gemeinschaft aufgenommen wird. Schon bei einem ersten Zusammentreffen (mit einem Bewerber) existieren implizite Erwartungen bezüglich Identitäten und Verhaltensweisen, die auf früheren Erfahrungen beruhen. Sie bilden unausgesprochene Regeln, die in der Generalisierung früherer Erlebnisse, also einer Art Lerneffekt, beruhen. Insoweit sind Vorurteile verständlich. Andererseits führen sie bewusst und unbewusst zu Aus- oder Abgrenzungen, die als Schutzmechanismen für sich selbst und die Eigengruppe dienen. An diesem Punkt erscheint es entscheidend, dass existierende Vorurteile kritisch hinterfragt werden, da sie sonst dazu führen, dass Monokulturen entstehen bzw. gefestigt werden oder Menschen aufgrund ihres Andersseins diskriminiert werden.

Unter Diskriminierung versteht man die „soziale Ungleichbehandlung bzw. Benachteiligung anderer Menschen durch Verhaltensweisen und Einstellungen. Diskriminierung ist daher immer evaluativ. Objekte sozialer Diskriminierung sind vor allem soziale Minderheiten, bestimmte Rassen und Hautfarben, Frauen, religiöse Glaubensgemeinschaften, bestimmte Gesellschaftsgruppen, ja sogar ganze Gesellschaften. (…) Diskriminierung beruht oft auf Vorurteilen und dient der Erniedrigung anderer, um sich selbst zu erhöhen."[6]

Vorurteile und Diskriminierung können auch aufgrund der Unkenntnis eines Hintergrundes einer Person (oder Gruppe) entstehen. Sind sich Organisationen dieses Umstandes bewusst, suchen sie nach Möglichkeiten, diese zu vermeiden. So existieren zahlreiche Bücher, die konkrete Ratschläge für den Umgang mit unterschiedlichen Kulturen geben. Diese sind jedoch mit Vorsicht zu genießen, da

---

4   Reinhold, Gerd (1997), S. 651.

5   Fischer, Lorenz; Wiswede, Günter (1997), S. 258.

6   Reinhold, Gerd (1997), S. 120.

sie vielfach allgemeine Kennzeichen zum Beispiel einer ethnischen Gruppe nutzen, um das Verhalten einer Person zu erklären. Derartige Betrachtungen können umgekehrt wieder zu Stereotypen führen. Auch können kulturelle Anweisungen Ängste erzeugen, Fehler zu begehen und andere zu diskriminieren. Dadurch kann Spontaneität verloren gehen und verkrampftes Verhalten entstehen.[7]

Im Zusammenhang mit Monokulturen führen persönliche Vorurteile zur Ausgrenzung und Diskriminierung von Angehörigen der Outsidergruppe. Allerdings besteht ein weiteres Charakteristikum darin, dass sich die jeweiligen Insider ihres Status nicht bewusst sind. Demzufolge ist es häufig schwierig, an persönlichen Vorurteilen zu arbeiten. Eine effektive Möglichkeit besteht im temporären „Rollentausch". Es entsteht viel Verständnis für die Erfahrungen von Menschen mit Behinderungen, wenn ein Mensch ohne Behinderung einen Tag im Rollstuhl verbringt. So tauschten beispielsweise am Tag der Behinderten im Dezember 2002 sechs IT-Manager bei Ford ihre Autos gegen einen Rollstuhl ein. Aber auch ein gebrochenes Bein (z.B. durch einen Sportunfall) kann den Horizont erweitern. Im Rahmen von Trainings können Videos oder Rollenspiele Bewusstsein für Vorurteile und deren Auswirkungen schaffen. Ebenso effektiv können Erfahrungsberichte „Betroffener" wirken.

Der Abbau von persönlichen Vorurteilen am Arbeitsplatz trägt wesentlich zur Entstehung einer Diversity-Kultur und einer Diversity-Organisation im Sinne von Kapitel 3 bei. Allerdings bedarf es weiterer Erklärungsansätze, um die Entstehung und Festigung von Monokulturen näher zu beleuchten.

Organisationale Präferenzen

Organisationale Präferenzen haben sich lange Zeit in der Personalbeschaffung vieler Unternehmen gezeigt, wenn Mitarbeiter nach der Maxime gesucht wurden: „Sie müssen hier reinpassen" („They gotta fit in"). Diese Vorliebe für einen bestimmten Typus von Mitarbeiter hängt mit der jeweiligen Historie einer Organisation zusammen. Der oder die Gründer hatten eine Vision und legten Grundwerte und Prinzipien fest. Zur Umsetzung ihrer Ideen wurden Systeme und Regeln etabliert, die von den Mitarbeitern und vor allem von den Führungskräften angewandt wurden. Dabei bedeutete zu jeder Zeit eine Veränderung des (erfolgreichen) Systems oder seines (erfolgreichen) Managements ein Risiko, vor dem häufig zugunsten sicherer, weil bekannter Optionen zurückgeschreckt wurde. Dies bringt mit sich, dass Führungskräfte für ihre Nachfolge am ehesten Führungskräfte einsetzen, die ihren eigenen Vorstellungen und Einstellungen entsprechen. Dies erstreckt sich beobachtbar auch auf die äußere Erscheinung von Führungs(nachwuchs)kräften. Dabei besteht ein Wechselspiel zwischen der Suche

---

7   Vgl. Hoffman, Edwin (1999), S. 47 ff.

nach ähnlichen Nachfolgern durch die Führungskräfte und der Beobachtung von Vorbildern durch die Nachwuchskräfte. Letztere werden sich im Verlauf ihrer Karriere zumindest teilweise entsprechend dem Erscheinungsbild erfolgreicher Manager anpassen und beispielsweise glatt rasiert in blauem Anzug erscheinen, um den Vorbildern nachzueifern.

Eine solche organisationale Präferenz kann sich auf Männer oder Frauen, Deutsche oder Angelsachsen, Junge oder Alte oder eine Vielzahl anderer Kriterien beziehen. Allerdings bewirkt dieser Mechanismus auch, dass Menschen, die nur wenige dieser Kriterien erfüllen (können), ihren beruflichen Werdegang weniger motiviert verfolgen, da sie für sich selbst, im wahrsten Sinne, weniger Aussicht auf Erfolg in der Organisation sehen. Dieser Umstand spiegelt sich deutlich in den Berichten vieler Frauen und Angehöriger von Minderheitengruppen wider, die häufig die Bedeutung positiver Vorbilder, bzw. deren Fehlen, und das ausbleibende Willkommensein in Unternehmen betonen.

Während persönliche Vorurteile einen starken Einfluss darauf haben, welche Menschen außerhalb der Organisation verbleiben, regeln organisationale Präferenzen vor allem, wer aufgenommen wird und Erfolg hat. Auch für diesen Mechanismus gilt, dass es kaum kontextabhängig ist. Derartige Präferenzen sind nicht nur in Unternehmen oder anderen Arbeitsorganisationen zu beobachten, sondern auch in Vereinen, Kleingartenkolonien oder Hausgemeinschaften. Sie sind typischerweise in vielen Details der Systeme einer Organisation verborgen und erfordern intensive Analysen. Diesem Umstand liegt auch der Gedanke des Diversity Mainstreamings zugrunde, das darauf ausgerichtet ist, die Kulturen und die Systeme, bestehend aus Strukturen, Prozessen und Inhalten einer Organisation, auf ihre Filterfunktion zu durchleuchten und in der Folge zu neutralisieren und zu öffnen (siehe Kapitel 6).

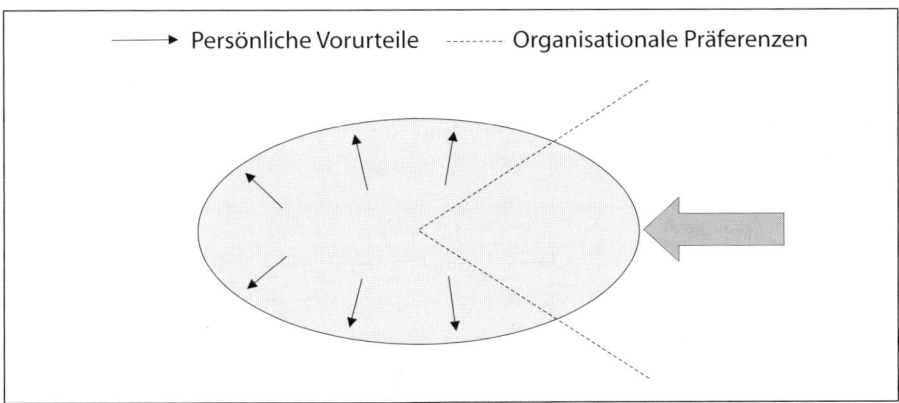

Abb. 4.1:   Entstehung und Bewahrung von Monokulturen

Exkurs: Frauen in Führungspositionen

Die Debatte um Frauen in Führungspositionen in Deutschland kann als Illustration sowohl für persönliche Vorurteile als auch organisationale Präferenzen und somit zur Veranschaulichung von Monokulturen herangezogen werden. Obwohl der Anteil von Frauen im Management in den letzten Jahren gestiegen ist, bewegt er sich im internationalen Vergleich auf recht niedrigem Niveau. Dies gilt, obwohl die Frauen zunehmend über hohe qualifizierte Bildungsabschlüsse verfügen (siehe Kapitel 2) und die Bereitschaft, Verantwortung im Arbeitsleben zu übernehmen, gegeben ist.

Dabei kann die Frage, wie hoch der Anteil von Frauen in Führungspositionen ist, nicht ohne weiteres beantwortet werden. Dies hängt unter anderem mit unterschiedlichen Definition zusammen: Was genau ist unter Führungsposition oder Führungskraft zu verstehen? Weiterhin sind die Ergebnisse branchen- und arbeitsbereichabhängig. Gemäß unterschiedlicher Quellen liegt der Frauenanteil in Führungspositionen je nach Bezugsgröße und Erhebungsweise zwischen 1 und 10 %.

Exemplarisch wird an dieser Stelle betrachtet, wie viele Frauen in den Aufsichtsräten und Vorständen der 87 größten deutschen Unternehmen der „Old Economy" (gemessen an der Beschäftigtenzahl) vertreten sind. In diesen Aufsichtsräten liegt der Anteil bei 8 %[8], in den Vorständen dagegen bei 1 %. Auffällig ist weiterhin, dass in keinem deutschen DAX-Unternehmen eine Frau im Vorstand zu finden ist.[9]

Eine Studie, die in Zusammenarbeit mit der DGFP erhoben wurde, unterstreicht die Aussage, dass im Topmanagement wenig Geschlechtervielfalt vorhanden ist: „Der Frauenanteil in der ersten und zweiten Führungsebene beträgt weniger als 5 % in 59 % der betrachteten Unternehmen, weitere 22 % bestätigen höchstens einen 10 %igen Anteil der weiblichen Führungskräfte."

Weiteren Schätzungen zufolge liegt der Frauenanteil im Topmanagement (Entscheidungspositionen) in deutschen Großunternehmen bei 5 %, im Mittelstand bei 8 % und im öffentlichen Dienst bei 6 %.

---

8   Da keine anders lautenden Angaben gemacht werden, gehen wir davon aus, dass hierbei die Arbeitnehmervertreter mitberücksichtigt wurden.

9   Vgl. http://www.db-decision.de/wid%2002/Unternehmen/OE_beschäftigte.html am 09.07.2003.

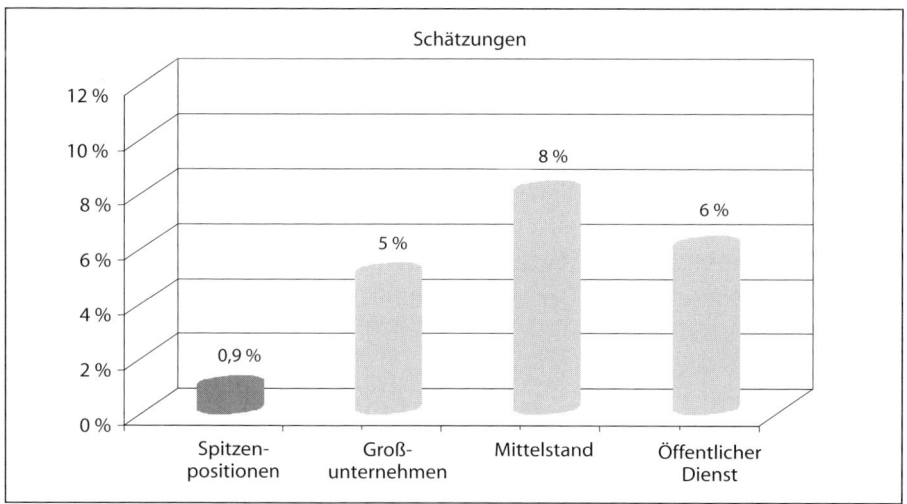

Abb. 4.2:   Frauen in Führungspositionen
(Quellen: Konrad-Adenauer-Stiftung [1998], Accenture [2002], mi.st [Consulting)

Anteil von Topmanagern fremder Nationalität

Um eine Vergleichsmöglichkeit dieser Zahlen zu bieten, werden an dieser Stelle zwei Zahlen aus dem Bereich „Nationalität" angeführt. Eine Studie, die in Zusammenarbeit mit der DGFP durchgeführt wurde, stellt fest: „Lediglich weniger als 5 % Nichtdeutsche sind in 64 % der Fälle in der Unternehmensspitze präsent, nur 14 % der Befragten geben einen Anteil der Topmanager fremder Nationalität von bis zu 10 % an."[10]

Noch immer sehen sich viele Frauen während der ersten karriereentscheidenden Berufsjahre vor die Wahl zwischen Familie und Beruf gestellt. Dies gilt vor allem dann, wenn die Personalpolitik im Unternehmen wenig flexibel ausgerichtet ist. Einen Kinderwunsch zu verwirklichen und Karriere zu machen gelingt häufig nur, wenn auf starke familiäre Unterstützungsstrukturen zurückgegriffen werden kann. Diese Vorannahme, auch statistische Diskriminierung genannt, Frauen entschieden sich meist für die Familie, führte zu dem Vorurteil, die Investition in eine karriereorientierte Einstellung und Förderung von Frauen sei risikoreich. Dabei könnten sowohl von staatlicher Seite als auch im privatwirtschaftlichen und im gesellschaftlichen Umfeld Maßnahmen getroffen werden, die die aktuelle einseitige Lastverteilung mindern (Ganztagsschulen, soziale Akzeptanz für arbeitende Mütter, familiäre und Umfeldunterstützung, Flexibilität und Unterstützung durch Unternehmen). Hierzu bedarf es ganz wesentlich einer Weiterentwicklung des aktuellen Grundverständnisses der Rolle von Vätern und damit des Bildes vieler

---

10   DGFP GmbH (2003), S. 52.

Männer. Ihr Umfeld muss es ermöglichen und unterstützen, ohne Diffamierungen oder Benachteiligungen einen spürbaren Anteil an der Erziehungsarbeit (zusätzlich zum Beruf) zu übernehmen. In diesen Fällen wird künftig aufmerksam zu beobachten sein, ob für Väter gläserne Decken entstehen, die sie nicht zu durchbrechen vermögen, oder ob die derzeitigen „Glass Ceilings" geschlechtsspezifisch (und damit weniger auf „Elternschaft" bezogen) sind.

Ein weiterer Aspekt besteht in dem Erwartungsdruck, dem viele Frauen in Unternehmen ausgesetzt sind. Dieser kann dadurch entstehen, dass Frauen mehr leisten müssen, um die gleiche Anerkennung zu erhalten, die ihre männlichen Kollegen zuteil wird. Auch hier sind persönliche Vorurteile im Spiel, die unter anderem beeinflussen, wer und welche Arbeitsweise für gut befunden wird. Längere Arbeitszeiten sind bei weiblichen Führungskräften daher keine Seltenheit.

Diese Aussagen bestätigt unter anderem die Untersuchung „Weibliche Führungskräfte – Karriere im Spannungsfeld von Familie und Stress", die im November 2002 von „Europressedienst" durchgeführt wurde. Die Ergebnisse der Umfrage unter 1.500 weiblichen Führungskräften zeigen: „Auch heute noch erfordert es starkes Durchsetzungsvermögen und Zähigkeit, um in Deutschland als Frau Karriere zu machen. Nicht jeder verfügt neben den geistigen auch über physische Fähigkeiten, sich im täglichen Kampf behaupten zu können. Insgesamt ist es deshalb nicht verwunderlich, dass der Anteil der weiblichen Führungskräfte in Dax- und M-Dax so gering ist." An diesem Bericht wird zudem das monokulturelle Prinzip deutlich, dass die dominante Gruppe (Insider) für sie vorteilhafte Maßstäbe setzt. Berichtet wird von Durchsetzungsvermögen, Zähigkeit und von einem Kampf. Diese Vokabeln weisen eine klare männliche Konnotation auf. In diesem Zusammenhang sei auf die umfangreiche Diskussion verwiesen, ob Frauen erfolgreicher sind, wenn sie sich „wie Männer" geben (z.B. in Bezug auf ihr Erscheinungsbild oder ihre Art), oder ob sie ohne Anpassung Chancen gleichermaßen wahrnehmen können.[11]

Insgesamt verwundert es nicht, dass das Thema „Frauenförderung" aus den aktuellen Diskussionen kaum wegzudenken ist. Konkret interessiert die Frage, welche Faktoren den Anteil weiblicher Führungskräfte steigern könnten. Die Unternehmensberatung Accenture (vgl. Bericht „Frauen und Macht" 2002) fand durch eine Befragung von 83 weiblichen Führungskräften heraus, dass, im Gegensatz zu einer weit verbreiteten Meinung, zwei Drittel aller Führungsfrauen in festen Partnerschaften leben und knapp die Hälfte von ihnen Kindern haben. Als größtes Karrierehindernis für Frauen sahen die Befragten die männerdominante Kultur am Arbeitsplatz an. Dies stützt die vorigen Ausführungen über Monokulturen, Vorurteile und organisationale Präferenzen mit Blick auf das Thema „Gender".

---

11 Diese Überlegung ist analog für Männer anzustellen, die mehr oder weniger den stereotypischen Vorstellungen ihrer Geschlechterrolle entsprechen.

„Der Lohn für die Anpassung ist,
dass jeder dich mag, außer du selbst.”

RITA MAE BROWN, Romanschriftstellerin

Auch werden hierdurch frühere Umfragen ergänzt, die eine fehlende Kinderbetreuung als maßgeblichstes Karrierehindernis für Frauen ansahen.

Schlussbetrachtung

Nur die Adressierung aller Mechanismen, die zu Monokulturen führen, vermag eine nachhaltige Veränderung von Organisationen zu bewirken. Die gleichzeitige Thematisierung persönlicher Vorurteile und organisationaler Präferenzen stellt insofern die Maxime erfolgreicher Change-Prozesse dar, wie sie in Folgekapiteln beschrieben werden.

Die einseitige Bearbeitung nur eines Ansatzes kann dazu führen, dass die Organisation durch den jeweils anderen Mechanismus wieder zur Monokultur wird. Aufgrund der Komplexität und der Tragweite der angestrebten Veränderungen auf individueller und systemischer Ebene erscheinen Zeithorizonte von mehreren Jahren als durchaus realistisch. Überzogene Erwartungen („nächstes Jahr …") und ein frühzeitiger Zynismus („Warum gibt es trotz Diversity noch einen Fall von …") konterkarieren mitunter selbst fundierte und viel versprechende Anstrengungen. Dies wirkt sich besonders negativ aus, wenn die Absender derartiger Botschaften „Betroffene" oder deren Interessenvertretungen sind oder Bereichen zuzuordnen sind, denen eine abwägende Sichtweise besonders zusteht.

Verfolgt eine Organisation klar erkennbare Veränderungsstrategien mit Wille und Überzeugung (Commitment), so kann sie Unterstützung von allen Stakeholdern erwarten. Schließlich profitieren diese im Rahmen des Win-win-Ansatzes von künftigen Entwicklungen. Weiterhin fallweise bestehende Benachteiligungen, fehlender Respekt oder Ausgrenzungen aufgrund von Vorurteilen oder Präferenzen sollten als Anlass zu fundiertem Austausch und als Anregung für neue Handlungsfelder oder -schwerpunkte konstruktiv genutzt werden.

Lektion 4

Die meisten Organisationen weisen Charakteristika von Monokulturen auf und entsprechen insofern nicht den Zielsetzungen von Diversity. Damit bestehen Verbesserungspotenziale und angesichts veränderter Rahmenbedingungen eine Notwendigkeit zur Veränderung. Persönliche Vorurteile tragen auf individueller Ebene, organisationale Präferenzen auf systemischer Ebene dazu bei, dass Monokulturen entstehen und bestehen bleiben. Eine parallele Bearbeitung beider Mechanismen ist für die Erzielung nachhaltiger Veränderungen erforderlich.

Literatur

Assig, Dorothea; Beck, Andrea (1996): Frauen revolutionieren die Arbeitswelt. Das Handbuch zur Chancengleichheit. München: Vahlen.

Bischoff, Sonja (1999): Männer und Frauen in Führungspositionen der Wirtschaft in Deutschland – neuer Blick auf alten Streit. Köln: Bd. 60 der Schriftenreihe der Deutschen Gesellschaft für Personalführung.

DGFP GmbH (2003): Managing Diversity. Düsseldorf: DGFP.

Emmerich, Astrid; Krell, Gertraude (2001): Diversity-Trainings: Verbesserung der Zusammenarbeit und Führung einer vielfältigen Belegschaft. In: Krell, Gertraude (Hg.): Chancengleichheit durch Personalpolitik, Wiesbaden: Gabler, S. 421–442.

Fischer, Lorenz; Wiswede, Günter (1997): Grundlagen der Sozialpsychologie. München, Wien: Oldenbourg.

Hantschel, Gabriele (2000): Frauen in Führungspositionen – Ein europäischer Vergleich mit Perspektiven zur Personalentwicklung. In: Regnet, Erika; Hofmann, Laila (Hg.): Personalmanagement in Europa, Göttingen: Angewandte Psychologie, S. 266–279.

Hoffmann, Edwin (1999): Management in bezug auf kulturelle Verschiedenheit und interkulturelle Kommunikation. In: Jung, Rüdiger; Schäfer, Helmut; Seibel, Friedrich (Hg.): Vielfalt gestalten – managing diversity, Frankfurt am Main, S. 47–61.

Hoppenstedt (1995): Frauen im Management. Darmstadt: Hoppenstedt.

Krell, Gertraude (1996): Mono- oder multikulturelle Organisationen? „Managing Diversity" auf dem Prüfstand. In: Industrielle Beziehungen, Nr. 4, S. 334–350.

Reinhold, Gerd (1997): Soziologie-Lexikon. München, Wien: Oldenbourg.

Stuber, Michael (2002): Diversity als Strategie. In: Personalwirtschaft, Nr. 1, S. 28–33.

Vedder, Günter (2002): Diversity Management. In: Poth, Ludwig; Poth, Gudrun: Loseblattsammlung Marketing, Kap. 52, Neuwied: Luchterhand.

Wunderer, Rolf; Dick, Petra (1997): Frauen im Management. Neuwied: Luchterhand.

Kapitel 5
Welches Umfeld findet Diversity in Deutschland vor?

Sowohl für die Begründung der aktuellen Situation vieler Organisation, wie sie in Kapitel 4 beschreiben wurde, wie auch als Grundlage für Veränderungsüberlegungen erscheint es wesentlich, das Umfeld näher zu betrachten, das Diversity in Deutschland vorfindet. Entsprechende Überlegungen zur aktuellen und künftigen Situation sollten dabei im Zusammenhang mit historischen Entwicklungen gesehen werden, da die Gegenwart ein Resultat vergangener Geschehnisse darstellt.

Mit Blick auf den Umgang mit Unterschiedlichkeiten offenbart ein geschichtlicher Rückblick in Deutschland zum Beispiel die Nazizeit als extremen Fall negativer Haltungen und Handlungen. Aber auch in der Nachkriegszeit finden sich Besonderheiten, wie der „Gastarbeiter"-Ansatz, der eine dezidiert temporäre Wertschätzung von Migranten vermittelt. In der jüngeren Vergangenheit sind in diesem thematischen Umfeld aus Sicht von Diversity die Doppelpass- und Greencard-Diskussionen[1] zu erwähnen. Des Weiteren beinhaltet die deutsche Sprache punktuelle Besonderheiten mit Blick auf Vielfalt, beispielsweise den feststehenden Ausdruck:„Das ist schön einheitlich".

Um ein grundsätzlicheres Verständnis für das Umfeld für Diversity in Deutschland zu erlangen, erscheint eine Prüfung angebracht, ob Grundvoraussetzungen für Offenheit, Toleranz und Respekt gegeben sind.

Positive Selbstidentifikation (Selbstbewusstsein) und klare Grenzsicherung (Sicherheit) werden häufig als solche Grundvoraussetzungen genannt. Eine Überprüfung für Deutschland als System und Kultur ergibt, dass diese Voraussetzungen hierzulande eingeschränkt erfüllt sind.

▶ Prolog: Sind Grundvoraussetzungen für Offenheit in Deutschland gegeben?

Eine genauere Betrachtung weiterer relevanter Rahmenbedingungen soll zeigen, dass sich das weitere Umfeld für Diversity in Deutschland wie folgt darstellt:

▶ staatlich-politische Rahmenbedingungen: gesetzliche Regelungen und politische Positionierung

▶ gesellschaftlich-kulturelle Rahmenbedingungen: Sprache, Religion, Bildung

▶ wirtschaftliche Rahmenbedingungen: Unternehmenskultur, Führungsstil und Werbekultur in Deutschland

Auf Basis dieser Betrachtungen wird es möglich, Ähnlichkeiten und Unterschiede zum US-amerikanischen Umfeld zu identifizieren und Möglichkeiten einer effektiven Übertragung von Diversity auf deutsche Verhältnisse darzustellen.

▶ Epilog: Lässt sich Diversity von den USA auf Deutschland übertragen?

---

1   Unterschriftenaktion gegen die doppelte Staatsbürgerschaft bzw. Kampagne „Kinder statt Inder".

Prolog: Sind Grundvoraussetzungen für Offenheit in Deutschland gegeben?

Um ein Verständnis für die Voraussetzungen für Diversity in Deutschland zu entwickeln, werden zunächst die Kriterien „positive Selbstidentifikation" und „Grenzsicherung" für Deutschland als Nation überprüft. Hierzu erscheinen historische Betrachtungen zu „Einheit und Vielfalt in Deutschland" erforderlich. Diese gehen der Frage nach, ob es in Deutschland eine positive nationale Identität gibt und wie sich die Grenzsicherung der Deutschen darstellt.

Seit Ende des Römischen Reiches ist Europa in Nationen unterteilt. Anderson versteht unter einer Nation „(…) eine vorgestellte politische Gemeinschaft – vorgestellt als begrenzt und souverän".[2] Für die verschiedenen europäischen Nationen erlangt diese Definition sehr unterschiedliche Bedeutungen, sind sie doch in ihrer heutigen Form auf sehr unterschiedliche historische Gründungsdaten zurückzuführen. Ferner weisen sie im Verlauf der Geschichte sehr unterschiedliche Ausmaße an Souveränität auf. Viele Nationen in Osteuropa erlangten diese zum Beispiel erst in den vergangenen zehn Jahren (wieder).

Dabei ist die Frage von Interesse, auf welcher Grundlage eine Nation entsteht. Meist definiert sich eine Nation über die gemeinsame Sprache, die Herkunft, das Wohngebiet, die Religion, die territorialen Grenzen, die ethnischen Zugehörigkeiten oder gemeinsame Wertvorstellungen. Eine Nation ist nach Renan (1882) ein Seele, ein geistiges Prinzip, das aus gemeinsamen Erinnerungen (Vergangenheit) und dem Wunsch zusammenzuleben (Gegenwart) besteht – also etwas Subjektives.

Ein historischer Exkurs illustriert die Entstehung und Entwicklung der deutschen Nation und damit zusammenhängende Folgen für Diversity.[3] Nach vielen Kriegen im frühen 19. Jahrhundert war der Wunsch in Deutschland vorhanden, eine Nation zu schaffen. Bismarck gründete 1871 das Deutsche Reich. Dieses war jedoch kein demokratischer Nationalstaat, was schon durch den monarchisch-militärischen Reichsgründungsakt im Spiegelsaal zu Versailles deutlich wurde, sondern eine Monarchie. Die deutsche Nation konnte sich nur unter schwierigen Bedingungen bilden, da das Zentrum der Macht sich aus der preußischen Militärmonarchie, dem obrigkeitsstaatlichen Verwaltungsstaat, den traditionellen Führungstruppen und der polarisierenden Innenpolitik von Bismarck konstituierte. Vielfalt wurde schon zu dieser Zeit nicht gefördert – im Gegenteil: Katholiken, Sozialisten und ethnische Minderheiten galten als Reichsfeinde.

Mit der so genannten zweiten Reichsgründung 1878 geriet auch der verbleibende Liberalismus in eine schwere Krise. Die deutsche Gesellschaft wurde zu-

---

2 Anderson, Benedict (1993).

3 Vgl. Andersen, Uwe; Woyke, Wichard (2000).

nehmend verstaatlicht. Ein neuer Nationalismus prägte diese Ära, die sich durch eine Abwehrideologie gegen innere und äußere Feinde, aber auch eine Aufbruchstimmung im Zuge des in Europa verbreiteten Imperialismus auszeichnete. Durch die deutsche Verfassung und Kultur entwickelte sich ein nationales Bewusstsein, welches auch eine Abgrenzung von europäischen Nachbarn und einen neuerlichen Antisemitismus mit sich brachte. Politische und kulturelle Veränderungen bewirkten Stolz und Verunsicherung zugleich, so dass das Kaiserreich durch innere Spannungen geprägt war. Bis zum Ersten Weltkrieg bestand insofern wenig Zeit, eine positive nationale Identität herauszubilden. Nach dem Ersten Weltkrieg erschien eine solche wenig opportun, und eine Grenzsicherung war nicht erfolgt.

In der Geschichte geht Deutschland mehrfach den so genannten „Sonderweg". Es entscheidet sich zum Beispiel bewusst nicht eindeutig für einen der sich nach der russischen Revolution abzeichnenden Machtblöcke Ost- und Westeuropas. Bis heute lässt sich eine Tradierung dieses Gedankens feststellen; Deutsche gehen ihren eigenen Weg, finden ihre eigene Art, Dinge zu regeln oder umzusetzen. Auch in der Diversity-Diskussion erfolgt gelegentlich die Argumentation, dass „wir hier" keinen Bedarf für einen systematisch positiven Umgang mit Unterschieden hätten und „diese Dinge" auf unsere Art und Weise regelten.

In der Zeit der Weimarer Republik entstand eine demokratische Verfassung und ein staatliches Sozialsystem. Dies war angesichts der massenpsychologischen Folgen des verlorenen Krieges und der ökonomischen Dauerkrise kein leichter Weg: „Die Gleichzeitigkeit der verfassungs-, wirtschafts- und gesellschaftspolitischen Probleme macht die Besonderheit der deutschen Situation aus."[4] Ängste, Krisen und das Trauma von Versailles bildeten den Nährboden für einen radikalen Nationalismus, den die NSDAP zum Staatssystem machte.

Die nationalsozialistische Diktatur stellte eine besondere, extreme Form von Monokultur dar. Unterschiedliche Facetten von Vielfalt, darunter zahlreiche Eliten, wurden aktiv vernichtet. Der verlorene Zweite Weltkrieg bedeutete einen weiteren tiefen Einschnitt für die deutsche Nationalidentität – und die Grenzsicherung. Es folgten ein schwieriger Lernprozess und die behutsame Etablierung einer demokratischen politischen Kultur, die allerdings einige Gesetze aus dem Zweiten und Dritten Reich übernahm.

Auch wurde die Zeit des Wiederaufbaus nach dem Krieg nicht genutzt, um die verloren gegangene Vielfalt der Gesellschaft wieder aufzubauen oder eine offene Kultur zu etablieren. So erfolgte beispielsweise die Anwerbung von „Gastarbeitern" in der Annahme, diese kehrten nach getaner Arbeit in ihre Heimatländer zurück. Und da besonders in den 1950er und 1960er Jahre die Befriedigung

---

4   Andersen, Uwe; Woyke, Wichard (2000).

grundlegender Lebensbedürfnisse im Vordergrund stand, wurden ethische Debatten in Themenbereichen, die heute „Diversity" zugeordnet werden können, kaum geführt. Politik, Bildung, Medien und Alltagsleben waren geprägt von einer neuen „heilen Welt", in der klare Rollenverteilungen und Normvorstellungen ordnungs- und identitätsstiftenden Charakter erhielten.

Als Folge der Wiedervereinigung entstand in Deutschland das Bestreben, aus den beiden früheren Identitäten „BRD" und „DDR" eine gemeinsame Identität auszubilden. Diese Perspektive bedeutete jedoch auch einen Bruch in den jeweils zurückliegenden Entwicklungen. Beide Seiten mussten angesichts des direkten Kontaktes mit der jeweils anderen Seite ihre Einstellung zum „anderen" überprüfen. Die Auseinandersetzung verlief (bzw. verläuft) in der Bevölkerung jedoch unterschiedlich intensiv. Dies hängt unter anderem damit zusammen, dass naturgemäß alle Beteiligten glaub(t)en, die „richtige" Meinung und das „richtige" Wissen zu haben sowie den „richtigen" Standpunkt zu vertreten. Hinzu kommt die Tatsache, dass die Wiedervereinigung weniger als „gleichberechtigte" Annäherung beider Staaten verlief (eben keine „Fusion unter Gleichen"). Beiträge der neuen Bundesländer zum neu entstehenden Deutschland wurden wenig wertgeschätzt. Der grüne Rechtsabbiegerpfeil und das Sandmännchen dienen als vereinzelte Beispiele. Daher ist es wenig verwunderlich, dass eine derart gemanagte „Fusion" zu negativen Nebeneffekten führte. Fremdenfeindliche Ausschreitungen seien hier nur beispielhaft genannt. Die BürgerInnen der DDR wurden in vielen Bereichen gezwungen, sich anzupassen bzw. unterzuordnen. Die gemeinsame Herausbildung neuer Werte, wie sie bei einer Fusion in der Wirtschaft in Form eines neuen Leitbildes verbreitet ist, erfolgte nicht. Zudem erschwert(e) das Fehlen identitätsstiftender Aktivitäten die Entwicklung einer gemeinsamen nationalen Identität. Zu hoffen bleibt, dass mit dem Generationenwechsel das noch vorhandene Schubladendenken zwischen Ost und West weiter zurückgeht.

*„Denn erst dann ist Toleranz möglich: wenn
jedes Mitglied dieser Gemeinschaft sich seiner
Identität bewusst ist und diese leben kann – als
Individuum und als Bürger.“*

WOLFGANG SCHÄUBLE, 2002

Zusammenfassung

In der Geschichte war es für die Deutschen schwer, eine positive Selbstidentifikation zu entwickeln. Ihr kollektives Bewusstsein wurde durch Kriege, Niederlagen und Wiederaufbau, nicht jedoch von Neubeginn geprägt. Im westeuropäischen Vergleich stellt die Bundesrepublik – in ihren heutigen, gesicherten Grenzen – ein relativ junges Gebilde dar, das insofern weniger Zeit hatte, seine (moderne) Identität herauszubilden. In der heutigen Zeit erschwert die Globalisierung diese Entwicklung, bietet indes aber auch neue Möglichkeiten. Die historische Entwicklung bewirkte, zusätzlich beeinflusst von der (Wieder-)Vereinigung, eine nationale Unsicherheit, die vielfältige Auswirkungen zeigt, zum Beispiel:

▶ Überbetonen von punktueller deutscher Überlegenheit (Sport, Technik, Wirtschaft)

▶ intensive Bestrebungen der Nivellierung und Vereinheitlichung (z.B. Ablehnung von Eliten)

▶ wenig ausgeprägte Fähigkeit zur Selbstkritik (oder auch nur, über sich selbst lachen zu können)

Positive Selbstidentifikation und Grenzsicherung scheinen insgesamt als Voraussetzungen für Offenheit in Deutschland nur ansatzweise vorhanden zu sein. Für konkrete Umsetzungsüberlegungen im Rahmen von Diversity sind zusätzlich zu diesen nationalkulturellen Überlegungen jedoch konkrete Betrachtungen des politischen, gesellschaftlichen und wirtschaftlichen Umfeldes erforderlich.

Staatlich-politische Rahmenbedingungen

Der Staat und die Politik eines Landes üben wesentliche Einflüsse auf die Entwicklung von Systemen und der Kultur aus: Der Staat legt den Aktionsrahmen und die Regeln, zum Beispiel in Form von Gesetzen, fest. Die Politik dagegen vermittelt, was (politisch) „gewollt" bzw. erwünscht ist, und nimmt eine klare Führungs- und damit Vorbildfunktion wahr. Auf diesen beiden Ebenen sollen daher die Voraussetzungen für Diversity in Deutschland betrachtet werden.

Gesetzliche Regelungen

Während in Kapitel 2 die neuen Entwicklungen im rechtlichen Bereich vorgestellt wurden, beleuchtet dieser Abschnitt einige grundlegende juristische Rahmenbedingungen, die für Diversity in Deutschland relevant sind. Dazu erscheint es zunächst von Interesse, den Begriff der Chancengleichheit näher zu betrachten. Laut dem Deutschen Wörterbuch von Wahrig bedeutet Chancengleichheit: „Gleichheit der (berufl.) Chancen; Chancengleichheit für alle". Diese Definition wirft zwangsläufig die Fragen auf, was in Deutschland unter Gleichheit zu verstehen ist und ob mit der Bezeichnung „alle" tatsächlich alle Menschen in ihrer vielfältigen Unterschiedlichkeit gleichermaßen erfasst werden: Alt und Jung, Deutsche und Migranten, Mann und Frau und so weiter. Schließlich stellt sich die Frage, ob gleiche Chancen tatsächlich gleichermaßen faire Chancen für unterschiedliche Personen bieten.

Nach dem deutschen Rechtsverständnis besagt der Gleichheitsgrundsatz, dass nur was gleich ist, vor dem Gesetz gleich behandelt werden muss. Damit ist fraglich, ob eine Frau und ein Mann, die die gleiche Tätigkeit ausüben, dafür die gleiche Bezahlung erhalten müssen. Statistische Auswertungen zeigen, dass dies nicht der Fall ist. Vielfältige Argumente werden herangezogen, um eine Unterscheidung der betroffenen Personen deutlich zu machen und deren Ungleichbehandlung zu rechtfertigen. Da es keine zwei gleiche (identische) Menschen gibt, wird deutlich, dass der Gleichbehandlungsgrundsatz letztlich Auslegungssache ist und damit zum Teil an Machtverhältnisse gekoppelt sein kann.

Um sich dieser Fragestellung weiter anzunähern, betrachten wir ein anschauliches Beispiel anhand von Apfelbäumen: Man stelle sich vor, der Rat einer Gemeinde verkündet, dass morgen alle BürgerInnen auf der großen Wiese Äpfel pflücken könnten. Diese dürften sie dann behalten und müssten auch nichts dafür bezahlen. Damit wäre, oberflächlich betrachtet, Chancengleichheit hergestellt, und alle würden gleich behandelt. Sind hierdurch auch faire Chancen gegeben? Ein anderes Verständnis von Chancengleichheit gibt eine Antwort und Hinweise auf mögliche Alternativen. Morgen dürfen alle BürgerInnen kostenlos Äpfel pflücken, und alle kleingewachsenen erhalten eine Leiter[5] … In diesem Szenario wäre noch die Frage zu klären, was unter „kleingewachsen" zu verstehen ist. In jedem Fall wird deutlich, dass eine Gleichbehandlung keineswegs gleich faire Chancen für alle bedeutet. Echte Chancengleichheit dagegen stellt gleich faire Ausgangsbedingungen für alle her. Wie der oder die Einzelne diese nutzt, bleibt ihm oder ihr individuell überlassen.

In diesem Zusammenhang muss zudem der Begriff der Gleichstellung reflektiert werden. Sprachlich suggeriert er eine – im Ergebnis – gleiche Stellung und knüpft damit an ein Ideal des deutschen Sozialismus, die materielle Gleichheit an, während Ideale des (britischen) Liberalismus, zum Beispiel Gleichheit vor dem Recht und Gleichheit der Chancen, weniger Beachtung finden. Eine mögliche Konsequenz dieser Gleichstellung im Sinne materieller Gleichheit könnte sein, dass Mitarbeiter ähnlicher Qualifikation und Aufgabe (bzw. Arbeit) das gleiche Entgelt erhalten. Wie bereits im Abschnitt über die juristische Situation dargestellt, ist die Gleichheit von Menschen jedoch grundsätzlich fraglich. Auch stellt sich bei enger Auslegung die Frage, ob Leistung (sie definiert sich als Arbeit pro Zeit), Potenzial und geschaffene Mehrwerte bei „Gleichstellung" Berücksichtigung finden. Es erscheint nahe liegend, dass wie die „Chancengleichheit" auch die „Gleichstellung" auf individuelle Unterschiede eingehen müsste, wenn sie Fairness „für alle" herbeiführen will.

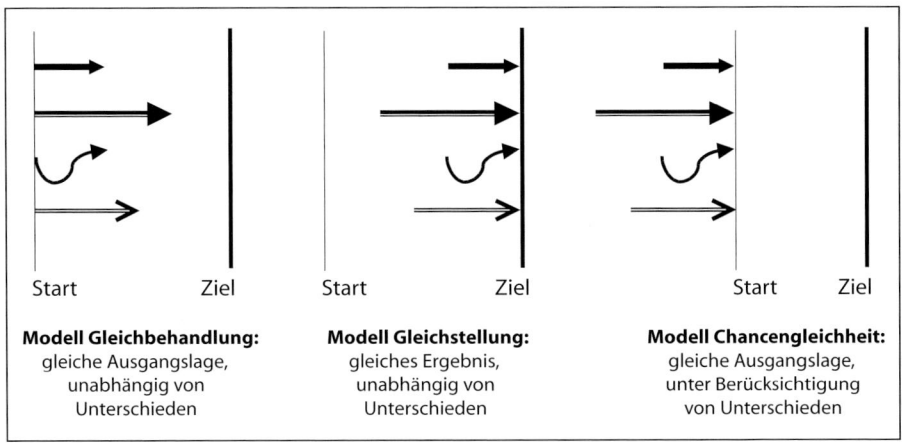

Start	Ziel	Start	Ziel	Start	Ziel

Modell Gleichbehandlung:	**Modell Gleichstellung:**	**Modell Chancengleichheit:**
gleiche Ausgangslage, unabhängig von Unterschieden	gleiches Ergebnis, unabhängig von Unterschieden	gleiche Ausgangslage, unter Berücksichtigung von Unterschieden

Abb. 5.1: Gleichbehandlung, Gleichstellung und Chancengleichheit

In diese Reihe grundsätzlicher Fragestellungen reiht sich ein weiterer Aspekt ein, der für den christlich geprägten Teil der Welt eine gewisse Relevanz hat. Die Erziehung strebt die Beachtung der goldenen Regel aus der Bibel an: Behandle jeden so, wie du selbst behandelt werden möchtest. Da jedoch menschliche Be-

---

5   Vgl. Turre, Reinhard in Vorträgen.

dürfnisse, vor allem angesichts zunehmend unterschiedlicher Lebenssituationen, -ziele und Wertvorstellungen individuell verschieden sind, erscheint eine Übertragung der eigenen Vorstellungen auf andere durchaus fragwürdig. Stattdessen wird in Diversity-Trainings von mi.st [Consulting dieser Aspekt in folgender Form vermittelt: Behandle niemanden so, wie du selbst behandelt werden möchtest, sondern so, wie diese Person es wünscht!

Diese Beispiele zeigen, dass schon das herrschende Grundverständnis für Gleichbehandlung, Gleichstellung, Chancengleichheit, Fairness und korrekten Umgang etliche Besonderheiten bereithält. Dem Staat und der Politik kommt hierbei die Verantwortung zu, ein zeitgemäßes Verständnis für diese Begriffe und die damit verbundenen Mechanismen herbeizuführen und entsprechend zu verankern.

Bei der näheren Betrachtung der konkreten gesetzlichen Rahmenbedingungen in Deutschland fällt auf, dass keine umfassende Antidiskriminierungsgesetzgebung existiert. Stattdessen sind unterschiedliche Regelungen für mehrere, meist isoliert betrachtete Themen auf verschiedene Gesetze verteilt. Hier sind vor allem zu nennen:

▶ das Grundgesetz (Artikel 3): allgemeines Gleichbehandlungsgebot (Verankerung des Antidiskriminierungsgrundsatzes, jedoch mit keiner direkten Anwendbarkeit im Bereich der Beschäftigung)

▶ das Bürgerliche Gesetzbuch (§ 611): Gleichbehandlung von Männern und Frauen in Arbeitsverhältnissen

▶ das Sozialgesetzbuch IX: Teilhabe behinderter Menschen

▶ das Betriebsverfassungsgesetz (§§ 75 und 80): Arbeitgeber und Betriebsrat sind dazu verpflichtet, auf die Gleichbehandlung aller Betriebsangehörigen zu achten; freie Entfaltung der Persönlichkeit; Vereinbarkeit von Beruf und Familie, Eingliederung Schwerbehinderter, Beschäftigung älterer Arbeitnehmer, Integration ausländischer Arbeitnehmer (weiterhin geregelt: Beschwerdeverfahren, Frauen in Betriebsräten, Mitwirkung des Betriebsrates in Fragen der Chancengleichheit, Xenophobie als Handlungsfeld)

▶ das Beschäftigungsgesetz: Gesetz zum Schutz der Beschäftigten vor sexueller Belästigung am Arbeitsplatz

▶ das Teilzeit- und Befristungsgesetz (insbes. § 4)

▶ das Kündigungsschutzgesetz (insbes. § 1)

▶ das Lebenspartnerschaftsgesetz: Ausweitung bestimmter Versicherungsleistungen oder Benefits auf LebenspartnerInnen

Einzelne für Diversity relevante Aspekte wurden in den vergangenen Jahren in getrennten Gesetzen juristisch geregelt. So zum Beispiel das Barrierefreiheitsgesetz, das Lebenspartnerschaftsgesetz, das Gesetz gegen sexuelle Belästigung am Arbeitsplatz und weitere. Beispielhaft sei an dieser Stelle die Entwicklung der rechtlichen Situation von Frauen aufgezeigt, deren teilweise erstaunliche Details vielen nicht bekannt sein mögen.

Gesetze, die sich auf das Geschlecht beziehen, gibt es seit 1896. Meilensteine der Nachkriegszeit sind:

▶ In den 1950er Jahren wurde ein Familienministerium eingerichtet. Dies war ein Versuch, die alten geschlechterhierarchisierenden Strukturen zu restaurieren.

▶ Die Position der Frau wurde 1957 durch das Gleichberechtigungsgesetz gestärkt. Das Ehe- und Familienrecht wurde neu geregelt und dabei der Gehorsamsparagraph (§1354) abgeschafft. 1959 fällt das Letztentscheidungsrecht des Vaters in Fragen der Kindererziehung (§ 1628).

▶ In den 1970er Jahren wurde die gesetzliche Pflicht der Frau zur Hausarbeit aufgehoben. Dies wirkte sich auch auf das Scheidungsrecht aus.

▶ 1977 wurde die Zustimmungspflicht des Ehemanns im Falle einer Erwerbstätigkeit der Frau aufgehoben.

▶ 1994 erfolgte die Erweiterung des Gleichberechtigungsgebotes von Artikel 3 Absatz 2:„Der Staat fördert die tatsächliche Durchsetzung der Gleichberechtigung von Frauen und Männern und wirkt auf die Beseitigung bestehender Nachteile hin."

1999 erkannte das Bundeskabinett als Beschluss zum Programm „Frau und Beruf" Gender Mainstreaming als durchgängiges Leitprinzip:„Die Gleichstellung von Frauen und Männern ist durchgängiges Leitprinzip der Bundesregierung und soll als Querschnittsaufgabe (Gender Mainstreaming) gefördert werden (Art. 2, 3 EGV). Gender Mainstreaming ist sowohl Grundsatz als auch Methode, den geschlechtsspezifischen Ansatz in alle Politikfelder, Konzepte und Prozesse einzubringen. Die Bundesregierung bemüht sich, in allen Bereichen den Ansatz des Gender Mainstreaming aktiv zu fördern."

Allerdings führen Gesetze oder auch Nennungen im Grundgesetz nicht automatisch zu einer Einklagbarkeit von intuitiv nahe liegenden Rechten. So wurde 1997 eine Verfassungsbeschwerde beim Bundesverfassungsgericht zurückgewiesen, in der ein Mädchen mit einer Behinderung ihr Recht einklagen wollte, eine öffentliche Schule besuchen zu dürfen. Das Mädchen ist aufgrund einer angeborenen Fehlbildung des Rückenmarks auf einen Rollstuhl angewiesen (beide Beine sind gelähmt). Zum Schuljahr 1995/96 wechselte sie in die fünfte Klasse einer integrierten Gesamtschule, aus der sie jedoch bald verwiesen wurde. Die Klage, die Schule weiter besuchen zu dürfen, wurde mit der Begründung zurückgewiesen, dass an der Schule erforderliche Fördermaßnahmen fehlten, die allerdings von der öffentlichen Schule hätten behoben werden können. Das Mädchen besuchte später eine Hauptschule.

Auch ist erkennbar, dass einige, zum Teil schon länger bestehende Regelungen nicht dazu geführt haben, dass sich die subjektiv wahrgenommenen Chancen mancher gesellschaftlicher Gruppen oder die von ihnen erzielten Ergebnisse (Gleichstellung) in den vergangenen Jahren oder Jahrzehnten wesentlich verbessert hätten. Die Situation von Frauen oder Migranten mögen hier als Illustration dienen.

Für Diversity stellen gesetzliche Regelungen in vielen Fällen notwendige, nicht aber hinreichende Bedingungen für Verbesserungen dar. Meist zwingen sie die betroffenen Akteure zu „korrektem" Verhalten. Dabei wird im Wesentlichen deren Handeln (in Richtung „Nichtdiskriminierung" oder „Chancengleichheit") beeinflusst, was verschiedene Nebeneffekte mit sich bringen kann:

▶ Das Handeln ist eventuell nur widerwillig gesetzeskonform, oder es werden Wege gesucht, die Vorschriften zu umgehen.

▶ Die positiven Effekte von Integration werden nicht sichtbar gemacht oder nicht thematisiert.

▶ Die Grundeinstellung oder Geisteshaltung gegenüber den gesetzlich geschützten Aspekten wird nicht positiv verändert.

Hierdurch wird erkennbar, dass die Wirkungskraft von Gesetzesregelungen begrenzt ist. Spätere Kapitel werden allerdings zeigen, dass durch Handlungsanweisungen vielfach Verhaltensänderungen initiiert oder begünstig werden. Eine nachhaltige Veränderung in Richtung einer umfassenden Wertschätzung und Nutzung von Vielfalt erfordert jedoch, auch die Vorteile von Diversity zu erkennen. In dieser Hinsicht stellen der Staat und die Politik wichtige Akteure dar, wie der folgende Abschnitt zeigt.

Politische Positionierung

Verschiedene Beispiele zu Beginn dieses Kapitels zeigten auf, dass Vielfalt und Offenheit in Deutschland selten ein deutlich positives politisches Profil hatten. Als Indiz für die politische Wertschätzung verschiedener Vielfaltsfacetten lässt sich deren strukturelle Verankerung auf staatlicher Ebene heranziehen. Für die Themen „Geschlecht", „Lebensstil" und „Alter" existiert ein eigenes Ministerium. Dieses fokussiert seine Arbeit jedoch auf Frauen, Familie, Senioren und Jugend. Menschen mittleren Alters finden hier am ehesten als „Senioren von morgen" – vor allem angesichts der Alterung der Baby Boomers – Berücksichtigung. Die Themen „Migration" und „Behinderung" werden über Beauftragte der Bundesregierung verankert. Die sechste Kerndimension von Diversity, sexuelle Orientierung, findet keine institutionelle, ministerielle Verankerung.

Ob aus staatlichen Strukturen tatsächlich eine politische Relevanz bestimmter Themen abzuleiten ist, wird freilich von der jeweiligen persönlichen Sichtweise einzelner Individuen beeinflusst. Einsichtig dürfte dabei allerdings sein, dass die mit staatlichen Strukturen einhergehende Mittel- und Machtverteilung für die jeweiligen Themen durchaus unterschiedlich ausfällt. Dass Diversity tatsächlich in öffentlich finanzierten Kampagnen eine positive Rolle spielen kann, zeigte indes die Kampagne „Familie Deutschland" der Bundesregierung. In einer bundesweiten Plakataktion wurde eine Bandbreite unterschiedlicher Familienstrukturen abgebildet und damit „beworben". Die Bedeutung sozialer Strukturen im privaten Bereich wurde dabei unabhängig von der konkreten Lebenssituation hervorgehoben. Allerdings wurde vielfach darauf hingewiesen, dass trotz einer gewissen Differenzierung auch diese Kampagne eine Reihe von Familienentwürfen unberücksichtigt ließ und eine Diskrepanz zwischen dem in der Kampagne politisch proklamierten Familienbild und dem amtlichen Familienbegriff besteht.[6]

Einen anderen Blickwinkel auf die politische Positionierung von Diversity-Themen eröffnet die Betrachtung des öffentlichen Diskurses zum Thema „Fremdenfeindlichkeit". Sowohl einige politische Meinungsführer als auch etliche Medien reduzierten Rassismus und Xenophobie viele Jahre als extremistische Erscheinung. Hierdurch erfolgte eine Marginalisierung des zugrunde liegenden Mechanismus der Intoleranz. Selten wurden Verbindungen zu anderen Phänomenen hergestellt, die dieselbe Wurzel aufweisen, zum Beispiel Frauenfeindlichkeit, Sexismus oder Homophobie. Vielmehr dürften öffentliche Äußerungen wie „Das Boot ist voll" zu einer Zunahme von ausländerfeindlichen Taten beigetragen haben. Stattdessen versuchten Kampagnen „gegen Rassismus" eine Änderung der Kultur zu bewirken. Wer aber wurde von diesen Botschaften erreicht? Auch der Aufruf für Toleranz greift deutlich zu kurz, da er lediglich ein passives Gewährenlassen impliziert, potenziell zeitlich begrenzt ist und keine aktive Wertschätzung, keinen grundlegenden Respekt fordert. Aus Sicht von Diversity erscheint es zusätzlich erforderlich, die Beiträge und Mehrwerte von Migranten für Staat, Wirtschaft und Gesellschaft zu thematisieren. Als gelungenes Beispiel hierfür mag das Xenos-Programm[7] der Bundesregierung dienen, welches eben diesen Aspekt in einem speziellen Förderbaustein verankert hat.

---

6   Nähere Informationen unter www.single-dasein.de.
7   Nähere Informationen unter www.xenos-de.

„Es ist hoch an der Zeit, dass eine an sich stabile
und offene Gesellschaft wie die der Bundesrepublik
Deutschland Antisemitismus und Fremdenfeindlichkeit
als direkten Angriff auf die demokratische Solidar-
gemeinschaft begreift und bekämpft und weniger als
Angriff auf irgendwelche Minderheiten."

PAUL SPIEGEL,
Präsident des Zentralrats der Juden in Deutschland, November 2001

Zusammenfassung

Die staatlich-politischen Rahmenbedingungen erscheinen für Diversity in Deutschland nicht ideal, da in vielen Bereichen bestehende, effektive Ansätze nicht thematisch miteinander vernetzt sind. Diversity-Initiativen im öffentlichen Bereich müssen diesem Umstand mehr Beachtung schenken, während die Privatwirtschaft aufgrund ihrer Flexibilität in der Erfolgssteigerung bessere Möglichkeiten vorfindet, eigene Akzente zu setzen.

Gesellschaftlich-kulturelle Rahmenbedingungen

Neben systemischen Rahmenbedingungen wie Gesetzen und politischen Positionen bilden zahlreiche Prinzipien, die unseren Alltag bewusst oder unbewusst beeinflussen, wesentliche Eckpunkte für den Umgang mit Unterschiedlichkeiten. Einige für Diversity relevante Aspekte lassen sich in drei Bereichen genauer betrachten: Bildung, Sprache und Religion.

Bildung

Wie in Kapitel 2 ausführlich dargelegt wurde, bestimmt immer mehr Vielfalt unsere Gesellschaft. Dies gilt automatisch auch für das Bildungssystem in Deutschland. In Schulen werden immer vielfältigere, individuellere junge Menschen für ihre Zukunft ausgebildet. Wie groß die Verantwortung ist, die dem Staat und der Gesellschaft in diesem Zusammenhang zukommt, zeigte die Diskussion um die Ergebnisse der PISA-Studie. Sie zeigt, dass es zumindest nicht offensichtlich ist, dass das deutsche Bildungssystem relevante Inhalte (und Methoden) effektiv vermittelt. In diesem Zusammenhang sei an Jahrzehnte zurückliegende Diskussionen erinnert, als das 13 Jahre dauernde deutsche Abitur dem zwölfjährigen französischen als überlegen galt. Genauere Betrachtung offenbarte indes, dass die SchülerInnen in Frankreich in ihren zwölf Jahren mehr zur Schule gingen als ihre deutschen KameradInnen. Die Art des Schulbesuchs bildet einen anderen Aspekt. So besuchen in Schweden Kinder acht Jahre, in Norwegen bis zu zehn Jahre lang dieselbe Schule. Eine gute materielle und personelle Ausstattung sowie der herrschende Grundsatz, dass Gleichheit und Qualität gleichzeitig möglich sind, führt zu dem Ergebnis, dass in Schweden 76 % aller Kinder eines Jahrgangs die Hochschulreife erreichen. In Deutschland beträgt der Anteil 27 %. Dies hängt freilich zusätzlich mit anderen Faktoren wie dem dualen Ausbildungssystem in Deutschland oder der jeweiligen Bildungsneigung zusammen.[8]

Es bleibt die Frage, ob das deutsche Schulsystem geeignet ist, für sehr unterschiedliche SchülerInnen zeitgemäße Grundlagen für deren späteres Leben zu schaffen. Hierbei wäre auch zu überprüfen, inwieweit Bildung in Deutschland Basiskompetenzen im Anerkennen und Wertschätzen von (zunehmender) Vielfalt sowie in der Nutzung von Unterschiedlichkeit vermittelt. Mit Blick auf Diversity im Sinne von Offenheit könnte weiterhin hinterfragt werden, ob eine solche in der Schule gefördert wird.

Bisher erscheint die Realität so, dass Unterschiede zwischen Kindern und Jugendlichen durch eine gleichförmige Lernorganisation nivelliert werden. Der Unterricht ist so gestaltet, dass in einer Stunde alle Kinder das Gleiche lernen können

---

8   Vgl. „Alle in einem Boot. PISA: Herausforderung an die Bildungs- und Migrationspolitik", aid Online-Ausgabe 3/2002 unter: www.isoplan.de/aid/index.htm.

und sollen. Dies bedeutet umgekehrt, dass Unterschiede wenig beachtet werden und das Individuum, abgesehen von so genannten Hochbegabten, nicht unbedingt entsprechend gefördert wird. Es könnte diskutiert werden, ob dies dem Recht auf freie Entfaltung der Persönlichkeit (vgl. Art. 2 GG) widerspricht.

Andererseits bestehen Regelungen, die eine diskriminierende Wirkung haben. So kann zum Beispiel bei der Einschulung eine Überweisung in den Schulkindergarten erfolgen, wenn Defizite in der deutschen Sprache vorhanden sind. Dies trifft allerdings auch oder vor allem Kinder von Migranten, bei denen das Leistungsniveau in der Muttersprache kaum Berücksichtigung findet. Zusätzlich kann eine indirekte Diskriminierung dadurch erfolgen, dass anfängliche Sprachdefizite überbetont werden. Dieser Mechanismus bewirkt die Bestätigung und Aufrechterhaltung von Vorurteilen. Wie schon in den 1960er Jahren eindrucksvoll im Experiment „Blaue Augen, braune Augen" von Jane Elliott gezeigt wurde, entsteht hierdurch ein Leistungsabfall in der mit Vorurteilen bedachten Gruppe.

Eine Forderung, die angesichts steigender Migrantenkinderzahlen den Charakter eines Erfolgsfaktors erhält, besteht in der Beseitigung von diskriminierender Selektion in der Bildungs- und Migrationspolitik. Eine denkbarer Ansatz besteht, so die Bilanz einer Kölner Fachtagung, in einer sechsjährigen Grundschule. Dies helfe Migrantenkindern, Defizite auszugleichen.

Mit Blick auf die Schulbildung ist aus Sicht von Diversity zu begrüßen, dass bei der Lehrbucherstellung und Methodenentwicklung zunehmend auf die traditionelle Kategorisierung verzichtet wird. Dies äußert sich zum Beispiel darin, dass geschlechtlich unterlegte Unterscheidungen im Unterricht wie „Hausarbeit" (für Mädchen) und „Technik" (für Jungen) Ausnahmen bilden. Dennoch fällt auf, dass außerhalb von Projekttagen kaum ein Augenmerk auf individuelle Unterschiede, deren Auswirkungen auf die Zusammenarbeit und Möglichkeiten einer gezielten, produktiven Nutzung von Vielfalt gelegt wird. Insgesamt lässt sich folgern, dass Unternehmen und andere Organisationen, die Diversity bearbeiten, nicht auf eine fundierte Vorbildung in relevanten Fragestellungen bauen können. Die Grundkonzepte von Vielfalt und Offenheit bilden hierfür keinen ausreichenden Schwerpunkt im deutschen Bildungssystem.

Sprache

Im Rahmen von Erziehung und Bildung erlernen Menschen auch die Grundzüge ihrer Muttersprache. Diese gibt Aufschluss über die jeweilige Kultur und ihre Wurzeln. Im späteren Leben entwickelt sich der Umgang und die Nutzung von Sprache individuell unterschiedlich. Sie bleibt jedoch in den meisten Fällen Ausdruck innerer Befindlichkeiten und erlaubt insofern zumindest Vermutungen darüber, welche Haltung Menschen gegenüber anderen Menschen haben. Nicht zuletzt stellt die gesprochene Sprache ein zentrales Instrument im Umgang mit anderen dar.

Wie viele Zusatzaspekte Sprache vermittelt, sei an dieser Stelle zunächst anhand einiger Beispiele aus dem Bereich Migration illustriert. Wie bereits dargestellt, impliziert der Begriff „Gastarbeiter" eine vorübergehende Anwesenheit, die klar auf „Arbeit" ausgerichtet ist. Nun ließe sich durchaus fragen, welche Gastfreundschaft darin zu sehen ist, dass Gäste eingeladen werden, um zu arbeiten. Der Vergleich zu anderen Ländern macht deutlich, dass es durchaus andere Möglichkeiten des Umgangs mit beschäftigten Migranten gibt. Der wirtschaftliche Erfolg der USA wurde beispielsweise frühzeitig mit (kontrollierter) Einwanderung in Verbindung gebracht. Entsprechende Sprachregelungen fanden Eingang in die Alltagssprache, zum Beispiel „Asian Americans". Auch in Deutschland basierte der wirtschaftliche Erfolg, zum Beispiel zu Zeiten des industriellen Booms im Ruhrgebiet zu Anfang des 20. Jahrhunderts, unter anderem auf beschäftigten Migranten. Hunderttausende Arbeiter kamen überwiegend aus Osteuropa, um den Arbeitskräftemangel der deutschen Schwerindustrie auszugleichen. Schon damals sträubte sich Deutschland dagegen, diese Migranten willkommen zu heißen. Der Versailler Vertrag zwang Deutschland nach dem Ersten Weltkrieg dazu, den zugewanderten Arbeitern die Möglichkeit zu geben, deutsche Staatsbürger zu werden. Viele nahmen diese Option wahr. Dennoch beharrt die politische Öffentlichkeit auf der diplomatischen Formulierung, Deutschland sei kein „klassisches Einwanderungsland". Die Unerwünschtheit von Migranten wurde lange Zeit auch mit dem Begriff des „ausländischen Mitbürgers" kommuniziert. Obwohl dieser Ausdruck überwiegend positiven Absichten entsprungen sein dürfte, entfaltet er auf viele Migranten eine stark ausgrenzende Wirkung. Und tatsächlich muss man sich fragen, weshalb der Zusatz „Mit" überhaupt erforderlich wurde. Abgesehen von eingeschränkten Rechten sind Migranten schließlich vollwertige Bürger dieses Staates. Dieser Umstand wird allerdings in der deutschen Sprache auch durch den Begriff „ausländisch" relativiert.

Der besondere sprachliche Umgang mit Nationalitäten wird zusätzlich deutlich, wenn man die Medienberichterstattung genauer betrachtet. Geschehen schwere Unfälle im Ausland, so erfolgt mitunter der Hinweis, dass sich unter den Verletzten keine Deutschen befänden, oder dass es 18 Tote, darunter zwei Deutsche, gegeben hätte. Aus journalistischer Sicht stellen diese Informationen relevante Details dar, die mithin die Betroffenheit und damit die Aufmerksamkeit erhöhen. Andererseits ist nicht auszuschließen, dass sich eine wertige Konnotation einstellt: Gott sei Dank sind keine Deutschen, von den unsrigen, dabei. Der umgekehrte Fall tritt bei der Kriminalberichterstattung ein: Wird eine Straftat von nicht-deutschen Tätern begannen, so besteht in der jeweiligen Nationalität eine Zusatzinformation, die von den Medien transportiert wird: „Die schweizerischen Täter entkamen …". Da bei deutschen Tätern kein Hinweis auf die Staatsangehörigkeit erfolgt, ist nicht auszuschließen, dass sich in der Allgemeinheit über die Jahre der Eindruck herausbildet, nicht-deutsche Personen stellten einen hohen Anteil der Kriminellen dar. Die Frage sei erlaubt, wie sich das öffentliche Bild entwickeln könnte, wenn während der nächsten 15 Jahre in der Kriminalberichterstattung bei nicht-deutschen Tätern keine Nationalität, bei deutschen Tätern diese jedoch genannt würde.

In diesem Zusammenhang erscheinen auch Generalisierungen in der Alltagssprache von Bedeutung. Diese reduzieren Menschen auf ein Merkmal, zum Beispiel eine Behinderung, und sprechen von dem oder den Behinderten. Dies erfolgt freilich auch bezüglich der eigenen Gruppe und kann der Abgrenzung dienen: die Deutschen (oder wir Deutschen) versus die Ausländer. Weiterhin erscheinen folgende Besonderheiten der Alltagssprache nennenswert:

▶ prototypische Äußerungen: „Die ... passen nicht ins Straßenbild."

▶ Gleichsetzung von Unterschiedlichkeit und Defizit: „Die können nicht mal richtig Deutsch."

▶ die Abwertung einer Gruppe durch Vergleich: „Bei euch ist eben alles etwas primitiv."

▶ die Fixierung einer (negativen) Charakteristik als dauerhafte Disposition: „Die sind so spontan, aber sie können nicht systematisch diskutieren."

Neben diesen Einzelbeispielen und Grundtendenzen lassen sich die sprachlichen Voraussetzungen für eine Wertschätzung von Vielfalt in Deutschland weiterhin an geschlechtlichen Differenzierungen des Deutschen betrachten. Ein bekanntes Phänomen stellt dabei die Adressierung durch rein männliche Formen dar, obwohl die deutsche Sprache geschlechtliche Unterscheidungen kennt: Mitarbeiter, Studenten, Bürger. Lange Zeit diente als Begründung, Frauen seien in diesen Fällen „mitgemeint". Dass dies eine einseitige Sichtweise der Insidergruppe darstellen dürfte, zeigt folgende Ausführung: „Ein Akt des Meinens ist, sofern er auf Personen zielt, ganz offenbar dann misslungen, wenn diese Personen sich trotz aller guten Absichten der/des Meinenden nicht gemeint fühlen und dafür handfeste Gründe (Ambiguität, Kontext, Erfahrungswerte) angeben können. Sollen solche Meinens-Akte in Zukunft besser gelingen, müssen andere (also nicht ambige) Formulierungen gewählt werden ..."[9] Und tatsächlich setzen sich in Deutschland nach und nach inklusive Formulierungen wie „Studierende", „Bürgerinnen und Bürger" oder – Schriftdeutsch – „MitarbeiterInnen" durch.

Trotz dieser positiver Entwicklungen beinhaltet die deutsche Sprache weiterhin eine ganze Reihe geschlechtlicher Divergenzen, die für Diversity relevant erschei-

---

9   Pusch, Luise (1994), S. 30.

nen, da sie in Zusammenhang mit Wertschätzung und Einbeziehung sowie daraus resultierenden fairen Chancen stehen. Nachfolgend einige Beispiele aus diesem Themenkreis:[10]

▶ Die Bezeichnung „Dame" korrespondiert mit „Herr", andererseits „Frau" mit „Mann". Interessanterweise wird in der Anrede „Herr Sowieso" gebraucht, während bei Damen die Anrede „Frau" üblich ist. Historisch gesehen ist jedoch mit Herr (bzw. Dame) ein höherer sozialer Status verbunden als mit Frau (bzw. Mann). Es stellt sich insoweit die Frage, weshalb in der Alltagsprache in dieser Hinsicht eine Unterscheidung getroffen wird.

▶ Die Bezeichnungen „Mädchen" für junge Frauen und „Jungen" für junge Männer sind ebenfalls gängig. Interessanterweise stammt der Ausdruck Mädchen vom Wort „Mägdchen", kleine Magd, ab. Der Junge dagegen stammt von Junker als Vorstufe des Ritters ab. Auch hier stellt sich die Frage nach den Gründen für diese alltägliche Unterscheidung.

▶ Der „Freitag" stammt vom germanischen Fraujo (für Frau) ab und wurde von der Göttin Freya („die Erste") abgeleitet, der er geweiht ist. Andererseits stellt die Primzahl 13 in vielen frauenzentrierten Kulturen eine heilige Zahl dar. Interessanterweise gilt heute in vielen Kulturen Freitag der 13. als besonderer Unglückstag.

▶ Eine Reihe alltäglicher Ausdrücke oder geflügelter Worte wie beispielsweise „Der Kunde ist König" oder „Der Glaube unserer Väter" weisen ebenfalls auf eine männlichzentrierte Sprache hin.

Insgesamt zeigt sich, dass die deutsche Sprache – ähnlich wie andere Sprachen – eine ganze Reihe geschlechtliche Besonderheiten aufweist[11], die im Zusammenhang mit Diversity Berücksichtigung finden können oder müssen. Aber auch mit Blick auf ethnisch-kulturelle Themen existieren im Deutschen Fälle von Ausgrenzung und Diskriminierung. Beispiele hierfür sind Begriffe wie Fremdenzimmer, Negerküsse, Schwarzfahren, etwas türken/getürkt sowie zahlreiche Schimpfwörter für verschiedene Migrantengruppen. Weiterhin scheinen sich einzelne Vorannahmen fest im kollektiven Verständnis verankert zu haben. Aussagen wie „Manchmal vergesse ich, dass ich in Deutschland bin", „Sie ist Türkin, aber sehr fleißig und sauber" oder „Wir kamen mit allen gut aus, selbst mit den Bayern und den Ossis" entfalten eine deutlich ausgrenzende Wirkung auf unterschiedliche Gruppen – unabhängig davon, ob sie im konkreten Fall betroffen sind oder nicht: Angehörige von Minderheiten sind sich meist bewusst, dass sie selbst das nächste Objekt ähnlicher Anfeindungen werden könnten.

---

10   Vgl. www.frauensprache.com/rungius_sprachbetrachtung.htm.
11   Zur weiteren Vertiefung: „Das Deutsche als Männersprache" von Luise Pusch (1984).

Insgesamt kann festgestellt werden, dass die kulturellen Rahmenbedingungen mit Blick auf die deutsche Sprache, ihre Verwendung und das Bewusstsein für teils offensichtliche, teils subtile Diskriminierungen und Ausgrenzungen wenig günstig für die Entwicklung einer Diversity-Kultur sind. In der Diversity-Arbeit kann auf erste erfolgreiche Ansätze, wie geschlechtsneutrale Bezeichnungen, zurückgegriffen werden. Ein tieferes Verständnis für die Bedeutung und Wirkung von Sprache als Mittel der Wertschätzung und Einbeziehung muss jedoch erst noch geschaffen werden.

Religion

Für die Kultur und die gesellschaftliche Ordnung eines Landes haben religiöse oder Glaubensprägungen und ihre Anwendungen schon vor der Entstehung der heutigen großen Weltreligionen eine wesentliche Rolle gespielt. Hierzulande sind Protestantismus und Katholizismus trotz sinkender Mitgliederzahlen (vgl. Kapitel 2) von überragender Bedeutung. Beide Religionen sind unter anderem dadurch gekennzeichnet, dass sie die Lebenskonzepte (Pflichterfüllung, Wohlstand durch Arbeit, Selbstverständlichkeit von Hierarchie) vieler Menschen (mit-)bestimmen. In ihnen wird der Wert eines Menschen durch Leistung, Bescheidenheit und Wohlstand definiert. Entsprechend erfolgt eine Ab- oder Ausgrenzung von Menschen mit anderen Lebensweisen, da sie dem gesetzten Standard nicht entsprechen.

Da das Grundgesetz der Bundesrepublik Deutschland keine Staatskirche erlaubt, müssen die Institutionen Staat und Kirche voneinander getrennt sein. In der Praxis zeigt sich jedoch eine Zusammenarbeit und gegenseitige Unterstützung, die sich in der Erhebung von Kirchensteuer, in Konfessionsangaben bei Anmeldungen, im Religionsunterricht, Feiertagsregelungen oder der Sonderstellung der großen Kirchen in manchen Rechtsbereichen („kanonisches Recht") zeigt. Auch die unterschiedlichen Auslegungen religiöser Gewohnheiten sprechen dafür, dass Religion und Kirche in Deutschland einen stärkeren kulturstiftenden Faktor bilden, als mitunter anerkannt wird.

Für Diversity erhalten diese Betrachtungen in verschiedener Hinsicht Bedeutung: Einerseits wurde bereits die Frage angesprochen, welche Bedeutung diese (und andere) Religionen und ihre Kirchen (oder Organisationen) dem Phänomen Vielfalt zuerkennen, welche Wertigkeiten Unterschiede erhalten und wie mit Differenz umgegangen wird. In diesem Zusammenhang erscheint von Bedeutung, dass manche Religionen bzw. bestimmte Strömungen innerhalb von Glaubensrichtungen auf der Ablehnung andersgläubiger Menschen basieren oder, falls diese toleriert werden, sie als niedrigere Wesen angesehen werden.

In diesem Zusammenhang ist daran zu erinnern, dass in Deutschland bis in die 1930er Jahre mehrere Millionen Juden lebten. Sie stellten damals zahlenmäßig eine wichtige gesellschaftliche (und religiöse) Gruppe dar und trugen in vielerlei Hinsicht, auch eben in Glaubensfragen, zur Vielfalt in Deutschland bei. Heute leben Schätzungen zufolge einige wenige Hunderttausend Juden in der Bundesrepublik – weitaus weniger als Angehörige moslemischer Glaubensrichtungen. An dieser Stelle erscheint es von Bedeutung, darauf hinzuweisen, dass der Islam, dem seit dem 11. September immer wieder eine einseitig radikale Natur vorgeworfen wird, auf viele unterschiedliche Arten und Weisen gelebt wird. Eine seiner ursprünglichsten Ausprägungen führte vor über eintausend Jahren dazu, dass in Andalusien nicht nur eine bemerkenswerte Hochkultur entstand, sondern in einem islamischen System Moslems, Christen und Juden respektvoll und viele Jahrhunderte friedlich zusammenlebten.[12]

Die heutige Religionsfreiheit in Deutschland schließt das Recht ein, keiner Religion anzuhören. Gleichzeitig entwickeln sich die verschiedenen Glaubenrichtungen hierzulande recht unterschiedlich. Die großen christlichen Kirchen nehmen dabei weiterhin eine – auch im Sinne von Diversity – dominante Stellung ein. Wie verschieden die Sichtweisen ausfallen können, mag an der unterschiedlichen Bewertung der Geräuschentwicklung eines Muhezin im Vergleich zu Kirchenglocken erkannt werden.

Zusammenfassung

Insgesamt erscheinen die gesellschaftlich-kulturellen Rahmenbedingungen für Diversity in Deutschland mit Blick auf die Bereiche Bildung, Sprache und Religion sehr vielschichtig. Während einige Aspekte deutlichen Veränderungsbedarf erkennen lassen, wenn ein positives Diversity-Umfeld geschaffen werden soll, zeigen andere Beispiele bereits effektive Ansätze in Richtung Wertschätzung und Einbeziehung vielfältiger Unterschiede im alltäglichen Leben.

Wirtschaftliche Rahmenbedingungen

Neben den staatlich-politischen und den gesellschaftlich-kulturellen Rahmenbedingungen spielt die konkrete Situation in den Unternehmen (bzw. in anderen Arbeitsorganisationen) eine wesentliche Rolle. Hier stellt sich die Frage, welche Rahmenbedingungen mit Blick auf die vorherrschende **Unternehmenskultur** und den praktizierten **Führungsstil** (Managementstil oder -kultur) für Diversity in Deutschland beschrieben werden können. Ein besonderes Augenmerk soll zusätzlich auf die externe Kommunikation, insbesondere die **Werbung**, gelegt werden, da sie ein Wechselspiel zwischen Unternehmen und gesellschaftlichem Umfeld (bzw. Markt) darstellt.

---

12   Vgl. Menocal, Maria Rosa; Bloom, Harold (2002).

Grundsätzlich hängen eine Landeskultur, eine Unternehmenskultur und der Führungs- bzw. Managementstil (bzw. die Managementkultur) voneinander ab, wobei die Kultur des Landes den dominanten Einfluss ausüben dürfte. Unternehmens- und Managementkultur sind in diesem kulturellen Kontext eng verwoben, wobei das Management versucht, die Unternehmenskultur zu gestalten. Neben dem dominanten Kulturraum ist die Managementkultur auch durch andere Einflussfaktoren bedingt, etwa durch die Kultur einer ausländischen Muttergesellschaft, die personelle Zusammensetzung des Managementteams, die Unternehmensgeschichte oder die Branchenzugehörigkeit. Andererseits bildet die Managementkultur die Basis für eine Bereitschaft zur Veränderung, wie sie für Diversity erforderlich ist.

Im Zusammenhang mit Führung und Management kommt dem Begriff der Autorität eine besondere Bedeutung zu.

In Deutschland spricht man von einer weitgehenden Institutionalisierung von Autorität, d.h., sie ist an bestimmte gesellschaftliche Stellungen gebunden und überdauert die Inhaber dieser Stellungen. Dennoch: „Autorität strömt also nicht eo ipso aus bestimmten (oder auch unbestimmten) menschlichen Eigenschaften. Autorität ist nicht etwas, was man hat, sondern was man erhält. Sie ist ein Beziehungsphänomen, erklärlich nur durch das Zusammentreffen von Eigenschaften mehrerer Personen in bestimmten Konstellationen."[13] Dass eine Person als Autorität anerkannt wird, wird davon beeinflusst, dass (untergebene) Menschen sozial angenommen und anerkannt sein möchten, was wiederum wichtig für ihre Selbstanerkennung ist.

An konkrete Besonderheiten der deutschen Landeskultur mit Blick auf Unternehmen und deren Management sind neben den vorigen Ausführungen dieses Kapitels zu nennen:

▶ Sozialpartnerschaft

▶ Mitbestimmung

▶ Verbandslobbyismus

▶ Konsensorientierung

▶ Wohlfahrtsstaat

▶ nationale Verantwortung für Demokratie und Menschenrechte

Diese spiegeln sich in den im Weiteren dargelegten Phänomenen zum Teil deutlich wider.

---

13   Popitz, Heinrich (1986), S. 25.

Unternehmenskultur in Deutschland

So besteht unter anderem durch die Mitbestimmung ein ausgewogenes Verhältnis zwischen Arbeitgeber und -nehmer – vor allem im internationalen Vergleich – und ein integrativer Verhandlungsstil. Andererseits entscheidet das Management hierzulande weniger autonom: Manche Bereiche der Unternehmensführung stellen eine Gemeinschaftsaufgabe von Management und Betriebsrat dar.

Ein hohes Maß an Professionalität und Qualifikation führt in Deutschland zu einer weitgehend emotional neutralen Arbeitswelt mit vergleichsweise wenigen Gruppenkonflikten, aber mit berufs-, geschlechts- und altersspezifischer Ausgrenzung, die wiederum in monokulturellen Umfeldern nicht als Konflikt zum Tragen kommt.

Einen weiteren Teil der Landeskultur bildet das Erbe der deutschen Geschichte. Die nationale Identitätsentwicklung und Grenzsicherung wurde zu Beginn dieses Kapitels besprochen. Sie ist möglicherweise mit dafür verantwortlich, dass einige unternehmenskulturelle Besonderheiten in deutschen Unternehmen beobachtet werden können. So akquirieren deutsche Konzerne Unternehmen im Ausland und empfinden dies, zu Recht, als Ausdruck des Globalisierungs- oder Konzentrationsprozesses. Umgekehrt wehren sich Unternehmen und Belegschaften – mitunter sogar Medien und das gesellschaftliche Umfeld – gegen vergleichbare Übernahmen internationaler Konzerne in Deutschland. Ein ähnliches Missverhältnis kann in der Frage der Besetzung von Managementpositionen festgestellt werden. Während deutsche Unternehmen stark dazu neigen, ihre ausländischen Niederlassungen und Tochtergesellschaften von Deutschen führen zu lassen, pochen umgekehrt deutsche Tochtergesellschaften internationaler Konzerne darauf, „hier in Deutschland" lokale (deutsche) Manager einzusetzen.

Insgesamt bilden in Deutschland die partizipativen Grundtendenzen, die professionelle Fokussierung sowie ein soziales und Wohlfahrtsbewusstsein ein positives Umfeld für Diversity. Andererseits stellt sich auch im Bereich der Unternehmenskultur der schwierige Umgang mit einem nationalen (Selbst-)Bewusstsein als negative Voraussetzung für Diversity dar.

Führungsstil

Führung „bezeichnet eine soziale Beziehung, bei der es eine Über- und Unterordnung derart gibt, dass eine Person gegenüber einer oder mehreren anderen verhaltensbestimmend wird. Dies kann in einem bilateralen Verhältnis ebenso geschehen wie in einer Gruppensituation oder in einer Organisation."[14] Dabei ist gut vorstellbar, dass die konkrete Ausgestaltung entsprechender „Führungs-

---

14 Reinhold, Gerd (1997), S. 192 f.

situationen" sehr unterschiedlich ausfallen kann. Eine internationale Vergleichsstudie (House et al. 2002) untersuchte den Managementstil in acht Ländern. Dabei erhoben die Forscher die gängigen Kriterien:

▶ Leistungsorientierung

▶ Zukunftsorientierung

▶ Machtgefälle

▶ Humanorientierung

▶ Aggressivität

▶ Risikovermeidung

In Deutschland zeichnet sich die Managementkultur durch eine hohe Leistungsorientierung aus. Die Arbeit genießt eine hohe Priorität, und Leistung muss messbar sein und sich an gesetzten Zielen oder gemachten Vorgaben orientieren. Für Diversity kann dies bedeuten, dass die Akzeptanz von Vielfalt nur bei adäquater Leistung erfolgt. In diesem Zusammenhang wird relevant, dass in Monokulturen die jeweiligen Insidergruppen Maßstäbe definieren, denen Outsider meist nicht genügen. Hiermit erklärt sich das Phänomen, dass „Minderheiten" oft davon berichten, sich durch mehr oder bessere Arbeit besonders beweisen zu müssen.

Zweitens besteht in deutschen Führungsetagen eine sehr hohe Zukunftsorientierung. Dies impliziert, dass vergangenen Erfolgen wenig Relevanz beigemessen wird und dass Unternehmen und seine Manager die eigene Zukunft im Visier haben. Diversity wird in diesem Umfeld nur als attraktives Modell anerkannt, wenn es klare erkennbare Vorteile für die Organisation und die Beteiligten bietet.

Die Humanorientierung der deutschen Managementkultur stellt sich im internationalen Vergleich mäßig dar. Dies zeigt sich in der überwiegenden Fokussierung von KollegInnen auf professionelle soziale Kontakte und in einer grundsätzlichen Skepsis gegenüber Teams. In diesem Zusammenhang besteht eine gewisse Diskrepanz zu Diversity, das einerseits den Menschen auch am Arbeitsplatz ganzheitlich berücksichtigt, andererseits den Wert der Zusammenarbeit unterschiedlicher Individuen betont.

Viertens ist das Machtgefälle in Deutschland gering, wobei Machtgefälle nicht gleichbedeutend ist mit Hierarchiestufen. Gemeint ist eine weitgehende Akzeptanz fachlicher Autorität. Fach- oder funktionale Autorität beruht auf einer zuerkannten oder erwiesenen Sachverständigkeit und Kompetenz einer Person. Respekt wird vor allem durch erbrachte Leistung gewonnen. Hierdurch entsteht einerseits ein Spannungsfeld mit Diversity, das umfassenden Respekt für unterschiedliche Individuen erwartet. Andererseits betont auch Diversity die Beiträge vielfältiger KollegInnen zum kollektiven Erfolg.

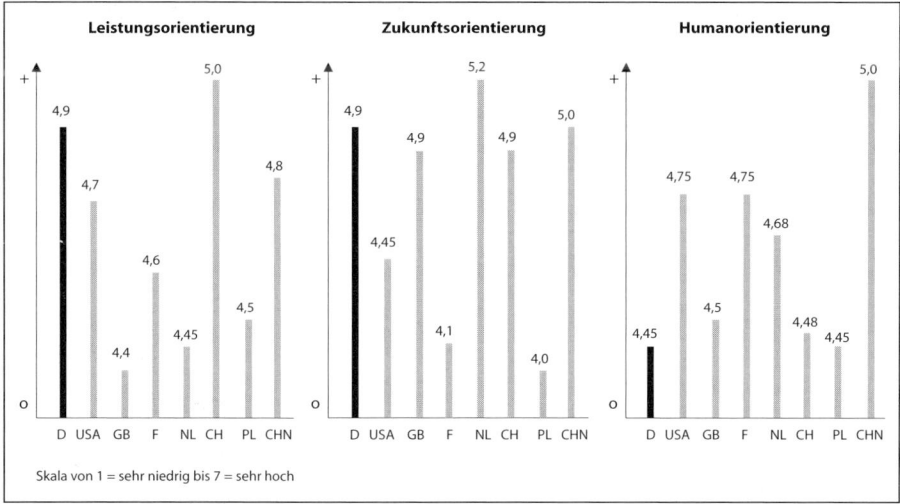

Abb. 5.2: Deutsche Managementkultur im internationalen Vergleich (1) (Quelle: House et al., 2002)

Weiterhin besteht im internationalen Vergleich eine mittlere Neigung zur aggressiven Durchsetzung. Dies zeigte sich in der Analyse der Konsensorientierung, verdeckten Konflikten und einer Personalpolitik zur Konfliktlösung. Auch hier finden sich wenig Anknüpfungspunkte zu Diversity, das einerseits verschiedene Perspektiven und Meinungen sowie die offene Konfliktaustragung fördert. Der personalpolitische Ansatz von Diversity folgt indes eher dem Gedanken der Prävention und der Partnerschaft.

Sechstens beinhaltet die deutsche Managementkultur eine mäßig ausgeprägte Akzeptanz von Risiken. Dies bedeutet, dass Planung und Planbarkeit eine hohe Bedeutung genießen. Außerdem liegt die Priorität auf Bekanntem, was auch zur Einstellung von Mitarbeitern führt, die das Profil der Führungskräfte abbilden. In dieser Hinsicht stellt Diversity wiederum eine Herausforderung dar, da der Fokus auf Unbekanntem liegt: Durch Aufgeschlossenheit oder gar Neugier will Diversity immer neue Lerneffekte erzeugen, die Individuen und Organisationen weiterbringen.

Die eingehende Betrachtung der Managementkultur in Deutschland zeigt, dass sich die Umfeldbedingungen im Bereich des Führungsstils für Diversity denkbar schlecht darstellen. In keinem der sechs untersuchten Kriterien lassen sich direkte Kompatibilitäten oder Synergiepotenziale feststellen.

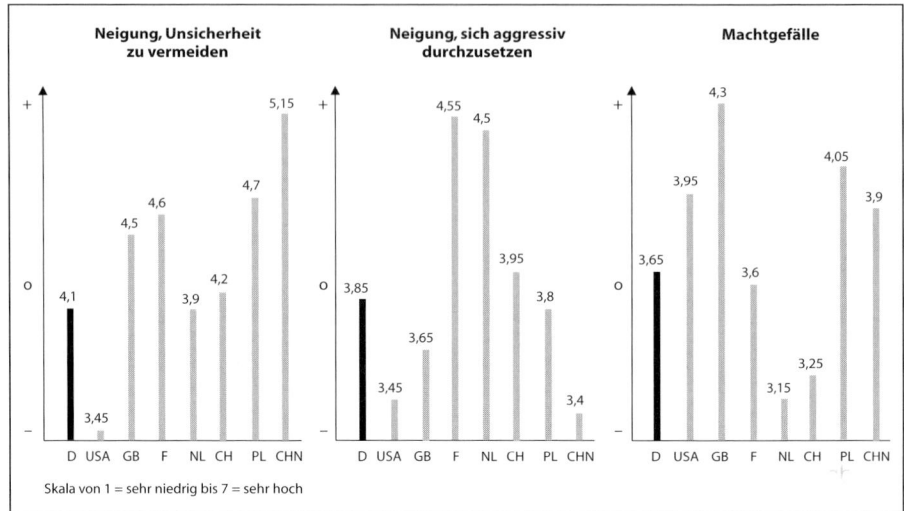

Abb. 5.3:   Deutsche Managementkultur im internationalen Vergleich (2) (Quelle: House et al., 2002)

Werbekultur

Nachdem zuvor überwiegend innerhalb von Unternehmen Voraussetzungen für Diversity betrachtet wurden, scheint nun ein Blick auf das entsprechende externe Umfeld in der Wirtschaft angebracht. Dabei wäre – auch unter kulturstiftenden Aspekten – eine differenzierte Betrachtung der Medienlandschaft in Deutschland erforderlich. Als relevante Fragestellungen kämen beispielsweise in Frage:

▶ Stellen die Massenmedien gesellschaftliche Vielfalt dar? Wenn ja, wie?

▶ Welche Themenauswahl wird vorgenommen? Wie werden Unterschiedlichkeiten thematisiert?

▶ Welche Bild- und Sprachwahl nehmen Massenmedien vor?

Trotz wachsender Vielfalt in Deutschland existieren nur wenige Inhaltsanalysen für das deutsche Fernsehen oder für deutsche Tageszeitungen zu relevanten Teilaspekten. So können sich Annahmen über die Medienkultur zunächst nur an Einzelbeispielen orientieren. Die Bandbreite reicht hier von der „Lindenstraße" und etlichen Daily Soaps, in denen zahlreiche Facetten von Vielfalt deutlich und mit gezielten Lerneffekten vermittelt werden, bis zu zotigen, reißerischen Formaten, die mit dümmlichem Machogehabe auf Kosten von Frauen und Minderheiten Quote machen (Stefan Raab, Harald Schmidt & Co.). Bei Letzteren muss besonders darauf hingewiesen werden, dass ein nicht unerhebliches Publikum diese Un-Kultur (unter-)stützt und so zu einer weiteren Verbreitung beiträgt.

Unabhängig von einzelnen und stets persönlich eingefärbten Eindrücken bestand in Expertenkreisen die Vermutung, dass sich auch die Fernsehwerbung in

Deutschland recht einseitig an einen nicht klar definierten Mainstream wendet und insofern die Marktvielfalt nicht berücksichtigt.

Diese Annahme konnte von einer Untersuchung, die im Auftrag von mi.st [Consulting durchgeführt wurde, untermauert werden. Eine repräsentative Analyse von rund 2.000 TV-Werbe-Spots zeigt, dass bestehende gesellschaftliche Vielfalt kaum widergespiegelt wird, sondern eine klare Präferenz für den Mainstream besteht. Ziel der Untersuchung war die Bestimmung von Leitlinien und Kontextfaktoren einer Diversity-bezogenen Werbestrategie. Hierzu erfolgte eine empirische Untersuchung, inwieweit deutsche TV-Werbung bestehende Offenheit und Vielschichtigkeit darstellt und damit nutzt oder an Rollenklischees, tradierten Mustern und alten Idealen festhält. Dem Diversity-Ansatz folgend, identifizierte die Studie in verschiedenen Themenbereichen die jeweiligen dominanten bzw. untergeordneten Gruppen. Das Design der Studie im Überblick:

Untersuchungsgegenstand:	kommerzielle Werbung im deutschen Fernsehen
Senderauswahl:	Sender mit mehr als 1 % Marktanteil
Untersuchungsmaterial:	170 Werbeblöcke mit 1.947 Werbespots (13 Stunden)
Erhebungszeitraum:	22 Tage jeweils zwischen 18.00 und 23.00 Uhr

Das Material wurde mit demographischen Entsprechungen in der deutschen Gesellschaft verglichen. Als quantitative Kriterien dienten die Diversity-Dimensionen Geschlecht, Alter, Ethnizität, sexuelle Orientierung und Haushaltstyp. Als qualitative Kriterien werden Formen der Stereotypisierung herangezogen, zum Beispiel Hausfrau und Mutter vs. Frau im Beruf; traditionelles Frauenbild vs. moderne Frau; traditionelles Männerbild vs. moderner Mann; Deutsche vs. Migranten; Heterosexuelle vs. Homosexuelle; Junge/mittleres Alter vs. Ältere/Senioren.

Kern der Ergebnisse bildet die Aussage, dass nur in wenigen Bereichen die bestehende Vielfalt in der Gesellschaft von der Fernsehwerbung widergespiegelt wird. Stattdessen orientieren sich die TV-Spots in starkem Maße am Mainstream und verwenden Rollenklischees. Damit herrscht eine deutliche Diskrepanz zur Marktrealität. Auf qualitativen Ebenen werden kulturelle Hintergründe vernachlässigt, während stereotype Bilder zu Diskriminierung und Ausgrenzung zahlreicher Käufergruppen führen: hilfsbedürftige Alte, exotische Migranten usw. Interessanterweise entwickelt sich das Bild von Angehörigen der dominanten Gruppe indes überproportional positiv (vgl. „moderne Mann" und „Frau im Beruf" in Abb. 5.4).

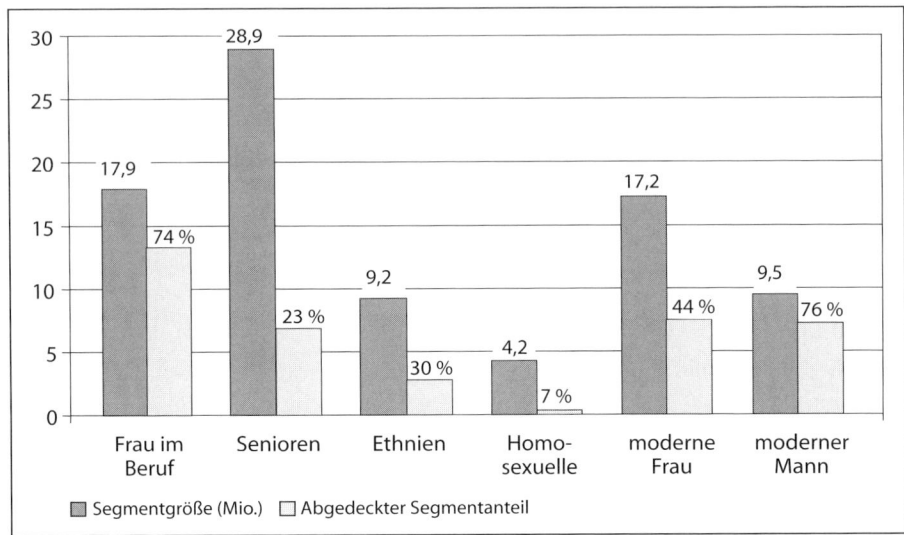

Abb. 5.4: Diversity in der Fernsehwerbung (Quellen: mi.st [Consulting; Lotz, N., 2002)

Zusammenfassung

Neben dem staatlich-politischen und dem gesellschaftlich-kulturellen Umfeld erscheinen auch die wirtschaftlichen Rahmenbedingungen für Diversity wenig positiv auszufallen. Während Bereiche der Unternehmenskultur gute Voraussetzungen für Diversity bieten, stehen der Führungsstil und die meisten Ansätze der Unternehmenskommunikation dem Diversity-Gedanken tendenziell entgegen.

Auf Basis dieser Überlegungen lässt sich nicht nur ein Vergleich zu den Rahmenbedingungen in den USA anstellen, sondern auch die folgende Frage beantworten:

Epilog:
Lässt sich Diversity von den USA auf Deutschland übertragen?

„Da Kultur die individuellen Werte und Bedürfnisse, aber auch die Erwartungen und Anforderungen der Mitarbeiter an die Organisation und Führung bestimmen, kann von Managementkonzepten nicht ohne weiteres erwartet werden, dass sie unabhängig von Kultureinflüssen überall die gleiche Eigenschaft und damit den gleichen Erfolg haben."[15]

Tatsächlich waren und sind schon die Gründe für das Betreiben von Diversity in den USA andere als in Deutschland. Diese Aussage basiert vor allem auf den grundsätzlich unterschiedlichen rechtlichen, ethisch-moralischen und demographischen Situationen.

---

15   Scherm, Ewald (1999), S. 28.

„Im Rahmen unseres Diversity-Engagements legen wir Wert darauf, Menschen dort zu begegnen, wo sie sich in ihrem Lebensumfeld befinden (...)"

Bᴇʀɴʜᴀʀᴅ Mᴀᴛᴛᴇꜱ,
Vorstandsvorsitzender Ford-Werke AG, 2003

Der Einführung von Diversity liegen in den USA zum Beispiel mehrere Bürgerrechtsbewegungen zugrunde, die dort häufiger und aktiver gewesen sind als in Deutschland (z.B. Frauen-, Schwarzen- und Homosexuellenbewegungen). Durch diesen öffentlichen Druck entstanden nach und nach rechtliche Regelungen (Antidiskriminierungsgesetz, Einstellungsquoten und Fördervorgaben für benachteiligte Mitarbeitergruppen, staatliche Regulierungsmaßnahmen). Schließlich entwickelte sich die Bewusstsein, dass Vielfalt erst dann einen Erfolgsfaktor beim Ausbau der amerikanischen Wirtschaft darstellt, wenn Unterschiede tatsächlich wertgeschätzt und genutzt werden.

In Deutschland (und Europa) gleicht sich die Grundsituation in manchen Aspekten nach und nach der Ausgangslage der USA an: Die Antidiskriminierungsgesetzgebung setzt einen klaren Impuls für Diversity, und auch die demographische Situation entwickelt sich zum Beispiel mit Blick auf Migration und Alterung ähnlich wie in den USA. Was bleibt, sind sehr unterschiedliche Verständnisse für Chancengleichheit, Fairness und Einbeziehung – und eine grundlegend andere Ausgangssituation mit Blick auf kulturelle und identitätsstiftende Prägungen, die ihre Wurzeln in einer (monokulturellen) Vergangenheit haben. Diese Ausgangslage hat unter anderem dazu beigetragen, dass in Deutschland bislang zahlreiche Diversity-Potenziale (z.B. im Marketing) – trotz ökonomischer Flaute – ignoriert wurden und Ausgrenzung in manchen Bereichen – wie dieses Kapitel gezeigt hat – öffentlich akzeptiert wird.

Das wesentliche Fazit aus der Analyse der Rahmenbedingungen für Diversity in Deutschland und dem Vergleich mit den USA besteht in der Erkenntnis, dass ein grundlegendes Verständnis für Diversity und die damit zusammenhängenden Konzepte geschaffen werden muss, da diese weder in der deutschen Kultur noch im „System Deutschland" verankert sind. Die zweite zentrale Erkenntnis besteht darin, dass die vielfältigen Vorteile und Verbesserungen, die Diversity bieten kann, sowie die Trends, die eine wirtschaftliche Notwendigkeit für Diversity erkennen lassen, systematisch als Business Case kommuniziert werden müssen, da diese Betrachtungen – erstaunlicherweise – nicht als Teil der strategischen Arbeit der Unternehmen vorgenommen werden.

Lektion 5 Sowohl als Kultur wie auch als nationales oder wirtschaftliches System bietet Deutschland wenig ideale Voraussetzungen für die Einführung von Diversity. Die geschichtliche Entwicklung und damit auch zusammenhängende Besonderheiten der Bildung, der Sprache oder der Personalführung bilden grundlegend andere Rahmenbedingungen als in den USA. Daher muss der Fokus bei der Einführung von Diversity sowohl auf einem differenzierten Grundverständnis für Unterschiedlichkeiten und Einbeziehung als auch auf einem robusten Business Case liegen.

Literatur

Alfred Herrhausen Gesellschaft (2002): Das Ende der Toleranz? Identität und Pluralismus in der modernen Gesellschaft. München: Piper.

Andersen, Uwe; Woyke, Wichard (2000) (Hg.): Handwörterbuch des politischen Systems der Bundesrepublik Deutschland. 4., völlig überarbeitete und aktualisierte Aufl., Bonn: Leske+Budrich.

Anderson, Benedict (1993): Die Erfindung der Nation. Zur Karriere eines folgenreichen Konzepts. Frankfurt am Main: Propyläen.

Elias, Norbert (1989): Studien über die Deutschen. Machtkämpfe und Habitus-entwicklung über die Deutschen im 19. und 20. Jahrhundert. Frankfurt am Main: Suhrkamp.

Gellner, Ernest (1991): Nationalismus und Moderne. Berlin: Rotbuch.

House, Robert et al. (2001): Cultural Influences On Leadership and Organisations. Project Globe.

Menocal, Maria Rosa; Bloom, Harold (2002): The Ornament of the World: How Muslims, Jews, and Christians Created a Culture of Tolerance in Medieval Spain. Boston: Little, Brown and Company.

Plessner, Helmut (1994): Die verspätete Nation. Frankfurt: Suhrkamp.

Popitz, Heinrich (1986): Phänomene der Macht. Autorität-Herrschaft-Gewalt-Technik. Tübingen: Mohr.

Pusch, Luise F. (1984): Das Deutsche als Männersprache: Aufsätze und Glossen zur feministischen Linguistik. Frankfurt am Main: Suhrkamp.

Reinhold, Gerd (1997): Soziologie-Lexikon. München/Wien: Oldenbourg.

Renan, Ernest (1993): Was ist eine Nation? In: Jeismann, Michael; Ritter, Henning (Hg.): Grenzfälle – Über neuen und alten Nationalismus. Leipzig: Reclam.

Scherm, Ewald (1999): Management goes global – Möglichkeiten und Grenzen eines Imports oder Exports von Managementkonzepten. In: Zeitschrift Führung + Organisation, Nr. 1, S. 25–30.

Stuber, Michael (2002): Führung & Vielfalt (Editorial). In: Personalführung, Nr. 8, S. 3–4

Stuber, Michael; Volland, Ingrid (2000): Diversity: Selbstverpflichtende Initiativen von Unternehmen in Europa. In: Niedersächsisches Ministerium für Frauen, Arbeit, Soziales (Hg.): Lesben und Schwule in der EU (EXPO 2000), S. 23–29.

Kapitel 6
Wie erfolgt die Implementierung von Diversity?

Unter Implementierung wird im Allgemeinen die praktische Umsetzung von Entscheidungen und Beschlüssen verstanden. Andererseits ermöglicht Diversity für unterschiedliche Menschen unterschiedliche Zugänge und Perspektiven. Es entstehen in unterschiedlichen Unternehmen unterschiedliche Sicht- und Herangehensweisen. Entsprechend unterschiedlich dürften die praktisch umzusetzenden Entscheidungen und Beschlüsse – also die Implementierung – ausfallen.

Da Diversity für viele Beteiligte ein neues Thema darstellen kann, fasst dieses Kapitel den Implementierungsbegriff bewusst weit und bezieht die Herbeiführung relevanter Entscheidungen, die strategische Planung der praktischen Umsetzung und die Prozesssteuerung mit ein. Mit diesem ganzheitlichen Ansatz stellt sich die Frage, wie Diversity konsequent, strukturiert und organisationsspezifisch entwickelt und umgesetzt werden kann. Das Diversity-Modell von mi.st [Consulting bietet hier eine anschauliche Systematisierungsmöglichkeit, das die folgenden – und in diesem Kapitel ausführlich beschriebenen – Elemente für die Implementierung von Diversity vorsieht:

▶ Grundlagen der Implementierung
  – Business-Kontext: Anbindung von Diversity an das Kerngeschäft
  – Verständnis für Diversity: Definitionen der Elemente und Perspektiven
  – Diversity-Ziele: Beschreibung des Zielsystems
  – Ist-Analysen: Bestandsaufnahme der aktuellen Situation
  – Business Case: Wirtschaftlichkeitsbetrachtungen für Diversity
  – Strategieentwicklung: Identifikation effektiver Vorgehensweisen

▶ Umsetzung: Einführung und Mainstreaming von Diversity
  – Diversity-Einführung „top-down"
  – Diversity-Einführung „bottom-up"
  – Diversity Mainstreaming im HR-Management
  – Diversity Mainstreaming in der Unternehmenskommunikation
  – Diversity Mainstreaming im Marketing

▶ Prozessmanagement: Organisation und Erfolgsmessung
  – die Organisaton von Diversity
  – die Erfolgsmessung von Diversity

Das Diversity-Modell stellt bewusst die Anbindung von Diversity an das Kerngeschäft an die Spitze – und an den Anfang einer erfolgreichen Diversity-Implementierung. Nur wenn Diversity eine klare Verbindung zur Ausrichtung einer Organisation aufweist, wird es direkte Mehrwerte bieten können. Je nachdem, wie diese Anbindung erfolgt, wird sich ein spezifisches Diversity-Verständnis für die

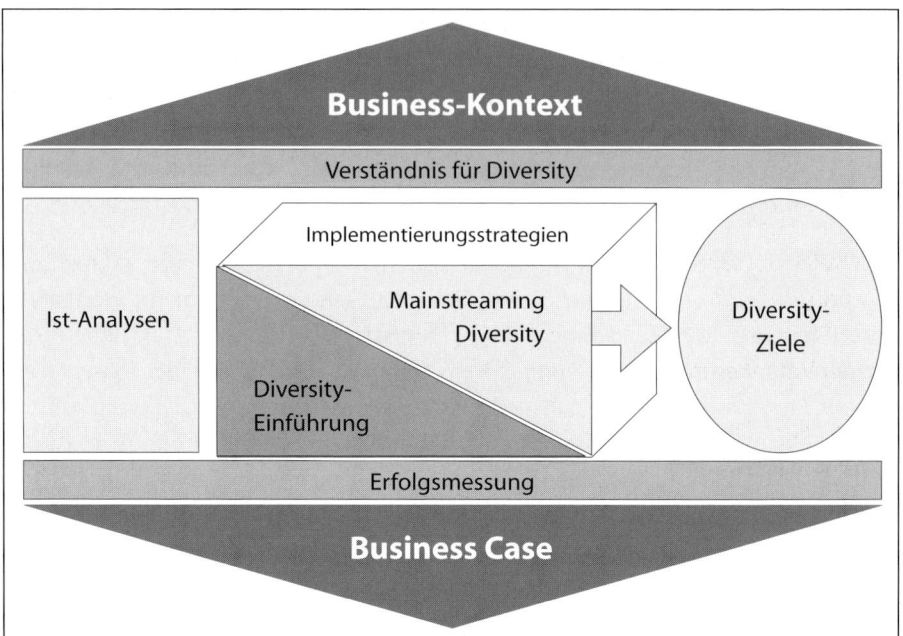

Abb. 6.1:   Diversity-Modell (Copyright: mi.st [Consulting)

betreffende Organisation ableiten lassen – bis hin zur möglichen Wahl eines anderen Begriffes anstatt „Diversity". Die konkreten Zielsetzungen, die ein Unternehmen mit Diversity verfolgt, lassen sich aus dem dann beschriebenen Business-Kontext und spezifischen Verständnis des Themas ableiten.

Für eine zielorientierte Umsetzung von Diversity erscheint weiterhin eine gute Kenntnis der Ausgangssituation erforderlich. Nur wenn diese bekannt ist, können effektive Veränderungsansätze entwickelt und implementiert werden. Die Ist-Analyse dient jedoch auch der späteren Erfolgsmessung sowie der Quantifizierung des Verbesserungspotenzials und damit dem so genannten Business Case (Wirtschaftlichkeitsbetrachtungen). Dieser umfasst neben strategischen Betrachtungen eine Gap-Analyse. Sie beschreibt, wie groß die Lücke zwischen der Ist-Situation und den gesteckten Zielen ist, und ermöglicht die Quantifizierung der Vorteile, die mit dem Schließen der Lücke verbunden sind. Weiterhin beinhaltet der Business Case drohende Opportunitätskosten, die entstehen, wenn Diversity nicht aktiv bearbeitet wird. Schließlich wägt er die positiven gegen die negativen Aspekte ab.

Mit den bisher beschriebenen Elementen sind die notwendigen Grundlagen für Entscheidungen zur Umsetzung von Diversity geschaffen. Fallen diese positiv aus, so stellt die Entwicklung einer Strategie die Basis des weiteren Vorgehens dar. Diese beschreibt die geplanten Ansätze, die eine Organisation verfolgt, um vom Ist- zum Ziel-Zustand zu gelangen. Im Falle von Diversity bilden zwei grundlegende

Mechanismen die Basis einer integrierten, nachhaltigen Strategie: Die Einführung von Diversity als neues Thema in eine Organisation und das Diversity Mainstreaming, das Diversity in die bestehende Systeme einer Organisation fest verankert.

Da Diversity die Erfolgssteigerung eines Unternehmens als übergeordnetes Ziel verfolgt, erscheint eine Messung des Erfolges von Diversity von Bedeutung. Dabei kommen im Wesentlichen eine Fortschrittsmessung, die Bestimmung des Zielerreichungsgrades und die (indirekte) Messung erlangter Vorteile in Frage. Die Erkenntnisse der Erfolgsmessung werden unter anderem für die Steuerung des Veränderungsprozesses eingesetzt, die im Rahmen einer geeigneten organisatorischen Verankerung (einer Diversity-Funktion) im Unternehmen erfolgt.

Die im Überblick dargestellten Bausteine der Diversity-Implementierung werden im Verlauf dieses Kapitels ausführlich dargestellt und anhand praktischer Beispiele illustriert. Dabei spielt der Einsatz von Diversity-Instrumenten eine entscheidende Rolle. Da in der betrieblichen Praxis zuweilen einzelne Instrumente betont und als „Power Tool" dargestellt werden, sei zunächst ein adäquates Verständnis für Instrumente und ihre isolierte Leistungsfähigkeit geschaffen. Dabei gilt es, zu erkennen, dass letztlich vor allem eine integrierte Anwendung verschiedener Instrumente im Kontext des Diversity-Modells erfolgreich sein wird.

Diversity-Instrumente sind Maßnahmen, Aktionsprogramme oder Vorgehensweisen, die im Rahmen der Diversity-Implementierung eingesetzt werden. Ihr Einsatz kann auf allen Stufen des Umsetzungsprozesses erfolgen. So existieren zum Beispiel Instrumente, die die Formulierung der Diversity-Strategie unterstützen, oder Instrumente der Diversity-Bestandsaufnahme oder aber des Diversity Mainstreamings. Besonders in multinationalen oder international tätigen Unternehmen sowie in einer zunehmend vernetzten Wirtschaft stellt Diversity ein ungewöhnlich komplexes Handlungsfeld dar. Angesichts des umfassenden und ganzheitlichen Charakters ist das Spektrum der Diversity-Instrumente und ihrer Einsatzmöglichkeiten breit. Eine zielorientierte, effektive und effiziente Vorgehensweise erscheint insofern nicht leicht, aber bedeutend. Dabei führt jedes eingesetzte Diversity-Instrument zu eigenständigen Ergebnissen und, so ist zu hoffen, Vorteilen. Dennoch empfiehlt der Aufgaben- und Funktionsbezug der Instrumente, diese in den strukturierten Ansatz der strategischen Diversity-Implementierung einzuordnen. Erst durch diesen Kontext und durch die Vernetzung mit anderen Instrumenten entstehen Mehrwerte, die keines der Instrumente isoliert erzielen könnte.

Vor diesem Hintergrund überrascht es nicht, dass der Großteil der in der Folge vorgestellten Vorgehensweisen und Ansätze aus dem einen oder anderen Kontext heraus bereits bekannt (und in vielen Organisationen vorhanden) sind. Dies betont eine wichtige Aussage zu Diversity: Diversity ist nicht in all seinen Aspekten neu. Viele Ansätze der Unternehmensführung, des Personalmanagements, des

Marketings oder der Führung und Kommunikation wenden einige Prinzipien bereits an oder setzen wesentliche Bausteine bereits um. Diversity bietet jedoch einen neuen Zusammenhang, einen neuartigen Kontext, eine effektive Vernetzung und nicht zuletzt eine spezifische Anbindung an das Kerngeschäft für bestehende und neu zu definierende Ansätze. Darin liegt die entscheidende Neuerung und gleichsam die Daseinsberechtigung von Diversity. Im Umkehrschluss bedeutet dies, dass eine allzu fragmentierte Bearbeitung dieses Ansatzes gleichsam das entscheidende Charakteristikum von Diversity eliminiert und zur „Mogelpackung" werden kann.

6.1 Grundlagen der Implementierung

Angesichts der Tragweite und des Tiefganges der Veränderungen, die Diversity anstrebt, erscheint es kaum verwunderlich, dass intensive Vorbereitungen für eine Umsetzung zu treffen sind. Der konsistenten Trennung der verschiedenen Planungselemente kommt hierbei eine besondere Bedeutung zu, ebenso ihrer vollständigen Abarbeitung. Eine am Projektmanagement orientierte Systematik unterstreicht dabei den professionellen, geschäftsorientierten Ansatz, den Diversity verfolgt.

In nur wenigen Fällen liegt für die umfassende und ganzheitliche Implementierung von Diversity ein vollständiges Mandat der Unternehmensführung vor. Meist müssen die einzelnen Bausteine nach und nach erarbeitet und zur Entscheidung vorgelegt werden. Häufig wird erst nach Vorliegen der ersten Bausteine (insbesondere dem Business Case) entschieden, eine Strategieentwicklung in Angriff zu nehmen. Für die Umsetzung sollte dann ein konkretes Mandat der Unternehmensführung vorliegen.

Business-Kontext: Anbindung von Diversity an das Kerngeschäft

Ein Unternehmen stellt ein komplexes und feingliedriges Gebilde dar, welches seinen Erfolg und seine Einzigartigkeit auf vielfältigen Aspekten aufbaut: Unternehmensziele, Leitbild, Unternehmenspolitik, strategische Ausrichtung, Marke(n) und natürlich die Stakeholder (Mitarbeiter, Kunden, Lieferanten, Aktionäre, gesellschaftliches Umfeld). Der in einem ersten Schritt herzustellende Business-Kontext ordnet Diversity in diesen grundsätzlichen Unternehmenszusammenhang ein. Um diese Anbindung an das Kerngeschäft zu gewährleisten, müssen alle relevanten Elemente in Bezug zu Diversity gesetzt werden. Dazu werden sie durch die „Diversity-Brille" betrachtet, d.h. eine detaillierte Analyse der grundlegenden Elemente, die ein Unternehmen oder die betreffende Organisation ausmachen:

▶ Besteht die Zielsetzung des Unternehmens in der Gewinnmaximierung, in der Schaffung nachhaltiger Werte, in der Optimierung des Shareholder-Value oder einer bestmöglichen Rendite (z.B. des Eigenkapitals)? Oder richtet sich eine Organisation mit ihrer Mission an die breite Öffentlichkeit, oder ist sie ihren Mitgliedern oder aber karitativen Zwecken verpflichtet?

▶ Mit welchen Strategien verfolgt ein Unternehmen seine Ziele? Sind Akquisitionen, Marktexpansion, Internationalisierung, Technologieführerschaft, Innovationsgeschwindigkeit oder die Effektivität der Organisation Schwerpunkte der aktuellen Ausrichtung? Oder bestehen Strategien im Bereich des Imagewandels oder der werteorientierten Positionierung?

▶ Mit welchen Herausforderungen sieht sich die Organisation konfrontiert? Sind Personalbindung, Kostensenkungen, Kundennähe oder eine gemeinsame Identität Schlüsselfaktoren des weiteren Erfolges (oder Überlebens)?

▶ Über welche Werte definiert sich eine Organisation, intern und extern? Welche Werte beschreiben die Identität des Unternehmens, welche die Marken?

Diese Fragen lassen sich für die meisten Unternehmen anhand einer Analyse von Geschäftsberichten, Vorstandspräsentationen oder internen Dokumenten gut beantworten. Zusätzlich bieten sich strukturierte Einzelgespräche mit oberen Führungskräften an, um das Credo des Managements effektiv zu berücksichtigen. Eine genaue Betrachtung der meist sorgfältigen Wortwahl in der Unternehmenskommunikation bietet umfassende Möglichkeiten, die grundlegende Positionierung des Unternehmens mit Diversity – in den verschiedenen Bedeutungen, die in Kapitel 1 vorgestellt wurden – in Verbindung zu bringen. Dadurch wird ermöglicht, Diversity den Entscheidern einer Organisation in deren Systematik vorzustellen und mit ihnen weiterzuentwickeln.

Als Beispiel sei hier die Deutsche Bank angeführt, die Diversity mit ihrer „Identität" in Verbindung bringt, die durch fünf Werte beschrieben wird. Weiterhin erfolgte eine Verknüpfung zu dem strategischen Ansatz „One Bank – One Team". Air Products hat Diversity in seine Konzernphilosophie „Deliver the Difference" eingebettet, und Ford of Europe stellte einen engen Bezug zur „European Transformation Strategy" (ETS) her. Ausführlichere Case Studies dieser Unternehmen folgen in diesem Kapitel.

Eine effektive Abrundung der grundsätzlichen Betrachtungen zum Business-Kontext besteht in einem Benchmarking zu Diversity. Befindet sich ein Unternehmen am Anfang der Überlegungen zu Diversity, dürfte statt des systematischen Vergleichs eine beispielhafte Sammlung von Praxisbeispielen relevanter Unternehmen (Wettbewerber, Zulieferer, Kunden) sinnvoll sein.

Die bewusste Anbindung von Diversity an das Kerngeschäft liefert klare Schwerpunkte für den spezifischen Ansatz, der in einem Unternehmen oder anderen Organisation mit Blick auf angestrebte Erfolgssteigerungen effektiv erscheint.

Damit bietet sie auch die Basis für ein eigenes Verständnis für Diversity in dem betreffenden Umfeld.

Verständnis für Diversity:
Definitionen der Elemente und Perspektiven

Statt einer Lehrbuchdefinition wurden in Kapitel 1 bewusst unterschiedliche Sichtweisen und Zugänge zum Thema Diversity vorgestellt. Ein wesentlicher Grund hierfür besteht in der daraus resultierenden Möglichkeit für Unternehmen, ihr spezifisches Verständnis zu entwickeln und dies für die eigene Arbeit zu verwenden. Es erscheint nahe liegend, die zu Anfang hergestellten Bezüge zum Kerngeschäft als Anhaltspunkt für eigene Definitionen zu verwenden.

Besteht zum Beispiel eine enge Verbindung zur Internationalisierung einer Organisation, kann Diversity die unterschiedliche Herkunft von Mitarbeitern als wichtigen Bestandteil umfassen. Wurde indes ein Bezug zu häufigen und umfassenden Veränderungen in einem Unternehmen gesehen, so kann der Aspekt „Offenheit" von besonderer Bedeutung werden. Stehen dagegen die Außenbeziehungen einer Organisation im Vordergrund, so rücken demographische und kulturelle Veränderungen in der Gesellschaft bei der Definition in den Vordergrund.

Mit Blick auf die anfänglichen Ausführungen dieses Kapitels erscheint es an dieser Stelle von besonderer Bedeutung, eine Verwässerung oder Reduzierung des Diversity-Ansatzes zur Verringerung der Komplexität bei der Entwicklung des organisationsspezifischen Verständnisses von Diversity zu vermeiden. Sonst verliert er sein wesentliches Charakteristikum und vor allem Teile seiner Vorteile und Stärken.

Als Beispiel für ein unternehmensspezifisches Verständnis von Diversity sei an dieser Stelle die Siemens AG genannt. Die konzernweiten „Guiding Principles for Promoting and Managing Diversity" stellen Bezüge zur weltweiten Präsenz und zu vielfältigen gesellschaftlichen Umfeldern her. Unabhängig von bestehender Vielfalt will Siemens Diversity fördern. Besondere Erwähnung finden ethnisch-kulturelle und religiöse Unterschiede in entsprechenden Ländern und Ballungsräumen, für die Chancengleichheit bei der persönlichen und beruflichen Entwicklung gewährleistet werden soll. Mit Blick auf bisher benachteiligte Gruppen will der Konzern im Rahmen von Partnerschaften aktiv werden. Möglicherweise in der Gesellschaft bestehende Diskriminierungen sollen sich nicht innerhalb der Organisation fortsetzen dürfen. Angesichts dieser umfassenden Leitsätze erscheint die Umsetzung von Diversity bei Siemens in Deutschland bemerkenswert. Bereits seit Herbst 2000 legt der Konzern hierzulande mit dem Unterprojekt ProDi den „Fokus zunächst auf die Frauenförderung". In diesem Zusammenhang wurden

Frauenquoten etabliert, familienorientierte Maßnahmen ergriffen und das Netzwerk Yolante eingerichtet. Ein umfassender Diversity-Ansatz, der zumindest auch Männer im Rahmen eines „Geschlechteransatzes" einbezieht, ist nicht erkennbar. In Ländern, die laut Siemens eine „ethnisch vielfältige Bevölkerung aufweisen, wie beispielsweise die USA oder auch Großbritannien", entfaltet das Unternehmen entsprechende zusätzliche Aktivitäten. Allerdings beträgt der Anteil ethnisch-kultureller Minderheiten in Großbritannien mit 5,5 % nur gut die Hälfte des in Kapitel 2 vorgestellten Anteils für Deutschland von knapp 11 %. Angesichts der Beschränkung auf die Frauenförderung in Deutschland ist mit Blick auf die Leitsätze weiterhin zu fragen, welche früheren oder weiterhin bestehenden Benachteiligungen oder Diskriminierungen verschiedener Gruppen hierzulande adressiert werden oder weshalb dies nicht geschieht. Kann hierin eine Konterkarierung der eigenen Principles gesehen werden?

Wie unterschiedlich das Verständnis weiterer Unternehmen für Diversity ausfallen kann, werden die Case Studies im weiteren Verlauf dieses Kapitels zeigen. Weitere Einblicke in die in der Praxis verwendeten Ansätze bieten die Kästen in einer Reihe von Abschnitten des Buches, in denen Studienergebnisse oder andere weiterführende Informationen vorgestellt werden.

Diversity-Ziele: Beschreibung des Zielsystems

Jede Organisation verfolgt spezifische Ziele und Zwecke, zu deren Erreichung bzw. Erfüllung sie im Allgemeinen gegründet wurde. Die Begriffe Zweck und Ziel können wie folgt differenziert werden. Man versteht „ (…) unter Zweck die Leistung der Organisation für die Umwelt (Gesellschaft) (…), aus deren Erfüllung die Organisation ihre gesellschaftliche Existenzberechtigung ableitet, und unter Zielen die von der Organisation bzw. ihren Teilnehmern selbst formulierten Vorstellungen über erwünschte organisatorische Zustände oder Verhaltensweisen, wie z.B. Stabilität, Wachstum, Effizienz".[1]

Eine Verknüpfung von Diversity mit den Zielen des Unternehmens oder der Organisation zeigte sich bereits bei der Herstellung des Business-Kontextes. Folglich bietet es sich an, diesen für die Entwicklung des konkreten Zielsystems für Diversity heranzuziehen. Grundsätzlich erscheint die Fixierung von Zielen unabdingbar. Nicht nur, dass durch ihre Klarheit die Wahrscheinlichkeit für künftigen Erfolg erheblich steigt – sie machen sinnvolle Veränderungen überhaupt erst möglich, insoweit sie die Entwicklungsrichtung bestimmen. Schließlich bilden sie in Verbindung mit der Ist-Analyse die Grundlage einer fundierten Strategieentwicklung.

---

1   Staehle, Wolfgang (1999), S. 438.

Die Betrachtung von Zielsystemen erscheint notwendig, da viele Ziele nicht nur Ziele an sich darstellen, sondern häufig auch der Erreichung übergeordneter Ziele dienen. In diesem Zusammenhang spricht man von Mittel-Zweck-Beziehungen. So bildet zum Beispiel die Zielsetzung „Verbesserung der Kundennähe innerhalb von 18 Monaten um 15 %" ein messbares Ziel. Dieses dient jedoch (mittelbar) dem übergeordneten Zweck der Erhöhung des Umsatzes, der wiederum der Steigerung des Gewinnes dient, usw.. Für Diversity wurde bereits in Kapitel 3 dargestellt, dass das übergeordnete Ziel die Steigerung des Erfolges eines Unternehmens oder der betreffenden Organisation darstellt – wie auch immer dieser definiert sein mag. Insofern müssen sich Diversity-Zielsetzungen an diesen ausrichten, wofür der geschaffene Business-Kontext die Grundlage bildet.

Weiterhin besteht die Besonderheit von Zielsystemen in unterschiedlichen Konkretisierungsebenen für Ziele. Diese Differenzierung wird am deutlichsten, wenn man die englischen Begriffe, die im Themenbereich „Ziele" relevant sind, näher betrachtet: „Goals" beschreiben übergeordnete Zielsetzungen. Sie werden üblicherweise aufgeteilt bzw. heruntergebrochen in (jeweils) mehrere „Objectives". Auf dieser Ebene existieren Kriterien, denen die formulierten Ziele genügen müssen. Dazu gehört eine klare Spezifizierung, die Messbarkeit, eine erkennbare Relevanz und ein definierter Zeithorizont.

Für Diversity wurden in Kapitel 2 bereits Vorschläge für allgemeine Zielsetzungen unterbreitet. Sie alle dienen (mittelbar) der Steigerung des Erfolges eines Unternehmens bzw. einer Organisation. Die Aufgabe im Rahmen der Implementierung von Diversity besteht nun darin, diese, ähnliche oder andere Ziele zu definieren, die im spezifischen Business-Kontext relevant und effektiv erscheinen und der übergeordneten Zielsetzung „Erfolgssteigerung" dienen. Dabei sollten Mittel-Zweck-Beziehungen und verschiedene Konkretisierungsebenen Beachtung finden.

Ebenso bedeutend erscheint die Abgrenzung von Zielsetzungen bzw. Zielen und strategischen Ansätzen. Übergeordnete Zielsetzungen (entsprechend der englischen Goals) beschreiben stets zukünftige Zustände oder Situationen, nicht jedoch Tätigkeiten. Beispiele für solche Zielsetzungen sind:

▶ „Wir haben eine Belegschaft, die die Vielfalt unserer Kunden widerspiegelt."

▶ „Wir verfügen über ein Arbeitsumfeld, in dem Frauen und Männer gleichermaßen produktiv mitarbeiten können."

▶ „Wir sind in verschiedenen Marktsegmenten gleichermaßen gut angesehen und als führendes Unternehmen im Bereich Diversity anerkannt."

Konkrete Ziele (entsprechend der englischen „Objectives") genügen den weiter oben genannten Kriterien, zum Beispiel der Messbarkeit. Beispiele für solche Ziele sind:

▶ „Wir qualifizieren uns innerhalb von 15 Monaten für das Total-E-Quality-Prädikat."

▶ „Wir verbessern unsere Platzierung in der Rangliste der beliebtesten Arbeitgeber bis zum nächsten Jahr um fünf Plätze."

▶ „Wir werden innerhalb eines Jahres der bevorzugte XYZ-Dienstleister für türkische Kunden in Deutschland."

Eine Übersicht über die verfolgten Zielsetzungen einiger großer Unternehmen ist in Kapitel 3 (Kasten) dargestellt. Neben der Beschreibung von Zielsystemen erscheint die Feststellung des Status quo relevant, um in einem weiteren Schritt Verbesserungspotenziale quantifizieren und Strategien zur Veränderung entwickeln zu können.

Ist-Analyse: Bestandsaufnahme der aktuellen Situation

Die Analyse der aktuellen Situation eines Unternehmens erscheint tatsächlich erst nach der Beschreibung des Business-Kontextes und des spezifischen Verständnisses für Diversity sowie nach der Festlegung der verfolgten Ziele sinnvoll. Schließlich legen diese Bausteine den potenziellen Wirkungskreis sowie die erwünschten Wirkungszusammenhänge für Diversity fest. Damit steht gleichsam der relevante Rahmen für Diversity fest, in dem folglich eine eingehende Analyse des Status quo vorgenommen werden sollte.

Entsprechend den allgemeinen Zielsetzungen, die für Diversity in Kapitel 3 beschrieben wurden, kommen Bestandsaufnahmen in folgenden Bereichen in Frage:

▶ demographische Analyse der im Unternehmen bestehenden Vielfalt

▶ Analyse der im Unternehmen vorhandenen Kultur und des bestehenden Arbeitsumfeldes

▶ externe Analysen zu Image und Positionierung

Zur Illustrierung konkreter Fragestellungen, die im Rahmen einer solchen Bestandsaufnahme relevant sein können, mag ein praktisch orientierter Leitfaden der Society für Human Resource Management (www.shrm.org) dienen. Er stellt eine Mischung aus Fragen zum Business-Kontext und zum Status quo dar und konzentriert sich vorrangig auf die Bedeutung von Diversity im HR-Bereich.

Leitfaden zur Diversity-orientierten Situationsanalyse[2]

1. Welche demographische Struktur besitzt Ihr Kundenstamm (z.B. Alter, Einkommen, Geschlecht, Bildungsniveau, kulturelle Herkunft)?

2. Wie viele Sprachen werden von Ihren Kunden gesprochen?

3. In wie vielen Ländern ist Ihr Unternehmen aktiv?

4. Wie hoch ist die Mitarbeiterfluktuation, und wie viel kostet sie Ihr Unternehmen?

5. Wie hoch sind Ihre Ausgaben für Personaleinstellungen/Recruiting?

6. Wie viel musste Ihr Unternehmen bisher für Klagen von Mitarbeitern in Diskriminierungsangelegenheit und wegen sexueller Belästigung bezahlen (sowohl für die Einigung und den Rechtsbeistand)?

7. Wie häufig kommt es zu Konflikten/Auseinandersetzungen zwischen verschiedenen Mitarbeitergruppen im Unternehmen (z.B. Abteilungen, Projektteams, Betriebsrat)?

8. Gibt es eine besonders hohe Fluktuation zwischen/innerhalb bestimmten/bestimmter Mitarbeitergruppen?

9. Sind Ihre Geschäftspolitik und Leistungsangebote attraktiv für potenzielle Bewerber von „Minderheiten" aus Unternehmenssicht?

10. Verlassen hoch qualifizierte und/oder besonders leistungsfähige Mitarbeiter Ihr Unternehmen, weil sie sich nicht ausreichend wertgeschätzt, eingebunden oder berücksichtigt fühlen?

11. Sind alle Mitarbeiter der Auffassung, dass Ihre Qualifikationen und Talente ausreichend „belohnt" werden?

12. Gibt es in Ihrem Unternehmen eine qualifizierte Karriereplanung für alle Mitarbeiter?

13. Welchen Stellenwert besitzt die interne Weiterbildung von Mitarbeitern?

14. Wird Diversity in Ihrer Beschaffungspolitik berücksichtigt, und besitzen Sie eine „vielfältige" Lieferantenbasis?

---

2   Vgl. www.shrm.org/diversity/businesscase.asp.

Zur differenzierten Durchführung effektiver Bestandsaufnahmen stehen eine Vielzahl von Instrumenten zur Verfügung. Diese können entweder parallel oder – in Grenzen – auch selektiv eingesetzt werden.

Zur demographischen Analyse eigenen sich überwiegend statistische Auswertungen der Belegschaft auf allen Ebenen (!) nach Ländergesellschaften, Geschäfts- oder Funktionsbereichen oder nach Standorten, abhängig von den jeweiligen rechtlichen und kulturellen Rahmenbedingungen. Entsprechend den Ausführungen in den Kapiteln 1 und 2 erscheint eine Erhebung der vorhandenen Vielfalt vor allem bezüglich der Kerndimensionen von Diversity sinnvoll. Diese stößt allerdings angesichts unterschiedlicher Definitionen (z.B. „Behinderung"), unterschiedlicher Rechtsgrundlagen (z.B. „Nationalität" vs. „Ethnizität") und unterschiedlicher Erhebbarkeit (z.B. „sexuelle Orientierung") rasch an Grenzen. Unabhängig von der konkreten Analysemöglichkeit erscheinen dennoch zumindest Indikatoren in allen Bereichen wichtig und hilfreich, um den umfassenden Charakter von Diversity zu unterstreichen und der Wahrnehmung, es handele sich um ein spezifisches Förderprogramm, entgegenzuwirken. In diesem Zusammenhang bleibt die Effektivität einer demographischen Bestandsaufnahme ohnehin begrenzt, da „Vielfalt" nur eine Zieldimension unter mehreren darstellt.

Insofern erscheint die Analyse der bestehenden Kultur und des Arbeitsumfeldes gleichfalls von hoher Bedeutung. Hierfür bieten sich zunächst Sekundäranalysen bereits existierender MitarbeiterInnen-Befragungen an, die mit überschaubarem Kostenaufwand durchgeführt werden können. Neue Erkenntnisse – aus Sicht von Diversity – werden gewonnen, in dem die Rohdaten nach ausgewählten Diversity-Dimensionen getrennt ausgewertet und verglichen werden. Weiterhin bieten sich Umfragen (z.B. über das Intranet) oder Fokusgruppenbefragungen sowie eine vertrauliche Hotline oder Interviews mit Schlüsselpersonen (Betriebsräte, Mobbingbeauftragte, Sozialberater) an. Über diese Instrumente kann einerseits die Kultur mit Blick auf gelebte Wertvorstellungen, unsichtbare Normen, Rituale oder andere Aspekte erhoben werden. Andererseits ermöglicht diese Analyse, das sich bietende Arbeitsumfeld mit Blick auf die Kommunikation (z.B. Sprache, Offenheit) und die Zusammenarbeit (z.B. Umgangsformen, informelle Strukturen, Zusammensetzungen von Teams) zu erfassen. Von besonderem Interesse mit Blick auf die Diversity-Zielsetzungen sind dabei die unterschiedlichen Wahrnehmungen und Erfahrungen unterschiedlicher Gruppen. Diese qualitativen Daten zur Unternehmenskultur können durch quantitative Daten ergänzt werden. Dabei kommen vor allem Analysen der Fluktuation, des Krankenstandes, der Bewerberstatistik, der Beförderungs- und Entgeltstatistik etc. nach den verschiedenen Diversity-Dimensionen in Frage. Sie geben gewissermaßen Aufschluss über die (Aus-)Wirkung kultureller und systemischer Gegebenheiten im Zusammenhang mit Diversity.

Zur Analyse der externen Wahrnehmung des Unternehmens mit Blick auf Diversity bestehen ähnliche Möglichkeiten wie in den zuvor beschriebenen internen Bereichen. So kann auch die Vielfalt der Kunden oder Lieferanten sowie anderer externer Partner analysiert werden. Ebenfalls besteht die Möglichkeit, die Wahrnehmung unterschiedlicher Gruppen – zum Beispiel auf dem Arbeitsmarkt – differenziert zu erheben. Mit Blick auf eine klare Positionierung zu Diversity erscheinen dagegen andere Analyseinstrumente von Bedeutung, zum Beispiel Art und Anzahl erhaltener Prädikate und Auszeichnungen, die Präsenz zum Thema Diversity in den Medien oder auf Fachveranstaltungen etc.

Mit der Analyse des Ist-Zustands einer Organisation erfolgt die Definition einer so genannten Null-Linie (Baseline) für künftige Fortschrittsmessungen. Gleichzeitig bildet sie – zusammen mit dem festgelegten Zielsystem – die Grundlage für eine effektive und effiziente Strategieentwicklung und, im Rahmen des Business Case, für die Quantifizierung der Verbesserungspotenziale, die Diversity bietet (Gap Analysis).

Business Case: Wirtschaftlichkeitsbetrachtungen für Diversity

Diversity dient der übergeordneten Zielsetzung, den Erfolg einer Organisation zu steigern. Gerade deshalb erscheint eine systematische Darstellung der vielfältigen Auswirkungen entsprechender Veränderungen – in positiver und negativer Hinsicht – mehr als erforderlich. In Kapitel 5 wurde zudem dargestellt, dass vor allem in Deutschland eine klare Darlegung dieser Zusammenhänge von besonderer Bedeutung ist. Daher soll an dieser Stelle eine mögliche Struktur für einen umfassenden Business Case vorgestellt werden. Die Begrifflichkeit „Business Case" bezieht sich dabei auf eine ganzheitliche Wirtschaftlichkeitsbetrachtung einer Diversity-bezogenen Veränderung einer Organisation (und nicht auf konkrete Beispiele, wie spezifische Vorteile hervorgebracht werden).

Der Business Case kann im Rahmen des vorgestellten Diversity-Modells auf drei Ebenen betrachtet werden:

▶ der strategische Mehrwert von Diversity (Business-Kontext)

▶ die Kosten des Ignorierens von Diversity (Push-Faktoren)

▶ die durch Diversity erzielbaren Vorteile und Verbesserungen sowie damit verbundene Kosten und Nachteile (Pull-Faktoren)

Die Beschreibung der strategischen Mehrwerte von Diversity erfolgt im Rahmen der Betrachtungen des Business-Kontextes. Die dort beschriebenen Zusammenhänge von Diversity und den Unternehmenszielen, der Strategie, dem Leitbild usw. stellen dar, welche Beiträge Diversity zu den übergeordneten Ansätzen der Organisation liefert. Insofern bilden sie den ersten Baustein eines Business Case.

Die Kosten eines (möglichen) Ignorierens von Diversity ergeben sich aus einer kombinierten Betrachtung der Ist-Situation des Unternehmens (entsprechend der zuvor beschriebenen Vorgehensweise) und der Veränderungen der geschäftlichen Rahmenbedingungen der Organisation, wie sie in Kapitel 2 ausführlich dargestellt wurden. Grundgedanke hierbei ist, dass Unternehmen viele Trends nicht oder kaum beeinflussen können und sich daher zumindest insoweit verändern müssen, als dass sie auch in Zukunft in ihrem relevanten Umfeld erfolgreich agieren können. Konkret bedeutet dies, dass sie sich auf zunehmend vielfältigere Stakeholder ebenso einstellen müssen wie auf veränderte Werte oder neue rechtliche Anforderungen. Angesichts des antreibenden Charakters dieser Betrachtungen spricht man hier auch von Drivers oder von Push-Faktoren. Als Baustein des Business Case können die Abwägungen zum Beispiel in der folgenden Form vorgenommen werden:

▶ Das von uns heute bearbeitete Haupt-Marktsegment sind die Gruppen X und Y. Durch demographische Veränderungen bilden jedoch Senioren und Migranten in Zukunft bedeutende Zielgruppen. Wenn wir unser Marketing und das Kundenbeziehungsmanagement nicht in geeigneter Weise anpassen, wird unser Marktanteil auf Z Prozent zurückgehen.

▶ Unser heutiges Arbeitgeberimage basiert auf den Attributen Sicherheit und Zuverlässigkeit, die zudem durch unser Personalmarketing kommuniziert werden. Die für uns bedeutenden Absolventen der Zukunft suchen nach flexiblen und innovativen Jobangeboten. Wenn wir unsere Positionierung nicht erweitern und neue Arbeitsangebote unterbreiten können, werden unsere Rekrutierungsaufwendungen in Zukunft um X Prozent steigen, und in manchen Bereichen werden wir unsere Qualifikationsanforderungen nicht halten können.

Die in Kapitel 2 dargestellten Trends bieten eine erste Möglichkeit der systematischen Überprüfung, ob und in welchen Bereichen derartige Opportunitätskosten drohen. Unternehmensspezifisch dürften freilich zusätzliche Überlegungen erforderlich sein.

Der dritte Baustein des Business Case nimmt die Pull-Perspektive ein und stellt mögliche Erträge dar, die Diversity über die nötigen Investitionen hinausgehend bietet. In der Finanzwirtschaft spricht man auch vom „Return on Investment". Hierzu ist freilich eine Gegenüberstellung von Vor- und Nachteilen, von Erträgen und Kosten erforderlich. Da an dieser Stelle keine konkreten Aussagen für spezifische Unternehmenssituationen vorgenommen werden können, erfolgt eine allgemeine Abwägung der Vor- und Nachteile von Diversity im folgenden Kapitel 7 dieses Buches.

Im Rahmen der Implementierung von Diversity erscheint die Beschreibung des Business Case als Teil der bisher beschriebenen Grundlagenarbeit von wesentlicher Bedeutung, da die dargestellten Bausteine gemeinsam eine effektive Entscheidungsgrundlage[3] für die weitere Bearbeitung des Themas darstellen. Der folgende Baustein kann sowohl als Teil der Grundlagenarbeit wie auch als Teil der konkreten Umsetzungstätigkeit angesehen und bearbeitet werden.

Strategieentwicklung: Identifikation effektiver Vorgehensweisen

Der Begriff der Strategie erhält in unterschiedlichen Zusammenhängen verschiedene Bedeutungen und wird von Menschen unterschiedlich interpretiert. Im Zusammenhang des hier vorgestellten Modells erfährt er folgende Verwendung: Nach der Bestimmung des Kontextes für Diversity („Wo?") und der Entwicklung eines Verständnisses für das Thema („Was?") wurden Ziele definiert („Wohin?") und die Ausgangsituation analysiert („Woher?") sowie der Business Case dargelegt („Warum?"). Die nun zu entwickelnde Strategie soll geeignete Ansätze und Wege beschreiben, in diesem Kontext, mit diesem Thema, vom Ist zum Soll zu gelangen – also das „Wie?". Dabei liegt die Betonung auf „Ansätze und Wege", denn konkrete Maßnahmen oder Aktivitäten werden nicht durch eine Strategie beschrieben, sondern aus dieser abgeleitet. In der Überschrift wird daher der Begriff der Vorgehensweisen verwendet.

Die Phase der Strategieentwicklung stellt den wahrscheinlich komplexesten Baustein der Implementierung von Diversity dar. Dies ergibt sich bereits aus der Einbettung in die vorgenannten Elemente. Bedauerlicherweise existiert kein universelles Instrument, das für die Entwicklung von Diversity-Strategien eingesetzt werden kann. Stattdessen erscheint es in jedem Einzelfall erforderlich, die Ausgangssituation und das Zielsystem Schritt für Schritt miteinander zu vergleichen und jeweils geeignete Ansätze zu entwickeln, die daraus notwendig erscheinende Veränderungen bewirken werden.

Verschiedene Modelle und Ansätze unterstützen diesen Prozess, zum Beispiel

▶ eine Kraftfeldanalyse,

▶ ein Phasenmodell,

▶ der Promotorenansatz oder

▶ die Identifikation von Handlungsfeldern.

---

3   Meist erfolgt vor Beginn der Arbeit an Diversity eine grundsätzliche Entscheidung, die Relevanz und Potenziale von Diversity für eine bestimmte Organisation zu prüfen. Für diese Prüfung haben sich die bisher dargestellten Schritte als effektiv herausgestellt. Am Ende einer solchen „Projektentwicklung" steht typischerweise die Entscheidung über das weitere Vorgehen an, auf welche sich dieser Absatz bezieht.

Bei der Kraftfeldanalyse werden die Personen einer Organisation identifiziert, die über wesentliche Einflussmöglichkeiten auf Veränderungen verfügen. Dieses Potenzial kann beispielsweise mit einem Sternesystem visualisiert werden (*, **, ***). Weiterhin wird bestimmt, wie direkt (oder auf welchen Umwegen) diese Personen erreicht werden können und welche Haltung sie mutmaßlich gegenüber Diversity einnehmen. Zur Darstellung der Erreichbarkeit und der Beziehungen zu und unter internen Stakeholdern eignen sich zum Beispiel Mindmaps. Für die Beschreibung der Haltungen der Beteiligten kommen dagegen Verhaltensbeschreibungen in Frage, die auf einer Skala Anordnung finden, zum Beispiel[4]:

−3: aktive Gegner (Gefahr von Sabotage, Notwendigkeit der Neutralisation)

−2: passive Gegner (Gefahr des Blockierens, Notwendigkeit der Einbindung)

−1: angepasster Mainstream (von Diversity unberührt, Notwendigkeit der Information/Aufklärung)

+1: konformer Mainstream (Erfüllung minimaler Anforderungen, Notwendigkeit der Motivation)

+2: kooperative Unterstützer (positive Reaktionen auf Impulse, Notwendigkeit von Anregungen/Vorschlägen)

+3: begeisterte Unterstützer (Eigeninitiativen, öffentliches Engagement, Notwendigkeit von Hilfestellung)

Auf Basis dieser Analysen werden nun Ansätze entwickelt, wie direkt oder indirekt erreichbare Stakeholder mit unterschiedlichem Einflusspotenzial auf der Diversity-Skala nach und nach jeweils eine Stufe höher bewegt werden können. Die angegebenen Notwendigkeiten wie Motivation, Anregungen, Hilfestellung etc. eignen sich als Bausteine für die zu entwickelnde Strategie.

Im Bereich der Phasenmodelle existiert eine Reihe verschiedener Ansätze, die allerdings der Realität nur ansatzweise gerecht werden. Wie die Kraftfeldanalyse zeigt, befinden sich unterschiedliche Bereiche einer Organisation, aber auch unterschiedliche Akteure in verschiedenen Entwicklungsstadien. Von daher erscheinen klassische Phasenmodelle nur begrenzt sinnvoll. Eine Synthese mehrerer Ansätze soll dennoch illustrieren, welche Entwicklungsphasen bei der Veränderung von einer Monokultur hin zu einer Diversity-Kultur beobachtet oder vorgesehen werden können. Dabei wurden verschiedene Bausteine zu parallelen bzw. gekoppelten Elementen zusammengefasst, da eine strenge zeitliche Anordnung in vielen Fällen nicht möglich sein wird:

---

4   Vgl. Liebermann, Simma et al. (2001), Kapitel 4.

1a)   Beseitigung von Diskriminierung

1b)   Schaffung von Chancengleichheit

2a)   Einbindung und Engagement von Führungskräften

2b)   Schaffung von Bewusstsein für bestehende Kultur (z.B. monokulturelle Mechanismen)

3)   Vorteile von Veränderungen erkennbar und erlebbar machen (durch Erfahrungen, mittels Belohnungen)

4a)   Förderung von Vielfalt (allgemein in der Belegschaft und konkreter Gruppen): Diversity-Organisation

4b)   Förderung von partnerschaftlichem Umgang und Einbeziehung (durch neue Kompetenzen): Diversity-Kultur

5)   Anpassung der Systeme eines Unternehmens (Mainstreaming)

6)   Nutzung messbarer Vorteile und Verbesserungen durch die Integration von Diversity in vielfältige Bereiche des Geschäftsbetriebs

Einige dieser hier als Phasen dargestellten Bausteine werden in späteren Abschnitten oder Kapitels dieses Buches weiter ausgeführt. Im Rahmen der Strategieentwicklung soll lediglich diese mögliche Systematik dargestellt werden.

Das Promotorenmodell entstand aus Untersuchungen, unter welchen Voraussetzungen Innovationen in Unternehmen erfolgreich ablaufen. Da auch Diversity als Innovation in einer Organisation gesehen werden kann, liegt es nahe, die Übertragbarkeit von Erfolgsfaktoren zu überprüfen. Es wird zwischen Fach-, Macht- und Prozesspromotoren unterschieden.[5]

▶ Der Fachpromotor

  – liefert objektspezifisches Wissen zur Überwindung des kognitiven Widerstands des Nichtwissens,

  – ist Erfinder und/oder Ideenträger,

  – beherrscht die neue Materie.

▶ Der Machtpromotor

  – setzt hierarchisches Potenzial gegen den psychischen Widerstand des Nichtwollens und den organisatorischen Widerstand des Nichtdürfens ein,

---

5   Vgl. Hauschildt Jürgen; Kirchmann, Edgar (1997).

„*Da wir bereits in einer multikulturellen Gesell-schaft leben, wird sich der Staat nicht mehr damit begnügen können, Neutralität zu bewahren.*"

JUTTA LIMBACH, 2002

- verfügt über geeignete Ressourcen zur Ermöglichung des Entscheidungs- und Durchsetzungsprozesses,

- übernimmt Motivationsfunktion.

▶ Der Prozesspromotor

- leitet seine Einflusskraft aus der Organisationskenntnis ab und stellt die Verbindung zwischen dem Fach- und dem Machtpromotor her,

- weiß aufgrund seines diplomatischen Geschickes, wie Beteiligte anzusprechen und zu gewinnen sind,

- hilft, die Barriere des Nichtdürfens zu brechen.

Bei der Strategieentwicklung kann dieses Modell eingesetzt werden, um Zuständigkeiten oder Einbeziehungen bestimmter Stakeholder taktisch einzuplanen. Es bietet sich an, dieses Modell in Zusammenhang mit einer Kraftfeldanalyse oder bei der organisatorischen Verankerung und Vernetzung von Diversity zu berücksichtigen.

Die Identifikation von Handlungsfeldern stellt die intuitivste Form der Strategieentwicklung dar. Sie fragt direkt, welcher Ansatz erforderlich ist, einen bestimmten Umstand in die gewünschte Richtung zu verändern. Eine mögliche Strukturierung bieten die unterschiedlichen Auslöser von Veränderungen:

▶ Head: über rationale Mechanismen ein Umdenken erreichen

▶ Hand: über konkrete Anweisungen eine Verhaltensänderung herbeiführen

▶ Heart: über emotionale Erkenntnisse eine neue Einstellung erzeugen

Alle diese Ansätze bewirken – über unterschiedliche Zugänge – veränderte Denk-, Sicht- und Handlungsweisen. Mit Blick auf Diversity werden sie in Kapitel 8 weiter ausgeführt.

Weitere Strukturierungsmöglichkeiten bestehen im Rahmen systemischer Ansätze. So könnten im Bereich HR zum Beispiel die Handlungsfelder Personalbeschaffung und -entwicklung, Arbeitsformen, Führung und Performance Management identifiziert werden. Mit Blick auf Veränderungsmanagement können Handlungsfelder wie Bewusstmachung, Kompetenzausweitung, Verpflichtung zur Veränderung oder Ähnliche herausgebildet werden.

Von dem jeweiligen organisatorischen Kontext hängt ab, welche Strategien letztlich formuliert werden sollten, um auf Verständnis, Zustimmung und Unterstützung im Unternehmen zu stoßen. Etablierte Systematiken oder Sprachregelungen wiegen in diesem Falle schwerer als lehrbuchhafte Idealtypologien. Und schließlich wird es möglich sein, unter sehr unterschiedlichen Strategiebezeichnungen ähnliche Aktivitäten zu subsumieren. Insofern kommt der Strategieentwicklung auch die Aufgabe zu, möglicherweise wenig populäre Aktivitätsbereiche durch einen akzeptierten Rahmen besser verständlich zu machen.

Im Rahmen einer Fallstudie sollen nun mehrere der bisher beschriebenen Bausteine der Diversity-Implementierung als praktisches Beispiel dargestellt werden.

Microsoft Deutschland GmbH: Diversity ganzheitlich

von Anja Burkhardt und Juliane König

Mit einem umfassenden strategischen Ansatz setzt Microsoft Deutschland auf einen nachhaltigen Veränderungsprozess im Unternehmen

Bereits seit Ende 2001 ist Diversity bei Microsoft ein wichtiges Thema. Dem Unternehmen geht es dabei um die gesamte Bandbreite dieses Wortes, um gelebte und geschätzte Vielfalt.

Microsoft will seine MitarbeiterInnen ermutigen, Verschiedenartigkeit als wertvoll zu begreifen und, verbunden damit, ihr eigenes Potenzial voll zu realisieren. Die Anerkennung und Förderung unterschiedlicher individueller Werte, Lebens- und Arbeitsstile soll die gemeinsame Arbeitsumgebung bereichern.

Um diese Mission und die hoch gesteckten Ziele mit Leben zu füllen und Entwicklungen sichtbar zu machen, verfolgt das Unternehmen einen nachhaltigen Veränderungsprozess.

Ein bereichsübergreifendes Projektteam, zusammengesetzt aus Human Resources sowie Vertretern aus Management und ausgewählten Fachbereichen, entwickelte dazu für Microsoft Deutschland eine langfristige Diversity-Strategie.

In einer **Bestandsaufnahme** wurde zunächst untersucht, in welcher Form Diversity sich im Unternehmen ausdrückte, gelebt wurde oder wie sich das intern und extern wahrgenommene Bild hierzu darstellte. Im Fokus standen Ergebnisse aus der jährlichen Mitarbeiterbefragung, des Manager-Feedbacks als auch Analysen zur Mitarbeiterstruktur sowie Gespräche mit MitarbeiterInnen und externen Partnern.

Im Rahmen von anschließenden Strategie-Workshops wurde ein einheitliches Begriffsverständnis von Diversity entwickelt. Darauf aufbauend formulierte das Team **Vision** und **Ziele** für Microsoft Deutschland. Dies wurden mit dem Businessplan der Gesamtorganisation und den Unter nehmenswerten abgeglichen (**„Strategy Alignment"**).

Auf Basis der dabei erkannten strategischen Ansätze und Stoßrichtur gen sowie der vorangegangenen Bestandsaufnahme identifizierte da Team inhaltliche Schwerpunkte und Maßnahmen. Besonderen Wert wur de auf die Themen gelegt, die für das Unternehmen einen echten Nu zen („Value added") stiften, sei es im Hinblick auf die Steigerung de Kundenzufriedenheit oder die Erhöhung von Kreativität und Innovation: fähigkeit und damit Effektivität und Produktivität.

Ergebnis dieses Prozesses war schließlich ein Framework mit folgende Inhalten:

▶ Ziele,

▶ Fokusthemen,

▶ kurzfristige und lnagfristige Maßnahmen,

▶ Messgrößen und

▶ kritische Erfolgsfaktoren.

Fünf Fokusthemen haben sich für Microsoft herauskristallisiert. Diese sir „Cultural Attributes" – kulturelle Werte respektieren und schätzen, „R flecting Society" – gesellschaftliche Vielfalt widerspiegeln, „Working t gether" – Grenzen überschreiten, „Teaming" – Unterschiede und Vielfa in Teams vereinen und entwickeln sowie „Work-Life-Balance" – Ausgleic zwischen Arbeit, Freizeit und Förderung individueller Lebenskonzepte.

Dabei gilt es, sowohl langfristige Umsetzungsthemen anzugehen als au Themen zu definieren, die kurzfristige Umsetzungserfolge („Quick Hits versprechen.

Die dementsprechenden **Maßnahmen** zielen beispielsweise auf ei prozentuale Erhöhung des Anteils deutscher Führungskräfte im intern tionalen Management, die Förderung von internationalen Jobrotatio die Erhöhung des Frauenanteils im Management, die Integration von E hinderten, den verstärkten Einsatz von Mentoring-Programmen oder au die verstärkte Nutzung von Part-Time-Modellen.

Was macht diesen strategischen Ansatz für Microsoft erfolgreich?

Diversity wird als umfassender **Managementansatz** verstanden, der über bloßen Minderheitenschutz oder auch gut gemeinte Randgruppenförderung hinausgeht, um die Vielfalt und Verschiedenartigkeit der Mitarbeiter effektiv zu nutzen. Bewusst hat Microsoft seinen Ansatz ganzheitlich, langfristig und freiwillig angelegt. Microsoft setzt damit auf die Integration von Diversity auf allen Unternehmensebenen sowie auf langfristige kulturelle Änderungen im Unternehmen, die von allen MitarbeiterInnen getragen und als kreativ und positiv erlebt werden.

Das Topmangement hat dabei sowohl eine Führungsrolle als auch eine Vorbildfunktion, aber auch der einzelne Mitarbeiter kann als „Change Agent" wichtige Impulse geben. Hier heißt es, das Management und die MitarbeiterInnen in Workshops oder auch spezifischen Trainings für Diversity zu sensibilisieren.

Diversity wird als Transformationsprozess begriffen, in dem es, eingebettet in die Unternehmenswerte, um eine aktive Auseinandersetzung mit der Verschiedenartigkeit des anderen, um einen für alle Seiten gewinnbringenden Austausch von Ideen, Haltungen und Einstellungen geht. Besonderer Bedeutung gewinnen hierbei kommunikative Mittel, die den Dialog sowie die fortwährende Einbindung aller MitarbeiterInnen unterstützen und fördern.

Letztlich soll das gesamte Unternehmen von diesen Maßnahmen profitieren, ausgedrückt in hoher Kreativität und Innovationsfähigkeit und damit auch Effektivität und Produktivität genauso wie in hoher Kundenzufriedenheit und einem positiven Image als wahrgenommen diverses Unternehmen.

Diversity ist kein Selbstzweck. In der Unterschiedlichkeit der Ansichten, der Verhaltensweisen und Lebensentwürfe sowie der Vielfältigkeit von Ideen liegt eine Stärke der Microsoft-MitarbeiterInnen und damit auch eine Stärke von Microsoft selbst.

Lektion 6

Eine fundierte Grundlagenarbeit, die mit der Anbindung von Diversity an das Kerngeschäft beginnt, ist für den späteren Erfolg mit entscheidend. Dabei sollten Organisationen ein für sie spezifisches Verständnis für Diversity und ein klar strukturiertes Zielsystem entwickeln. Differenzierte Bestandsaufnahmen bilden den Ausgangspunkt für zu entwickelnde Strategien, die Grundlage für zu quantifizierende Verbesserungspotenziale und den ersten Messpunkt für später durchzuführende Erfolgsmessungen.

6.2 Umsetzung: Einführung und Mainstreaming von Diversity

Nachdem die Grundlagen einer Implementierung geschaffen wurden, erfolgt die eigentliche Umsetzung von Diversity in der Organisation. Die für eine nachhaltige Veränderung erforderlichen Aktivitäten lassen sich in zwei Mechanismen mit grundsätzlich unterschiedlichen Wirkungsweisen unterscheiden: Die Einführung von Diversity bringt das (neue) Thema in die Organisation ein, initiiert und fördert Veränderung. Je weiter die Entwicklung der Kultur fortschreitet, desto weniger Bedeutung kommt diesem Mechanismus zu. Das Mainstreaming von Diversity dagegen integriert und verankert Diversity in den Systemen der Organisation und bewirkt, dass sich nach und nach sämtliche Inhalte, Strukturen und Prozesse neutral gegenüber Unterschieden verhalten und die Potenziale von Vielfalt genutzt werden. Da die bestehenden Systeme einer Organisation in der Vergangenheit zur Entstehung von Monokulturen beigetragen haben, wie dies anhand organisationaler Präferenzen in Kapitel 4 gezeigt wurde, kommt dem Mainstreaming eine besondere Bedeutung zu, da sich sonst selbst erfolgreiche Veränderungen – systemisch bedingt – wieder zurückentwickeln können. Alle Implementierungsaktivitäten im Bereich Diversity lassen sich in einen der beiden Bereiche einordnen, wobei das konkrete Verständnis für die jeweilige Maßnahme entscheidend sein kann, wie das Beispiel „Training" zeigt. Spezifische Diversity-Trainings, zur Bewusstmachung oder Kompetenzvermittlung, stellen einen Baustein der Diversity-Einführung dar. Die Überprüfung von im Einsatz befindlichen Trainingsinhalten und -methoden auf ihre Relevanz und Effektivität für unterschiedliche Zielgruppen sowie die mögliche Ergänzung von (z.B. Diversity-)Inhalten bildet dagegen eine Maßnahme des Mainstreamings, da ein Teil des bestehenden Systems lediglich angepasst wird. An dieser Stelle wird auch deutlich, dass einerseits die Aktivitäten zur Einführung von Diversity im Zeitverlauf deutlich abnehmen, andererseits auch das Mainstreaming keine dauerhafte Aufgabe darstellt. Bis auf einen Rest kultureller und systemischer Instandhaltung zielt Diversity insofern darauf ab, sich selbst – nach etlichen Jahren intensiver Veränderungsarbeit – überflüssig zu machen. Dies erscheint vor allem mit Blick auf anhaltende Kostendiskussionen durchaus von Bedeutung.

Die beiden Implementierungsmechanismen Einführung und Mainstreaming lassen sich wiederum jeweils unterteilen.

Im Einführungsprozess werden verschiedene Arbeitsrichtungen unterschieden, die gleichermaßen von Bedeutung sind und in Kombination für eine effektive Implementierung benötigt werden. Die Top-down-Einführung geht von den obersten Führungskräften einer Organisation aus. Sie stellt den Bezug zum Kerngeschäft sicher, bietet Vorbilder und unterstreicht den klaren Willen und die feste Überzeugung der Organisation, neue Wege zu gehen. Die Bottom-up-Einführung geht von der Belegschaft aus. Die stellt die Einbindung der MitarbeiterInnen sicher, bietet Mitwirkungsmöglichkeiten und trägt dazu bei, dass die eingeschlagenen Wege zu umfassenden Verbesserungen für alle Beteiligten führen.

Das Diversity Mainstreaming unterscheidet verschiedene funktionale Unternehmensbereiche, in denen eine ganzheitliche Verankerung von Diversity erforderlich erscheint. Dabei handelt es sich vor allem um die Funktionen, die sich unmittelbar an Menschen richten: das HR-Management, die Unternehmenskommunikation und das Marketing (in einem breiten Verständnis inklusive Kundenbeziehungsmanagement).

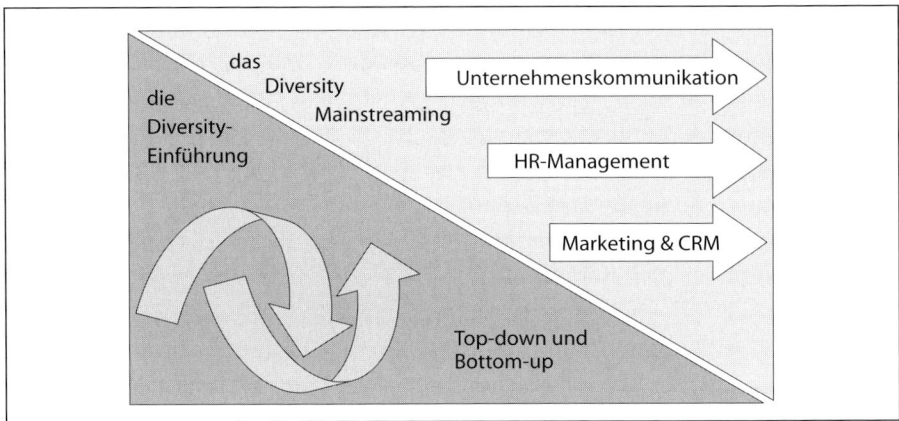

Abb. 6.2: Die Umsetzung von Diversity-Implementierungsstrategien
(Copyright: mi.st [Consulting)

Die im vorangegangenen Abschnitt vorgestellten Strategien bilden eine dritte Dimension in dieser Darstellung von Einführung und Mainstreaming. Entsprechend können sich Implementierungsaktivitäten innerhalb einer Strategie auf unterschiedliche Bereiche der Einführung und des Mainstreamings erstrecken. Betrachtet man beispielsweise den möglichen strategischen Ansatz „Anerkennung und Motivation für Diversity-Engagement", so kann sich eine effektive Maßnahme sowohl als Top-down- wie auch als Bottom-up-Ansatz darstellen. Die Anerkennung erfolgt von der Unternehmensführung, während das entstehende Engagement entweder Einführungscharakter „an der Basis" hat oder die tägliche Zusammenarbeit betreffen kann.

Ford-Werke AG:
Interne Auszeichnung für vorbildliches Verhalten

von Hans W. Jablonski, Diversity-Manager Deutschland

Ford zeichnet das Engagement der Mitarbeiterinnen und Mitarbeiter zu Diversity aus

Diversity ist bei Ford in Europa seit 1996 fester Bestandteil der allgemeinen Geschäftsstrategie. Die Definition von Diversity bei Ford ist weit gefasst und schließt alle Unterschiede der Mitarbeiterinnen und Mitarbeiter ein; also sichtbare und nicht-sichtbare wie Alter, Geschlecht, Hautfarbe, Nationalität, Religion, sexuelle Identität, Herkunft. Mittlerweile haben sich Mitarbeiterinnen und Mitarbeiter im Rahmen zahlreicher Diversity-Aktivitäten engagiert oder diese selbst initiiert oder organisiert.

Um dieses Engagement der Einzelnen als auch ganzer Gruppen und deren herausragenden Leistungen wertzuschätzen und als Vorbild hervorzuheben, ist die Ford-interne Auszeichnung des „Chairman Leadership Awards for Diversity" (CLAD) 2003 bereits zum dritten Mal verliehen worden.

Die Auszeichnung wird einmal jährlich in feierlichem Rahmen vom Chairman und CEO, Ford of Europe, mit Teilnahme des gesamten europäischen Seniormanagements übergeben. Sie würdigt Mitarbeiterinnen und Mitarbeiter aller Unternehmensbereiche, die sich mit ihren Leistungen und Verhaltensweisen um die Weiterentwicklung und Wertschätzung von Diversity im Unternehmen und das positive Miteinander der Kulturen im Arbeitsalltag verdient gemacht haben.

Der Preis ist Ausdruck des Grundsatzes, dass alle im Hinblick auf Diversity-Themen Vorbilder sein können – unabhängig von der Funktion im Unternehmen. Aber nicht nur große Projekte werden honoriert. Auch kleine Aktionen können einen großen Einfluss haben, beispielsweise wenn freiwillige Unterrichtsstunden für Kinder abgehalten werden, deren Muttersprache nicht Deutsch ist. Die Nominierungen können sich sowohl auf ein spezifisches Projekt als auch eine Aktionsreihe beziehen.

Die Nominierung kann in unterschiedlichen Kategorien erfolgen und bezieht sich auf außerordentliche Leistungen, die im Laufe des letzten Jahres erfolgten.

Die Preiskategorien stehen offen für Mitarbeiter/Mitarbeiterinnen als Einzelnominierung oder Teams,

▶ die als tägliches Vorbild andere inspirieren,

▶ die sich persönlich für Diversity eingesetzt haben,

▶ die Diversity erfolgreich vorleben.

Über das Internet bzw. die jeweiligen Personalstellen in den Werken können die Erläuterungen und Standardformulare angefragt werden.

Die unabhängige CLAD-Jury, die sich aus Ford-Managerinnen und Managern verschiedener Funktionen und europäischer Länder zusammensetzt, beurteilt die eingegangenen Nominierungen, die aus allen Teilen der Belegschaft und Europas kommen. In dieser Vielzahl und unterschiedlichen Herkunft dieser Nominierungen kann die Auseinandersetzung mit, das Interesse an und die Verbreitung von Diversity im Unternehmen erkannt werden. Im Jahr 2003 sind über 70 Nominierungen für Einzelpersonen oder Teams eingegangen. Während der letzten Jahre hat die Zahl der Nominierungen kontinuierlich zugenommen. Anhand festgelegter Kriterien erfolgt die Auswahl von Gold-, Silber- und Bronze-Auszeichnungen in den einzelnen Kategorien.

Der CLAD hat in den letzten Jahren an Bekanntheit gewonnen, was an der Zahl der Nominierungen festgemacht wird. Die Mitarbeiterinnen und Mitarbeiter sind stolz auf ihre Auszeichnung, die in vielen Fällen sichtbar am Arbeitsplatz aufgestellt wird. In einer Sonderveröffentlichung der unternehmenseigenen Zeitschrift „Ford Report" zum CLAD werden alle Nominierten genannt und deren Leistung beschrieben.

Einige Beispiele für CLAD-Preisträger:

▶ Die in Großbritannien aktive Mitarbeitergruppe Ford African Ancestry Network (FAAN) gewann einen Preis für ihre aktive Unterstützung von Diversity bei Ford und ihren Beitrag zu Unternehmensstrategien wie Markenpräsenz bei Zielgruppen, bürgerschaftliches Engagement und bester Arbeitgeber.

▶ Die „Türkische Mitarbeiter Gruppe" aus Köln erhielt eine Auszeichnung für die Mitgestaltung von interkulturellen Veranstaltungen im Rahmen der „Diversity & Worklife Woche 2002".

▶ Ein internationales Launch-Team aus Valencia gewann einen Preis für hervorragende Teamarbeit bei der Entwicklung eines neuen Fahrzeugmodells. Trotz großer Unterschiede bei Sprache, Kultur und Arbeitsmethoden waren alle Teammitglieder auf allen Ebenen vom Designentwurf bis zur Markteinführung integriert.

► Ein Mitarbeiter aus Bordeaux gewann eine Auszeichnung für seinen Beitrag zu mehr Bewusstsein zu Diversity. Er organisierte mit dem Verein „Treffpunkt der Kulturen" Ausstellungen und Aktionen im Werk zum Thema kulturelle Vielfalt.

Der „Chairmans Leadership Award for Diversity" gewinnt für die Mitarbeiterinnen und Mitarbeiter bei Ford in Europa immer mehr an Bedeutung. Darüber hinaus bekommt das Seniormanagement in direktem Kontakt mit den Nominierten und Preisträgern vermittelt, wie sich das Engagement zu Diversity aus der Belegschaft darstellt und entwickelt.

Gruppenfoto der PreisträgerInnen des „Chairman Leadership Awards for Diversity"
(Copyright: Ford-Werke AG)

Diversity-Einführung „Top-down"

Von der Unternehmensführung ausgehende Einführungsaktivitäten erfüllen wesentliche Funktionen in Zusammenhang mit der Implementierung von Diversity. Sie können richtungsweisend, beispielgebend, motivierend, regulierend und erklärend sein. Diese Funktionen werden durch unterschiedliche Top-down-Maßnahmen wahrgenommen, zum Beispiel:

► Policies oder Betriebsvereinbarungen

► Zielvereinbarungen

► Pilotprojekte mit Beteiligung des Topmanagements (Sponsor, Champion)

► Ansprachen oder andere Kommunikationsformen

► Auszeichnungen oder Trainings von Führungskräften

Insofern kommt einem Engagement des Topmanagements eine besondere Bedeutung zu. Dies erscheint nahe liegend, wenn Diversity – dem hier vorgestellten Modell folgend – eng in den Business-Kontext eines Unternehmens eingebunden und ganzheitlich ausgerichtet ist und ferner die Steigerung des Erfolges mittels eines strategischen Veränderungsprozesses das Ziel darstellt. Dennoch muss diesem Aspekt von Anfang an eine hohe Aufmerksamkeit gewidmet werden, denn die bloße Unterzeichnung einer „Policy" bildet noch kein glaubwürdiges Engagement.

Dennoch weisen klare Handlungsanweisungen bzw. Richtlinien eine hohe Bedeutung für die Umsetzung von Diversity auf. Mit Blick auf die künftige Antidiskriminierungsgesetzgebung stellen sie beispielsweise eine präventive Maßnahme dar, über die sich Arbeitgeber in Diskriminierungsfällen teilweise exkulpieren können. Als konkrete Formen bieten sich einerseits eine Policy, andererseits eine Betriebsvereinbarung an. Die angedrohten Sanktionsmechanismen bei Nichteinhaltungen können bis zur Androhung einer Entlassung reichen. Weiterhin bieten sich direkte Beschwerdewege außerhalb der Hierarchie an, um die Effektivität von Policies zu steigern.

Ein weiteres effektives Instrument der Top-down-Einführung stellen Zielvereinbarungen zu Diversity dar. Idealerweise beginnen diese bei der Unternehmensspitze und setzen sich kaskadenförmig in der Organisation fort. Hierbei verpflichten sich Manager dazu, aktiv zur Einführung von Diversity beizutragen, entweder in Rahmen ihres eigentlichen Verantwortungsbereiches oder im Rahmen von Projektarbeit innerhalb oder außerhalb des Unternehmens. Wie bei Zielvereinbarungen üblich, sollte ein Teil des Gehaltes an die Zielerreichung gekoppelt werden.

Im Rahmen einer Fallstudie wird das Zusammenwirken von Betriebsvereinbarung und Zielvereinbarung anschaulich verdeutlicht.

DaimlerChrysler AG: Implementierung der Betriebsvereinbarung zur Förderung von Frauen

von Heike Tyrtania

Ende 2000 verabschiedete die DaimlerChrysler AG eine „gemeinsame Erklärung zur Chancengleichheit" für Deutschland zur Konkretisierung und lokalen Umsetzung des weltweit gültigen Diversity-Statements. Die Erklärung enthält fünf Handlungsfelder: Förderung von Frauen, Vereinbarkeit von Beruf und Familie, Beschäftigung von Menschen mit Behinderungen, Umgang mit unterschiedlichen Nationalitäten sowie Angebot unterschiedlicher Beschäftigungsformen.

Anhand des Handlungsfeldes „Förderung von Frauen" soll im Folgenden die erfolgreiche Implementierung eines Teilbereiches von Diversity exemplarisch dargestellt werden.

Einer der wesentliche Führungsgrundsätze der DaimlerChrysler AG ist **„Führung durch Ziele"**. Eines der dabei durchgängig angewandten Führungsinstrumente sind Zielvereinbarungen. Ausgehend von der Konzernstrategie werden durch die Konkretisierung der strategischen Ziele die kritischen Erfolgsfaktoren ermittelt. Jede organisatorische Einheit leitet daraus ihre spezifischen Ziele und somit Zielvereinbarungen ab. Die Verzahnung von strategischer und operativer Führung erfolgt durch die Kopplung von Zielvereinbarung und Incentivierung.

Ein zweiter wichtiger Führungsgrundsatz ist **„dezentrale Verantwortung"**. Die Unternehmenseinheiten, Geschäftsbereiche und Standorte agieren in hohem Maße eigenverantwortlich. Die gemeinsame Ausrichtung dieser Einheiten auf den Konzernerfolg und die Anbindung an Konzernstrategie und Unternehmensziele wird durch die Integration in Zielvereinbarungen sichergestellt.

Voraussetzung für die erfolgreiche Implementierung der Betriebsvereinbarung „Förderung von Frauen" war, dass sie zu diesen Führungsgrundsätzen passt und nachhaltig in den Führungsprozess integriert wurde.

In der Betriebsvereinbarung zur „Förderung von Frauen in der Daimler-Chrysler AG" wurden Zielkorridore für das Jahr 2005 verankert. Diese Zielkorridore unterstützen die strategische Ausrichtung der Unternehmenseinheiten und damit die Einbindung in den Unternehmensführungsprozess. Das Handlungsfeld „Förderung von Frauen" wird dadurch mess- und steuerbar.

Die **Zielkorridore** stellen eine Bandbreite dar, die für das Gesamtunternehmen bis 2005 erreicht werden sollen:

▶ 12,5–15 % der aktiven Belegschaft sind Frauen.

▶ 18–20 % Frauen sind in der Ausbildung,

▶ 9–11 % Frauen sind in der technischen Ausbildung.

▶ 8–12 % der Führungspositionen der Ebene 4 sind mit Frauen besetzt.

Im Rahmen eines definierten Umsetzungs- und Steuerungsprozesses, der konkrete zentrale und dezentrale Verantwortlichkeiten fixiert, ist jede dezentrale Einheit verpflichtet, einen **Beitrag** zur Erreichung der übergeordneten Zielkorridore zu leisten. Jeder Geschäftsbereich und jede Abteilung hat dabei, ausgehend von der eigenen Ist-Situation, die Möglichkeit, Schwerpunkte zu bestimmen, Ideen umzusetzen und passende Vorgehensweisen zu wählen. Es gibt kein Standardprogramm; die einzelnen Beiträge zum Erreichen des Zielkorridors können sich sehr unterschiedlich gestalten. Für das Handlungsfeld „Förderung von Frauen" ist also die dezentrale Verantwortung gegeben.

Gruppenfoto der Teilnehmerinnen am Girls' Day – Mädchenzukunftstag – der DaimlerChrysler AG (Copyright: DaimlerChrysler AG)

Eine zentrale Steuergruppe, die sich aus Führungskräften des Topmanagements der Geschäftsbereiche und des Personalbereichs sowie BetriebsrätInnen zusammensetzt, begleitet den Umsetzungsprozess durch quantitatives und qualitatives Reporting, Feedbacks an die Geschäftbereiche und den Vorstand sowie die Veröffentlichung von Best-Practice-Beispielen. Sie stellt dadurch die Erreichung der übergeordneten Zielkorridore sicher.

Die Erfolge dieses Implementierungs- und Veränderungsprozesses zeigen sich in vielfältiger Form. Es besteht eine breite Unterstützung innerhalb des Unternehmens durch alle Führungskräfte und Mitarbeiter. Es wurde eine große Bandbreite an Aktivitäten (wie z.B. Großevents für Frauen, Kooperationsprojekte mit Universitäten, Tage der offenen Tür in der Ausbildung, Netzwerkveranstaltungen für Frauen in der Produktion, Mentoring-Programme, neue Ausbildungsbroschüren etc.) gestartet. Und besonders erfreulich: Der Anteil von Frauen steigt in allen Bereichen, die Zielkorridore werden aus heutiger Sicht im Jahr 2005 erreicht.

An diesem Beispiel wird unter anderem deutlich, dass Zielvorgaben bezüglich der Repräsentation bestimmter Gruppen nicht mit Quoten gleichzusetzen sind. Dies gilt jedoch nur, wenn derartige „Targets" nicht gleichförmig als Vorgabe an die nächste Hierarchiestufe weitergegeben werden, sondern – zum Beispiel durch dezentrale Verantwortung – die kreative Umsetzung der Vorgabe gefördert wird.

Kreatives Engagement stellt auch bei Pilotprojekten mit Topmanagement-Beteiligung einen wichtigen Aspekt dar. So bietet es sich an, dass ein Mitglied der ersten Führungsebene als erster Helfer eines karitativen Projektes auftritt oder Sponsor eines neuen Mitarbeiternetzwerkes, zum Beispiel für Migranten, wird. Solch persönliches Engagement sollte sich auch in der internen Kommunikation widerspiegeln. So gelten Präsentationen und Reden zum Thema Diversity und, ebenso wichtig, die Nennung und Einbindung von Diversity in allgemeine Geschäftspräsentationen als Erfolgsfaktor. In diesem Zusammenhang kann die Bedeutung von Vielfalt für das Erreichen der Unternehmensziele beschrieben und dargelegt werden, welchen (neuen) Umgang mit Unterschieden die Organisation anstrebt.

Der Kontakt mit und die Einbindung von Führungskräften kann besonders effektiv im Rahmen von Staff-Meetings, Führungskreisen oder größeren Führungskräfteveranstaltungen erfolgen. Mit diesem Instrument befasst sich das folgende Fallbeispiel.

VW Financial Services AG: Führungskräfteevent: Kundenorientierung – Internationalität – Diversity

von Barbara Rupprecht

Die Volkswagen Financial Services AG (VW FS AG) ist der Finanzdienstleister (Bank, Leasing, Versicherung) des Volkswagen Konzerns und hat ihren Sitz in Braunschweig. Derzeit sind bei der VW FS AG weltweit ca. 5.000 Mitarbeiterinnen und Mitarbeiter beschäftigt, davon ca. 3.200 in Deutschland.

Um das Thema Chancengleichheit strategisch am Kerngeschäft und an zukünftigen demographischen und wirtschaftlichen Entwicklungen auszurichten, wurde Anfang 2002 vom VW FS Vorstand das Fachreferat Diversity Management eingerichtet.

Die Bedeutung und Zielsetzung von Diversity

Diversity heißt für VW Financial Services „Vielfalt im Unternehmen leben". Hiermit verbindet das Unternehmen eine Reihe von zentralen Aspekten: ein Klima der Offenheit und Akzeptanz schaffen, die Vielfalt in der Belegschaft fördern und nutzen, auf Basis international einsetzbarer Leitlinien die Chancengleichheit aller gewährleisten, die Zusammenarbeit über Grenzen hinweg stärken. Dieser Ansatz dient dem übergeordneten Ziel, mit einer interkulturell aufgeschlossenen und kompetenten Belegschaft vielfältige Kunden bestmöglich zu gewinnen und zu binden.

Die Umsetzung von Diversity

Die Implementierung des Diversity-Gedankens im Unternehmen ist die Kernaufgabe der betrieblichen Funktion „Diversity Management". Hierbei geht es zunächst um die Schaffung eines Bewusstseins für Diversity und darum, die Potenziale einer entsprechenden Kulturveränderung darzulegen. Um in diesem Prozess wirksam voranzukommen, werden zwei Ansätze parallel verfolgt: sowohl die Top-down- als auch die Bottom-up-Einführung von Diversity.

Mit dem Bottom-up-Ansatz wird das Ziel verfolgt, sukzessive die gesamte Belegschaft in den Veränderungsprozess zu involvieren. Neben Veröffentlichungen in der Mitarbeiterzeitschrift und im Intranet wurden in einem ersten Schritt – im Sinne von „Networking" – mehrere Interessengruppen initiiert. Ziel dieser Netzwerke ist es, Informationen über verschiedene Aspekte von Diversity zu vermitteln, das Thema in den jeweiligen Zusammenhängen zu diskutieren, Erfahrungen auszutauschen und Ideen für weitere Ansatzpunkte effektiver Veränderung zu sammeln.

Führungskräfteevent

Der Top-down-Ansatz wurde, nach einer Präsentation des Diversity-Konzeptes im Vorstand, mit einer Kick-off-Veranstaltung für das gesamte Management der VW FS AG (ca. 145 Personen) angestoßen. Das Thema der fünfstündigen Veranstaltung lautete „Kundenorientierung – Internationalität – Diversity". Mit folgenden Statements zu Diversity wurden die Teilnehmer richtungsweisend auf diesen Halbtag eingestimmt:

▶ **Diversity**
Die Vielfalt in unserer Belegschaft ist unsere Stärke. Es gilt, diese zu nutzen und zu entwickeln, damit wir weiterhin erfolgreich sind. Die Wertschätzung von Vielfalt kann zu einer größeren Offenheit und Flexibilität führen und so unsere Arbeit in neuen Strukturen, Prozessen, mit neuen Kollegen und im internationalen Kontext verbessern. Diversity ist ein wesentliches Element unseres Change-Prozesses.

▶ **Kundenorientierung**
Diversity bringt Vorteile durch ein differenziertes Customer-Relationship-Management und Vorteile in der Marktabdeckung durch Aufzeigen bislang unbeachteter Absatzchancen.

▶ Internationalität

Die Förderung des interkulturellen Verständnisses verbessert die Zusammenarbeit – nicht nur – mit ausländischen Unternehmen(-szweigen) und anderen Kulturen.

Die Veranstaltung gab den TeilnehmerInnen Gelegenheit, an der konsequenten Ausrichtung von Diversity an den Geschäftszielen, strategischen Erfordernissen und Herausforderungen der VW Financial Services mitzuwirken.

Zum Auftakt der Veranstaltung wurde ein Referat zum Thema „The Diversity of Diversity – vom Automobilhersteller zum Mobilitätsdienstleister" gehalten. Es behandelte die Aspekte: Vielheit als Problem oder Chance? – Globalisierung, einmal anders – Rolle des Wissens.

Im Anschluss wurde den Teilnehmern mittels metrischer Übungen verdeutlicht, wie viel Vielfalt sich allein im Plenum befindet. Danach führte der Film „Im Land der Pinguine" vor Augen, wie stark Schubladendenken in Unternehmen verbreitet ist, und zeigt, wie Teamwork, Kreativität und die Fähigkeit, hinter Stereotype und Vorurteile zu blicken, allen die Gelegenheit gibt, zum Erfolg des Unternehmens beizutragen.

Eine Kartenübung regte die Teilnehmer an, über den Tellerrand zu schauen und das Gehörte und Erlebte gedanklich weiterzuführen.

Das Kernstück der Veranstaltung bildeten fünf parallele Workshops zu den Themen: Internationalität, Kundenorientierung, Information & Kommunikation, (internationale) Integration, Einheit & Vielfalt. Zur Einführung wurde jeweils ein kurzes Referat von Experten des Unternehmens gehalten. Die sich daran anschließende Aufgabenstellung umfasste die Einschätzung der Situation im Unternehmen, Verbesserungsvorschläge für das Unternehmen und mögliches Engagement des Managements. Nach Beendigung der Workshops wurden die Ergebnisse im Plenum vorgestellt und diskutiert.

In der Zusammenfassung der Ergebnisse zeigte sich, dass trotz der unterschiedlichen Workshop-Themen eine Häufung ähnlicher Veränderungsideen, Verfolgungsansätze und Umsetzungswünsche zu verzeichnen war.

Am Ende des Nachmittags bot eine Wandzeitung den Teilnehmern die Möglichkeit, ihre Eindrücke, wichtigsten Erkenntnisse, Ideen und offene Fragen festzuhalten. Die Eintragungen zeigten, dass das Ziel der Veranstaltung, Bewusstsein für die Bedeutung des Diversity-Ansatzes in der VW FS AG zu schaffen, erreicht worden war.

Zusammenfassung und Ausblick

Neben zusätzlichen Impulsen erhielt Diversity Management aus dem Financial-Forum die Bestätigung, mit den bereits initiierten und noch geplanten Vorhaben auf dem richtigen Weg zu sein. Die Ergebnisse zeigten, dass der internationale Aspekt eine hohe Wichtigkeit für das Management hat. Auf diesem Gebiet verstärkte Diversity Management seine Aktivitäten und stellte erstmalig auf einer Zusammenkunft der europäischen HR-Vertreter das Thema Diversity zur Diskussion, was bei den Teilnehmern auf großes Interesse stieß.

Zur ausgedehnten Ideenfindung wurde eine Interessengruppe der Ex- und Impatriates gegründet. Auch wurden verschiedene Veranstaltungen zur Sensibilisierung des interkulturellen Bewusstseins durchgeführt. Des Weiteren erhalten neu zusammengestellte Projektgruppen – beginnend im IT-Bereich – Teambildungsmaßnahmen, bei Bedarf auch mit interkultureller Schulung. Vereinzelt kam es auch schon zu einem internationalen Mitarbeiteraustausch über einen kürzeren Zeitraum (bis zu einem halben Jahr).

Um einen Überblick über die Situation von Frauen im Unternehmen zu erhalten, wurde mit einem Gleichstellungsaudit begonnen. Das Ergebnis wird zeigen, welche Maßnahmen ergriffen werden müssen, damit auch

Führungskräfteevent der VW FS AG (Copyright: VW FS AG)

im Management mehr Vielfalt zum Erfolg des Unternehmens beitragen kann. Gender Workshops für das Management und Selbstbehauptungstrainings – zunächst für Frauen – werden bereits angeboten.

Darüber hinaus arbeitet Diversity Management mit der Marketingabteilung zusammen, um mit dieser „noch nicht entdeckte" Kundengruppen in Augenschein zu nehmen. So kam es beispielsweise zu einer Anzeigenserie in einschlägigen Magazinen für Lesben und Schwule.

Nicht zuletzt arbeitet Diversity Management daran, dass die Diversity-Aktivitäten auch in der Öffentlichkeit bekannt werden. Eine Bewerbung um den Max-Spohr-Preis und als einer der besten 100 Arbeitgeber Deutschlands sind in dieser Hinsicht richtungsweisend.

Als weiterer Baustein der Top-down-Einführung von Diversity werden, meist nach der Einführung von Policies und nach ersten Managementevents, Führungskräftetrainings zur Bewusstmachung (Awareness Workshops) oder zur Kompetenzausweitung (Diversity Skill Building Workshops) durchgeführt. Training ist ein zentrales und vielseitig einsetzbares Instrument, um Diversity im Unternehmen zu integrieren. Der Ablauf dieser Trainingsaktivitäten kann in zwei Phasen unterteilt werden: „In der Phase der Bewusstseinsbildung wird mit den Trainingsteilnehmern über die Bedeutung von Diversity für das Unternehmen diskutiert, es werden unternehmensspezifische Begriffe definiert und von zum Beispiel rechtlichen Inhalten abgegrenzt. Die Phase des Methodenlernens wendet sich in erster Linie an Manager. Ihnen werden Kenntnisse über den Führungsstil in divers zusammengesetzten Arbeitsgruppen vermittelt. Es werden Fragen zum Coaching und Führen von Mitarbeitern beantwortet."[6]

Dabei kann Diversity im Rahmen eines eigenständigen Trainings (ein bis vier Tage für mittlere bzw. obere Führungskräfte) oder als Teil der Managemententwicklung/-weiterbildung (mehrere halb- bis eintägige Bausteine) thematisiert werden. Dem Grundgedanken der Top-down-Einführung folgend, sollten Trainings nicht nur den Führungskräften vorbehalten bleiben, sondern in der Folge, in geeignetem Rahmen und Umfang, allen Mitarbeitern zugute kommen. Für mehrere der vorgenannten Aspekte dient das folgende Fallbeispiel als Illustration.

---

6   Köhler-Braun, Katharina (1999), S. 189.

Air Products:
„Deliver the Difference"

Air Products ist eines der weltweit größten Industriegasunternehmungen und Zulieferer von Wasserstoff, Helium und ausgewählten chemischen Werkstoffen für die industrielle Produktion. Bei der Gasversorgung der Elektronik- und Halbleiterindustrie ist das Unternehmen Weltmarktführer. Air Products erzielte im Geschäftsjahr 2002 mit 17.200 MitarbeiterInnen in 30 Ländern einen Jahresumsatz von 5,4 Milliarden US-Dollar. In Deutschland wird Air Products vertreten durch Air Products GmbH, Technische Gase, Air Products Polymers (APP), Chemische Produkte und Air Products Medical.

Die Bedeutung von Diversity für Air Products

Air Products verfolgt weltweit eine Strategie unter dem Titel „Deliver the Difference". Diese beschreibt, dass sich das Unternehmen das ehrgeizige Ziel gesetzt hat, das beste Unternehmen zu sein, für das sich die Mitarbeiter entscheiden, und das beste Unternehmen für Kunden und Anteilseigner. Die Strategie basiert auf dem Engagement der Mitarbeiter. Nur mit deren Enthusiasmus und ihrer Einzigartigkeit kann Air Products auch in Zukunft erfolgreich sein. Die Kundenbeziehungen sollen dadurch gekennzeichnet sein, dass AP das bestmögliche Verständnis für Kundenbedürfnisse aufbringt und die nötige Innovationskraft aufweist.

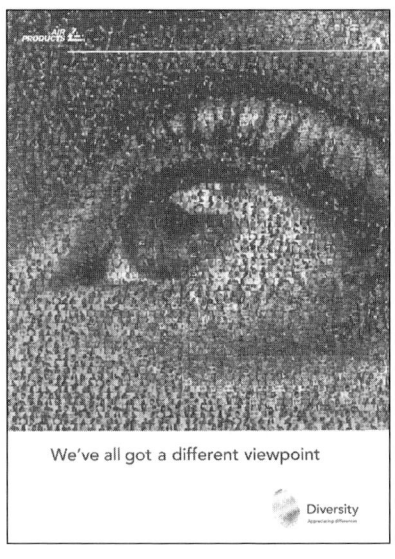

Air-Products-Motiv
„We've all got a different viewpoint"
(Copyright: Air Products)

Die Anteilseigner sollen dadurch gebunden werden, dass Rendite- und Wachstumsziele erreicht werden. Diversity stellt einen festen Bestandteil dieser Strategie dar. Dies wird durch die Diversity-Vision illustriert: „Air Products bietet ein Arbeitsumfeld, in dem Sie sich voll entfalten können und so wertgeschätzt werden, wie Sie sind." Das Anstreben dieser Vision unterstützt direkt die oben genannte Strategie, deren Kern die Belegschaft mit ihren Fähigkeiten darstellt.

Diversity Awareness Workshops

We've all got something to say

Diversity

Air-Products-Motiv
„We've all got something to say"
(Copyright: Air Products)

Zentraler Bestandteil der Umsetzung von Diversity stellen Diversity Awareness Workshops dar, an denen alle MitarbeiterInnen von Air Products teilnehmen. Bis Mitte 2003 haben bereits 14.000 MitarbeiterInnen weltweit diese Gelegenheit wahrgenommen.

Das Training wurde in den USA konzipiert und zunächst dort durchgeführt. Anschließend erfolgte eine Anpassung an die Region „Europa" (teilweise Nicht-EU-Länder). Dabei folgt der Diversity Awareness Workshop einem paneuropäischen Ansatz. Charakteristisch dafür ist die Beibehaltung wesentlicher Kernelemente, insbesondere zentraler Lernkonzepte, über alle Regionen und Länder (weltweit) hinweg, bei gleichzeitiger Modifikation mit Blick auf regionale oder nationale Besonderheiten, zum Beispiel mit Blick auf Reihenfolge, Darstellungen oder Sprachwahl. In Europa koordiniert ein Senior-Project-Manager die gesamte Umsetzung von Diversity in allen 15 Ländern, in denen Air Products tätig ist. Er stellt gleichzeitig die Brücke zur globalen Ebene (Muttergesellschaft in den USA) dar.

Bevor alle MitarbeiterInnen am Diversity Awareness Workshop teilnehmen konnten, wurden zunächst in allen Ländern das jeweilige Topmanagement aller Geschäftsbereiche in die Umsetzung des Trainings einbezogen. Die ManagerInnen erhielten ein spezielles zwei- bis dreitägiges Training und arbeiteten die Bezüge zu ihren jeweiligen Geschäftsstrategien aus. Die folgende zeitliche und räumliche Umsetzung orientierte sich an nationalen Erfordernissen und Rahmenbedingungen. Insgesamt wurde so erreicht, dass der verpflichtende Roll-out dieses Trainings als Mehrwert und als Bestandteil des Kerngeschäftes und der Umsetzung der Konzernphilosophie „Deliver the Difference" gesehen wurde.

Die Durchführung der Diversity Awareness Workshops erfolgt mit Unterstützung nationaler, externer Diversity-Spezialisten und interner Trainer.

Das Ziel der Workshops besteht darin, Bewusstsein für Diversity zu schaffen. Daher gehören zu den inhaltlichen Eckpunkten des Trainings: Wahrnehmung, die Vielfalt von Diversity, das Erleben von Anderssein und Gruppenzugehörigkeit, kulturelle Prinzipien mit Blick auf die Gruppendynamik in multikulturellen Umfeldern, persönliche Vorurteile, organisationale Präferenzen sowie der Akkumulationseffekt. Als Instrumente für den Workshop dienen Einzelübungen, Gruppenübungen, Simulationen, Videos und Diskussionen in der Gesamtgruppe. In jedem Training präsentiert ein Mitglied des Topmanagements seine persönliche Sichtweise von Diversity. Auf Basis der Bewusstseinsschaffung für Diversity enden die Veranstaltungen mit konkreten Maßnahmenplanungen sowohl für das Unternehmen als auch für die einzelnen TeilnehmerInnen.

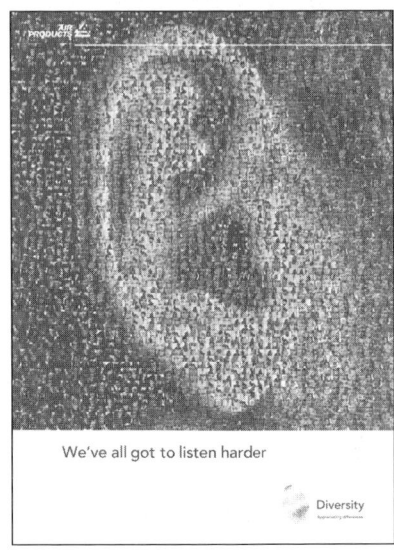

Air-Products-Motiv
„We've all got to listen harder"
(Copyright: Air Products)

Um die Inhalte der Workshops im Anschluss an die Veranstaltung erneut aufzugreifen und weiter zu vertiefen, werden diese zusätzlich über weitere Instrumente kommuniziert. Gesprächsrunden verdeutlichen die globale Umsetzung von Diversity, regelmäßige Artikel in Mitarbeiterzeitschriften beschreiben den Diversity-Prozess und konkrete Diversity-Folgeprojekte. Das Intranet dient dazu, spezifische Informationen zu geben und lokale Ansprechpartner zu benennen. Von herausragender Bedeutung ist ein Poster in drei Varianten, welche drei der Kernbotschaften der Trainings im ganzen Unternehmen präsent halten: „We've all got something to say", „We've all got to listen harder" und „We've all got a different viewpoint" (vgl. Abbildungen). Die Besonderheit der Motive besteht in der Zusammensetzung aus vielen kleinen Individualbildern von Menschen. Dadurch wird deutlich, dass die richtige Kombination von Vielfalt zu einem größeren gemeinsamen Erfolg führt. Die Diversity Awareness Workshops stellen den ersten Schritt einer Kulturveränderung dar, die darauf abzielt, das Unternehmen mit der Strategie „Deliver the Difference" auch in der Zukunft erfolgreich zu führen.

Mit einem Trainingsansatz, der nach und nach die gesamte Belegschaft erreicht, entsteht an dieser Stelle der Übergang zur Bottom-up-Einführung.

Diversity-Einführung „Bottom-up"

Das Verhalten und der Umgang in der Belegschaft bestimmen zu einem großen Teil die Unternehmenskultur. Mit dem Ziel, diese weiterzuentwickeln, streben daher Instrumente der Bottom-up-Einführung einerseits die Einbindung und Einbeziehung der MitarbeiterInnen in den Veränderungsprozess an. Effektive Maßnahmen hierzu sind vor allem Trainings und die Mitarbeiterkommunikation. Andererseits bestehen in Organisationen, die monokulturelle Anzeichen aufweisen, ungleiche Chancen für Angehörige von Insider- und Outsidergruppen. Daher zielen weitere Instrumente der Bottom-up-Einführung darauf ab, tendenziell benachteiligten Gruppen vergleichbare Unterstützungsstrukturen zur Verfügung zu stellen, wie sie Insidergruppen (unbewusst) selbstständig aufbauen und unterhalten. In diesem Zusammenhang sind vor allem MitarbeiterInnennetzwerke und das Mentoring zu nennen.

In Anknüpfung an das zuletzt vorgestellte Top-down-Instrument „Führungskräftetraining" sollen zunächst Diversity-Trainings näher betrachtet werden. Wie bei der Entwicklung anderer Weiterbildungsmaßnahmen erscheinen folgende Überlegungen angebracht:

▶ die Trainingsbedarfsermittlung auf Basis der vorgenommen Ist-Analyse (vgl. entsprechender Abschnitt in diesem Kapitel),

▶ die Auswahl der TeilnehmerInnen und die geeignete Zusammensetzung der Gruppen unter Berücksichtigung der entwickelten Diversity-Strategie (siehe oben),

▶ die Auswahl der Trainingsinhalte und -methoden mit Blick auf die Ausgangssituation und die Zielsetzungen, die Diversity verfolgt (siehe oben),

▶ die Auswahl der TrainerInnen unter Berücksichtigung derer Diversity-Expertise,

▶ die Erfolgskontrolle mittels geeigneter Output-Übungen und Evaluationsabfragen.

Bereits genannt wurden zwei häufige Arten von Diversity-Trainings: Bewusstmachungs-Workshops (Awareness-Training) und Kompetenzausweitungs-Workshops (Skill-Building-Training).

Awareness-Trainings gehen von der Annahme aus, dass vielen Organisationsmitgliedern das Ausmaß an Vielfalt im Unternehmen nicht bewusst ist und sie bisher keine Benachteiligungen aufgrund des Vorhandenseins eines bestimmten

Merkmals bzw. aufgrund der Zugehörigkeit zu einer bestimmten Gruppe erkennen. In den Trainings sollen die TeilnehmerInnen daher

▶ „erkennen, welche Bedeutung Managing Diversity für den Erfolg der Organisation haben kann,

▶ Kenntnisse über die derzeitige und zukünftige Zusammensetzung der Beschäftigten erwerben,

▶ für das Vorhandensein von Vielfalt – auch jenseits der ‚klassischen' Merkmale wie ethnische Zugehörigkeit oder Geschlecht – sensibilisiert werden,

▶ sich darüber bewusst werden, welche Werte und Einstellungen sie gegenüber anderen Menschen haben und wie diese ihr Verhalten beeinflussen,

▶ erkennen, welche Rolle ‚Andersartigkeit' in ihrem Arbeitsumfeld spielt und zu welchen Benachteiligungen sie führt."[7]

Die Skill-Building-Trainings vermitteln den TeilnehmerInnen konkrete Fähigkeiten, die für die Zusammenarbeit in einer heterogenen Belegschaft und im Geschäftskontakt mit einer heterogenen Umgebung erforderlich sind. Daher sollen die TeilnehmerInnen als Folge des Trainings

▶ ihre Kommunikation mit Menschen anderer kultureller Zugehörigkeit verbessern,

▶ effektiver mit auftretenden Konflikten umgehen,

▶ flexibel agieren, um bezüglich sich verändernder Bedingungen anpassungsfähig zu bleiben.

Skill-Building-Trainings können bei TeilnehmerInnen in ihrem individuellen Veränderungsprozess als Beitrag zu einer Diversity-Kultur unterstützen und unmittelbar zur Steigerung des Erfolges einer Organisation beitragen, wie das folgende Fallbeispiel zeigt.

Senatsverwaltung Berlin: Stadt der Vielfalt

von Claus Nachtwey

Berlin – Stadt der Vielfalt ist ein EU-Projekt, in dem Mitarbeiterinnen und Mitarbeiter der Berliner Verwaltung für den Umgang mit unterschiedlichen Menschen sensibilisiert werden sollen. Dieses „Managing-Diversity"-

---

7 Emmerich, Astrid; Krell, Gertraude (1998), S. 374.

174

Konzept hat das Ziel, auf allen Ebenen der Verwaltung eine Organisationsstruktur zu entwickeln, in der die Vielfalt unter den Mitarbeiterinnen und Mitarbeitern sowie gegenüber den Kunden als Bereicherung empfunden wird. Ziel ist, dass so Dienstleistungen in der Verwaltung bedarfsgerecht den spezifischen Kundengruppen (Frauen, Behinderten, Lesben und Schwule, alte Menschen, Migranten usw.) angeboten werden können.

Hintergrund

Zur Umsetzung der EU-Richtlinien[8] für Gleichbehandlung ohne Unterschied der Rasse oder der ethnischen Herkunft und für die Gleichbehandlung im Beruf wird die Bundesrepublik, wie alle Mitgliedsländer, verpflichtet, Antidiskriminierungsgesetze zu erlassen. Zur Begleitung des Umsetzungsprozesses hat die EU-Kommission ein Aktionsprogramm zur Anerkennung der Vielfalt, zur Förderung der Gleichbehandlung von Minderheiten und zum Abbau von Diskriminierungen verabschiedet. Damit sollen die öffentlichen Behörden über den Inhalt der Richtlinie informiert und durch spezifische Maßnahmen sensibilisiert werden.

In diesem Sinne wurde vom Centre Européen Juif d'Information (CEJI) in Brüssel und vom Northern Ireland Council for Ethnic Minorities (NiCEM) in Belfast ein Diversity-Projekt entwickelt, das derzeit in drei europäischen Städten, Belfast (Nordirland), Altea (Spanien) und Berlin, umgesetzt wird. Für die Koordination und Umsetzung in Berlin trägt das Büro des Integrations- und Migrationsbeauftragten des Senats die Verantwortung und wird unterstützt durch die Nichtregierungsorganisationen Eine Welt der Vielfalt e.V., LesMigraS e.V., KomBi e.V., der Bund gegen ethnische Diskriminierung in der Bundesrepublik e.V. sowie der Türkische Bund in Berlin-Brandenburg e.V. Die verwaltungsinterne Steuerungsrunde setzt sich aus Vertretern der Fachverwaltungen, dem Landesbeauftragten für Behinderte, den Frauenvertreterinnen der Senatsverwaltungen, einem Vertreter des Fachbereichs für gleichgeschlechtliche Lebensweisen und aus einer Vertreterin von Eine Welt der Vielfalt e.V. zusammen. In Berlin nehmen die obersten Landesbehörden für Gesundheit und Soziales sowie für Bildung und Jugend als Modellverwaltungen an dem Programm teil.

---

8   EU-Richtlinie 2000/43 EG vom 29.06.2000, EU-Richtlinie 2000/78/EG vom 27.11.2000.

Rechtliche Grundlagen

Vorgaben für die Umsetzung des Projektes „Berlin – Stadt der Vielfalt" sind:

▶ Artikel 13 des Europäischen Gemeinschaftsvertrages[9]

▶ Paragraph 18 der gemeinsamen Geschäftsordnung für die Berliner Verwaltung

▶ ein Beschluss des Berliner Senats[10], der Maßnahmen gegen Rechtsextremismus, Fremdenfeindlichkeit und Antisemitismus fordert

▶ die Koalitionsvereinbarung[11], in der die Verwaltung eine interkulturelle Ausrichtung vorantreiben soll, insbesondere durch Fort- und Weiterbildungsmaßnahmen

Instrumente zur Umsetzung der Qualifizierungsmaßnahmen

Zunächst wurde anhand einer Bedarfsanalyse der Kenntnisstand der Akteure in der Verwaltung über die Vielfalt und Gleichbehandlung von Minderheiten erhoben und eine dazu angepasste Qualifizierungsmaßnahme vorbereitet. Die Qualifizierungsmaßnahme geht von einem Top-down-Prinzip aus, d.h., zunächst wurden die obersten Entscheidungsträger der Modellverwaltungen, zum Beispiel Staatssekretäre, Abteilungs- und Referatsleiter/-innen angesprochen, daran teilzunehmen. In Form von Einzelinterviews, Fokusgruppen und Fragebogen wurden Daten erhoben und für die Qualifizierung ausgewertet.

Die anschließende dreitägige Qualifizierungsmaßnahme beinhaltete dann folgende Teilziele:

▶ Informationsvermittlung zu den europäischen Antidiskriminierungsrichtlinien

▶ Sensibilisierung für Themen Gleichbehandlung, Diskriminierung und Vielfalt innerhalb der Berliner Bevölkerung (Diversity-Awareness)

▶ Aufzeigen und Trainieren von Handlungsmöglichkeiten in Fällen von Diskriminierungen

▶ Befähigung zur Erfüllung ihres gesetzlichen Mandats in Hinblick auf Gleichbehandlung und Abbau von Diskriminierungen

---

9   Vertrag zur Gründung der Europäischen Gemeinschaft vom 07.02.1992 in der Fassung vom 02.10.1997, § 13 Amsterdamer Vertrag vom 01.05.1999.

10 Senatsbeschluss 537/37 vom 12.09.2000.

11 Koalitionsvereinbarung zwischen SPD und PDS für die 15. Legislaturperiode.

Problem

Derzeit befindet sich das Land Berlin in einer schwierigen finanzpolitischen Lage. Aufgrund des hohen Verschuldungsgrades sind die meisten Senatsverwaltungen mit Aufgabenkritik beschäftigt, die zu Einsparungen führen soll. Die obersten Entscheidungsträger sind in diesem Prozess so sehr involviert, dass sie kaum Zeit finden, an Qualifizierungsmaßnahmen teilzunehmen, die nicht diesen für sie substanziellen Problembereich berühren. In einem solchen Augenblick ist es besonders schwer, neue Handlungsansätze zu installieren, selbst dann, wenn sie sich fast kostenneutral auswirken würden. Anforderungen, die das EU-Projekt an diese Zielgruppe stellt, werden in der Verwaltungshierarchie nach unten delegiert. Nur wenige Referatsleiter/-innen nehmen an der Bedarfsanalyse und dem Qualifizierungstraining teil. Geschult werden derzeit die Sachbearbeiter/-innen, die sich aus fachlichen Interessen freiwillig melden.

Schlussfolgerungen und Perspektiven

Lange bezog sich die Verwaltung in ihrem Handeln auf eine anscheinend homogene Bevölkerung. Tradierte Normvorstellungen müssen nun in Frage gestellt werden können. Diversity ist Einstellungssache und verlangt innere Überzeugung. Es geht dabei darum, Verschiedenheit gerade nicht als Problem zu sehen, sondern als Ressource zu nutzen. Vielfalt bedeutet Stärke und ist als Bereicherung zu verstehen. Dazu ist es wichtig, stets darauf zu achten, dass in allen Entscheidungen der Verwaltung die Vielfalt als Programmatik einzubeziehen ist, nach innen in der Personalpolitik wie auch nach außen, zum Beispiel im Rahmen der Dienstleistungen für die Bürger. Es ist Zeit, dass alle Verwaltungen in Deutschland der gesellschaftlichen Realität endlich gerecht werden und den Ansatz der Vielfalt als Querschnittsaufgabe sehen und umsetzen. Infolgedessen wird es zu funktions- und hierarchieübergreifenden Perspektiven kommen, die neue Dienstleistungspotenziale freisetzen werden.

Zu hoffen bleibt, dass die Verpflichtung, die sich aus dem EU-Recht ergibt, mittelfristig für alle Behörden in Deutschland als Chance und eigenes Potenzial gesehen wird und zum Beispiel in Leitsätze und Zielvereinbarungen zwischen der Verwaltung, Institutionen und Politik einfließt. Wenn es um gegenseitigen Respekt, Akzeptanz und vor allem Wertschätzung von verschiedenen Minderheiten in unserer Gesellschaft geht, haben öffentliche Verwaltungen die Pflicht, eine Vorreiterrolle einzunehmen.

Weitere Informationen zum Projekt: www.ceji.org und www.nicem.org.uk

Eine der bedeutendsten Möglichkeiten der Einbeziehung und Einbindung der Belegschaft im Rahmen der Bottom-up-Einführung besteht in der internen bzw. der Mitarbeiterkommunikation. Hierbei kommen einerseits Instrumente in Frage, die in erster Linie Informationen vermitteln, andererseits solche, die einen Austausch anstreben. Die Bandbreite reicht von Postern (siehe Fallstudie Air Products), Broschüren (siehe folgende Fallstudie), Faltblättern oder Mitarbeiterzeitschriften bis zu elektronischen Medien wie das Firmenfernsehen oder natürlich das Intranet. Letzteres bietet hervorragende Möglichkeiten der interaktiven Gestaltung, zum Beispiel über Abstimmungen (Votings) oder Diskussionsforen. Folgendes Fallbeispiel illustriert einige dieser Punkte.

Deutsche Bank AG: Bewusstmachung und Kommunikation

von Elisabeth Girg

„Schön, dass wir darüber gesprochen haben", so oder ähnlich enden viele Gespräche, und das Thema wird oftmals nicht erneut aufgegriffen und versandet an der Oberfläche; auch der ironische Sprachgebrauch dieser Aussage ist geläufig, um Gegenteiliges auszudrücken. Diversity im Gespräch zu halten und glaubwürdig in der internen Kommunikation zu verankern ist ein grundlegendes Element für die Schaffung von Verständnis und Kompetenz zu Diversity im Unternehmen. Eine erfolgreiche Umsetzung von Diversity Management gelingt jedoch nur dann, wenn die Unternehmensführung die Wichtigkeit des Themas durch die Integration in ihre Geschäftsstrategie zum Ausdruck bringt. Wenn Vielfalt die Geschäftsprozesse stärken soll, dann ist dies gleichzeitig eine auf Nachhaltigkeit ausgerichtete Investition in die unternehmerische Zukunftsfähigkeit und findet berechtigterweise seinen kontinuierlichen Eingang in die Unternehmenskommunikation. Die wichtigsten drei Erfolgsfaktoren

Flyer (Motiv Schuhe) im Rahmen der internen Kommunikationskampagne „Leading to Results®" (2001/2002) (Copyright: Deutsche Bank AG)

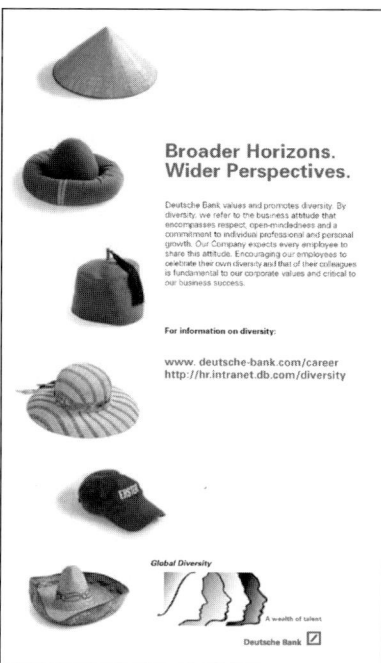

Top Chart (Motiv Hüte) im Rahmen der Konzern-Kommunikationskampagne „Leading to Results®" (2001/2002) (Copyright: Deutsche Bank AG)

für eine wachsende Bewusstmachung sind, aus unserer Erfahrung, in der Folge dargestellt.

Die Storyline

Eine klar umrissene und unternehmensspezifische Definition herauszuarbeiten, um was es inhaltlich beim Diversity Management geht und warum es wichtig für das eigene Unternehmen ist (Geschäftsbezug und Verankerung in der Gesamtstrategie), ist der Beginn einer jeden Kommunikationsstrategie. An dieser Stelle findet die Weichenstellung statt, ob man einzelne Schwerpunkte in puncto Repräsentation von Vielfalt (Geschlecht, Behinderung, Alter, sexuelle Orientierung, ethnische Zugehörigkeit) herausstellen möchte oder zusätzlich auch auf die respektvolle Offenheit der persönlichen Haltung gegenüber Neuem und Andersartigem als unternehmenskulturellen Beitrag abstellen möchte, so wie wir es bei der Deutsche Bank AG gemacht haben. Besondere Beachtung sollte die stringente Anwendung dieses festgelegten Verständnisses finden. Hierbei tragen Schnittstellenfunktionen (z.B. Presseabteilung, Recruitingabteilung, Qualitätsmanagement) oder auch Multiplikatoren bei der Weitergabe einer wahrheitsgetreuen Botschaft entscheidend zum korrekten Verständnis bei.

Die Multiplikatoren

Das Thema personalisieren: Je mehr Mitarbeiter sich zu Diversity-Themen engagieren und einbringen, desto stärker bleiben Diversity-Aspekte präsent und untermauern die Greifbarkeit des Themas. Wir erfahren diesen Kommunikationsschub durch unsere vielfältigen Netzwerke: durch unsere regionalen Frauennetzwerke oder das Netzwerk unserer Mitarbeiterinnen in Führungspositionen „Women in European Business®", durch unser Netzwerk schwul-lesbischer Mitarbeiterinnen und Mitarbeiter

„Rainbow Group" oder unsere Netzwerke ethnischer Minderheiten wie zum Beispiel das „Multicultural Partnership". Die Netzwerke diskutieren in formellen Arbeitskreisen und durch Beiträge im Mitarbeitermagazin und im Intranet Diversity-Themen und tragen so zu einer kontinuierlichen Auseinandersetzung und Kommunikation bei. Darüber hinaus sind geschätzte Führungspersönlichkeiten glaubwürdige Botschafter. Indem sich Führungskräfte zum Beispiel als Sponsoren für Diversity-Veranstaltungen, Mentoren

US-amerikanische Diversity-Anzeige der Deutschen Bank AG im Rahmen des Konzern-Kommunikationsansatzes „A Passion to Perform" (2003) (Copyright: Deutsche Bank AG)

im Rahmen von Personalentwicklungsprogrammen und Champions für Netzwerke engagieren, stärken sie den Bewusstmachungsprozess.

Die Kommunikationskanäle

Die Botschaft sowie die damit verbundenen Handlungsanstöße sollten über vielfältige Wege und Kanäle sowie Ebenen parallel angesprochen werden. Hierfür Frei- und Handlungsräume zu schaffen, die kommunikative Interaktion und Information zulassen und anregen, ist eine erste Maxime. Eine Informationsplattform in Form einer Intranet-Website, die allen Mitarbeiterinnen und Mitarbeitern zugänglich ist, bildete bei uns im Global-Diversity-Team der Deutschen Bank den Anfang. Für die zahlreichen Veranstaltungen, auf denen wir intern wie extern vertreten sind, haben wir verschiedenes Informationsmaterial erstellt: Diversity-Broschüre, Info-Flyer, Stell- und Werbewände, die einfach zu transportieren und auf- und abzubauen sind. Anfang 2003 wurde unser Diversity-Film „Value the Differences" fertig gestellt. Mit einer Laufzeit von ca. fünf Minuten inszeniert der Film anhand von sechs verschiedenen Persönlichkeiten im Bankalltag einen subtilen Einblick in die Vielfalt der Diversity-Management-Themen. Vornehmlich für den internen Gebrauch gedacht, eröffnet der Film einen Einstieg in eine tiefer führende Diskussion zum Thema.

Unser Mitarbeitermagazin FORUM berichtet in jeder Ausgabe zu einem Teilthema von Diversity wie zum Beispiel den „Women in European Business®"-Konferenzen, Netzwerk-Champions, Mentoring-Programmen oder der Alterszusammensetzung in der Bank. Über die Nutzung dieser klassischen Medienkanäle hinaus sind beratende Einzelgespräche mit Führungskräften, die regelmäßige Einarbeitung von Teilthemen in Redebeiträge unseres Topmanagements sowie die Vernetzung von Diversity zu anderen Bereichen wie zum Beispiel Gesellschaft & Soziales (Corporate Cultural Affairs: www.deutsche-bank.de/cca) und auch zu den Unternehmenstöchtern wie der Alfred-Herrhausen-Gesellschaft (www.alfred-herrhausen-gesellschaft.de) Möglichkeiten, die die kontinuierliche Bewusstmachung untermauern.

Die Bewusstmachung von Diversity wird stark von der kommunikativen Vernetzung des Themas im Unternehmen getragen. Diese sollte strukturell über die Einbindung in die Geschäftsstrategie und die Verankerung in den Geschäftsbereichen als auch personengebunden erfolgen. Dabei ist auf eine inhaltlich konsistente Botschaft zu achten. Diversity ist für uns eine besondere Denkweise, die gegenseitige Achtung, Offenheit und eine Selbstverpflichtung zu ständiger beruflicher und persönlicher Weiterentwicklung widerspiegelt. Wir sind überzeugt, dass nur durch aufgeschlossene, kontinuierliche und konsistente Kommunikation ein gestärktes Bewusstsein für den Beitrag von Diversity Management zum Unternehmenserfolg angestoßen werden kann. Denn es ist vor allem die Vielfalt, die unsere Innovationsfähigkeit steigert, Talente weltweit sichert und uns neue Wege eröffnet, die das Unternehmen stärken und unseren Geschäftserfolg gewährleisten. Dies braucht kommunikative Freiräume zum Verstehen und Umdenken.

Für weiter Informationen zu Global Diversity bei der Deutschen Bank: www.deutsche-bank.de/karriere

Die interaktive Diversity-Kommunikation mit MitarbeiterInnen kann freilich nicht nur über Medien, sondern auch persönlich oder – wie man heute im Unterschied zur internetgestützten Onlinekommunikation sagt – offline erfolgen. In diesem Zusammenhang wurden bereits Fokusgruppen als Instrument der Bestandsaufnahme genannt. Diese können auch zu Gesprächskreisen über Diversity ausgebaut werden. Bei einer weiteren Institutionalisierung entstehen Mitarbeiternetzwerke bzw. so genannte Resource Groups.

Diese Netzwerke bilden sich meist zu bestimmten Themen und folgen dem Gedanken, dass die Angehörigen von Insidergruppen über (informelle) Netzwerke verfügen, die sie zur persönlichen und beruflichen Weiterentwicklung nutzen. Bezüglich der Struktur der Mitglieder existieren unterschiedliche Ansätze. Entweder bestehen die Netzwerke nur aus Angehörigen der jeweiligen Outsidergruppen – dies könnte man einen fokussierten Ansatz nennen – oder sie beziehen auch Angehörige der jeweiligen Insidergruppe ein (integrativer Ansatz). Ein fokussiertes Vorgehen betont den Vertraulichkeitsaspekt und die gegenseitige Unterstützung der Netzwerkmitglieder. Ein integrativer Ansatz betont dagegen die Vernetzung mit Verbündeten und Schlüsselpersonen in der Organisation. Durch Mitarbeiternetzwerke wird Diversity in einer Organisation sichtbar und erlebbar gemacht. Frauen-, Homosexuellen- oder Migranten-Netzwerke bewirken, dass das jeweilige Vielfaltsthema zur greifbaren Realität wird und vor allem ein Gesicht erhält. Die Netzwerke tragen spezialisiertes Know-how und dezidiert andere Perspektiven bei. Sie dienen bei der Diversity-Implementierung als Ansprech- und Projektpartner sowie als Bindeglied in die jeweiligen „Communities" außerhalb des Unternehmens.

| vielfalt leben |

DIVERSITY IN DER COMMERZBANK

COMMERZBANK

Netzwerke – Mitarbeiter/-innen gestalten Diversity

von Barbara David

In der Commerzbank werden seit 1989 umfangreiche Initiativen zum Thema Chancengleichheit ergriffen. Ziele sind eine bessere Vereinbarkeit von Familie und Beruf sowie ein höherer Anteil von Frauen in gehobenen Fach- und Führungspositionen. Ende der 90er Jahre wurde der Bereich Chancengleichheit zu Diversity erweitert. Im Mittelpunkt der Aktivitäten steht die Wertschätzung aller Unterschiede, die Commerzbanker/-innen in das Unternehmen mit einbringen. Neben Maßnahmen, die die Integration aller Mitarbeiter/-innen fördern, und Projekten, die sich auf einzelne Mitarbeitergruppen beziehen, spielt die Unterstützung von Mitarbeiterinitiativen eine bedeutende Rolle im Diversity-Prozess.

Netzwerke bewähren sich in diesem Zusammenhang seit einigen Jahren als eine gute Organisationsform für Mitarbeiterinitiativen. In der Commerzbank haben sich zwei Netzwerke etabliert: „Courage" – das Frauennetzwerk der Commerzbank und „arco" – Lesben und Schwule in der Commerzbank.

„Courage" – das Frauennetzwerk der Commerzbank

Das Netzwerk Courage wurde 1998 durch Frankfurter Commerzbankerinnen gegründet. Heute engagieren sich in Frankfurt und zahlreichen regionalen Netzwerken Mitarbeiterinnen aus der Zentrale, den Filialen und den Konzerntöchtern. Ziel ist es, daran mitzuarbeiten, dass ein angemessenes Verhältnis von Frauen und Männern in entscheidungsrelevanten Positionen und Gremien der Bank erreicht wird.

Courage will den Erfahrungsaustausch unter den Mitarbeiterinnen fördern, ein Informationsforum darstellen, aktiv zur Entwicklung der Unternehmenskultur beitragen und durch Weiterbildung Frauen unterstützen. Dies geschieht über Projektarbeit, in der unterschiedliche Fragestellungen beispielsweise zu „Frauen in Führungspositionen" oder „Work-Life-Balance" aufgegriffen werden. Regelmäßige Veranstaltungen, die auch männliche Kollegen ansprechen, sensibilisieren zu unterschiedlichen Themen und versuchen möglichst viele Mitarbeiter/-innen zu erreichen.

„arco" – Homosexuelle Mitarbeiter/-innen in der Commerzbank

Aus einer Arbeitsgruppe entstand Anfang 2002 das Netzwerk „arco" (= spanisch „Bogen"). Das Netzwerk hat sich zum Ziel gesetzt, Vorurteile abzubauen und die gegenseitige Toleranz auf allen Ebenen zu fördern. Die Netzwerker/-innen wollen einen Beitrag dazu leisten, dass alle Mitarbeiter/-innen unbelastet ihrer Arbeit nachgehen und ihre beruflichen Ziele verfolgen können.

Das heißt konkret, dass die Mitglieder des Netzwerks Kolleginnen und Kollegen in Konfliktfällen zur Seite stehen und Unterstützung vermitteln. Sie verstehen sich ferner als Ansprechpartner für alle Commerzbanker/-innen und stehen als Diskussionsforum zur Verfügung. Das Netzwerk hat sich mittlerweile an verschiedenen Standorten etabliert. Es wurden Projekte ins Leben gerufen, die sich mit der Organisation des Netzwerks, mit der Kommunikation zum Thema und mit den Rahmenbedingungen für ein motivierendes Arbeitsumfeld auseinander setzen.

Was bringen Netzwerke der Commerzbank?

Der Bereich „Diversity" ist in der Commerzbank im Zentralen Stab Personal angesiedelt. In einigen Feldern unterstützen Betriebsvereinbarungen, Programme und Seminare den Prozess. Einen umfangreichen Teil nehmen Sensibilisierungsmaßnahmen ein – dazu gehören die interne Kommunikation sowie Veranstaltungen und Gesprächsrunden in unterschiedlicher Form.

Der Förderung von Mitarbeiterinitiativen kommt eine bedeutende Rolle zu, weil Mitarbei-
ter/-innen aktiv einbezogen,
Rahmenbedingungen gemein-
sam erarbeitet und geschaffen
werden. Netzwerke stellen
wichtige Multiplikatoren, die
als kompetente Ansprechpart-
ner/-innen zur Verfügung stehen
und über ihre Lobby-Arbeit das

„vielfalt leben" (Copyright: Commerzbank)

Thema Diversity voranbringen. Sie tragen über ihre Authentizität zum
gesamten Integrationsprozess bei. Dieser kann nur gelingen, wenn er
im Unternehmen als ein glaubwürdiger Prozess wahrgenommen wird.

Ein weiteres Instrument der Bottom-up-Einführung adressiert das in Kapitel 4 dargestellte Phänomen der organisationalen Präferenz. Diese bewirkt, dass Führungskräfte aus einer Sicherheitsorientierung heraus dazu neigen, Nachwuchskräfte zu
fördern, die ihnen selbst ähneln. So kommt es, dass in Organisationen häufig ein
bestimmter Typus von Nachwuchskräften Zugang zu oberen Führungskräften erlangt und von diesen eine informelle Betreuung erhält, in deren Rahmen wert-
volle Hinweise und Kontakte vermittelt werden, die die berufliche Entwicklung
fördern.

Das Instrument des Mentorings etabliert einen vergleichbaren Mechanismus für
Nachwuchskräfte, die nicht der organisationalen Präferenz entsprechen. Je einer
oder eine dieser Mentees bilden zusammen mit je einem hierarchisch höher
angesiedelten Mentor so genannte Tandems. Idealerweise gehören die beiden
unterschiedlichen Berichtslinien an. Neben der wesentlichen Förderwirkung für
die Mentees entsteht für die Mentoren der positive Effekt des Zugangs zu Sichtweisen und Erfahrungen, die sich von ihren eigenen unterscheiden. Die Deutsche Lufthansa AG setzt Mentoring in verschiedenen Facetten und Konzepten
als Baustein der Diversity-Implementierung ein. Neben dem Mentoring für Frau-
en hat das Unternehmen das Cross-Mentoring-Programm mehrerer Großunternehmen mit initiiert. Besonders bemerkenswert erscheint bei der Lufthansa ein
Mentoring-Ansatz für MitarbeiterInnen mit einer Behinderung, der mit Blick auf
die Verbreiterung von Mentoring-Konzepten im Rahmen von Diversity als richtungsweisend gelten kann.

Deutsche Lufthansa Aktiengesellschaft: Diversity Management

von Monika Rühl

Lufthansa ist ein Aviation-Konzern mit zurzeit sechs Aktivitäten (Passage, Logistik, Touristik, Technik, Catering und IT) und ca. 420 Beteiligungen. Im Jahr 2002 hatte er ca. 94.000 Mitarbeitende und setzte knapp 17 Milliarden Euro um. Es wurden knapp 44 Millionen Fluggäste befördert sowie 1,6 Milliarden Tonnen Fracht und Post.

Die Bedeutung von Diversity für die Deutsche Lufthansa

Diversity umfasst bei Lufthansa alle fünf Facetten, die auch in den USA die Kerndimensionen umfassen und die in den EU-Antidiskriminierungsrichtlinien aufgegriffen werden: Geschlecht, Alter, Herkunft (national, ethnisch, konfessionell), Behinderung und sexuelle Orientierung bzw. Identität. Diversity ist kein neues Thema im Lufthansa-Konzern. Jeder einzelne Schwerpunkt erfuhr bereits seit Jahrzehnten eine personalpolitische Würdigung. Neu war im Jahr 2000 die organisatorische Bündelung zu der Abteilung „Change Management und Diversity", die zum Januar 2001 wirksam wurde. Initiator dafür war der Vorstand Aviation Service und Human Resources, Stefan Lauer.

Die Anbindung erfolgte im Human-Resources-Ressort im Bereich der Personalpolitik. Standen zu Beginn der Arbeit noch fünf feste Beschäftigungsjahre, zwei auf zwei Jahre befristete sowie zwei vorübergehend eingesetzte Lufthanseaten für diese Aufgabe zur Verfügung, so haben zwei Krisen (11. September und die Frühjahrskrise 2003) dafür gesorgt, dass es – wie in allen anderen Bereichen auch – zu einer Verschlankung der Organisation gekommen ist.

Dies ist zwar bedauerlich, jedoch nicht kritisch, da die Philosophie der Lufthansa auch bei diesem Thema die der lokalen Verantwortlichkeit ist. Nicht die Zentrale mit ihren Ressourcen ist für das Veränderungsmanagement verantwortlich, sondern jede einzelne Führungskraft „vor Ort", egal ob im In- oder Ausland. Die Zentralfunktion regt an, steht als Know-how-Quelle zur Verfügung und behält den Überblick. Die Diversity-Politik zielt auf Inklusion aller, unabhängig von ihrer Beschaffenheit. Die Mitarbeitenden sollen ihre Kraft für die Bewältigung ihrer Aufgaben einsetzen, nicht, um sich einer Dominanzkultur anzupassen.

Weil das Ziel die Normalisierung und Integration verfolgt und eben nicht die Besonderheit betont, gibt es nur wenige Programme und Aktivitäten für einzelne Diversity-Gruppen. Wenn es Projekte gibt, dann sollen sie das Gesamtziel schneller erreichen, als es mit der organischen Geschwindigkeit möglich wäre.

Mentoring

Geschlecht

42 % aller Mitarbeitenden sind weiblich, 28 % aller Manager mit Personalverantwortung für andere und 13,5 % aller Führungskräfte. Um das weibliche Potenzial sichtbarer zu machen, initiierte Lufthansa 1998 das unternehmensübergreifende Mentoring, das sich bereits in der vierten Generation befindet. Je eine Mentee aus einem der beteiligten Unternehmen (inzwischen sind es acht, außer Lufthansa die Deutsche Bank, Commerzbank, Telekom, Fraport, Merck, Bosch und Procter & Gamble) hat einen Mentor oder eine Mentorin aus einem anderen Unternehmen. Die Tandems wurden mit Hilfe von Lebensläufen, die Hinweise zu persönlichen Interessen enthielten, zusammengebracht. Allein der Grundsatz nach demselben geographischen Ort und der Wahrscheinlichkeit, dass sie sich verstehen werden, weil es Anknüpfpunkte in beiden Biographien gab, waren die Vorgaben für die Organisatoren. Die Tandems haben einander erst bei der Auftaktveranstaltung kennen gelernt. Beide Seiten hatten ein „Umtauschrecht", falls die Chemie nun doch nicht stimmen sollte. Davon wurde kein Gebrauch gemacht.

Neben der reinen Karriereberatung sollen in den Mentoringgesprächen auch Fragen nach den jeweiligen versteckten Spielregeln und möglichen Barrieren in den einzelnen Unternehmen diskutiert werden. Die Basis für Gespräche dieser Natur sind Vertrauen und Vertraulichkeit. Das auf zwei Jahre beschränkte Abwerbeverbot, das nicht justitiabel ist, wurde bisher von allen Beteiligten eingehalten. Die Tandems treffen sich alle vier bis sechs Wochen persönlich. Da es eine Weile dauert, bis beide Beteiligten Vertrauen gefasst haben, haben die meisten Tandems das auf ein Jahr befristete offizielle Mentoring überschritten. Teilweise arbeiten sogar noch Tandems der ersten Generation (1998/99) zusammen, wenngleich sie sich deutlich weniger treffen.

Der sehr erfolgreiche Verlauf des Cross-Mentorings führte innerhalb der Lufthansa zu einer Reihe von weiteren, internen Mentoring-Programmen. Zunächst enstand das Managerinnen-Mentoring, bei dem einige weibliche Führungskräfte Topmanager aus anderen Geschäftsbereichen als Mentoren haben. Dann entstand das Nachwuchs-Mentoring, bei dem die

„Wir müssen Diversity unmittelbar in das Organisationsgeflecht einfügen, so dass die entsprechenden Regeln und Verfahren zum selbstverständlichen Bestandteil des Geschäftsalltags werden."

MICHAEL DIEKMANN, Vorstand Personal,
März 2003, seit Mai 2003 Vorstandsvorsitzender der Allianz Group

Managerinnen als Mentorinnen fungieren und sowohl männliche als auch weibliche Nachwuchskräfte den Pool der Mentees bilden.

Innovativ war sicher die Reversierung des Mentorings – das so genannte „Web-Mentoring". Bei diesem Programm bilden junge Nachwuchskräfte die Mentoren für reifere Topführungskräfte, denen sie den Umgang mit IT und besonders dem Internet vermittelt haben. Einzigartig bis jetzt ist das Mentoring für Mitarbeitende mit Behinderung, weil es sich an eine andere Zielgruppe wendet. Die Mentees sind behindert, die Mentoren nicht. Dieses zunächst nur pilotierte Programm zielt auf das Einüben eines unverkrampften Umgangs mit behinderten Mitarbeitenden. Mittelfristig soll bei den Führungskräften die Sorge vor Beschäftigung von Menschen mit Behinderung beseitigt werden und somit die Beschäftigungsquote von 5 % erreicht werden.

Work-Life

Work-Life wird als Thema sowohl für Frauen als auch für Männer gesehen, so dass die Programme sich an beide Geschlechter richten. Bereits seit vielen Jahren ist Lufthansa engagiert, auch Männern mehr Möglichkeiten zur Emanzipation von der bislang eher einseitigen Rollenvorgabe zu bieten.

Alter

Das Durchschnittsalter liegt seit mehr als zehn Jahren bei ca. 38 Jahren. Die Altersverteilung ist normal, im Gauß'schen Sinne, so dass wenig sehr Junge wenig über 60-Jährigen gegenüberstehen. Für die Zielgruppe der „Senior Professionals" gibt es das Standortbestimmungsprogramm „pro 40" in der freiwilligen Weiterbildung.

Herkunft

Menschen aus 150 Nationen arbeiten bei Lufthansa, in Deutschland sind es 120 Nationen. Knapp 16 % der Mitarbeitenden in Deutschland haben keinen deutschen Pass. 36 % aller Lufthanseaten arbeiten außerhalb Deutschlands. Um die interkulturelle Kompetenz für Mitarbeitende und Führungskräfte zu erhöhen, gibt es eine Reihe von interkulturellen Trainings. Entsendungen von Lufthanseaten erfolgen nicht nur aus Deutschland ins Ausland und umgekehrt, sondern auch in Drittländer.

Behinderung

3 % aller Mitarbeitenden haben ihren Behindertenstatus dokumentiert. Die Zahl variiert je nach Konzerngesellschaft. Besonders bei dieser

Diversity-Gruppe gilt es, das Image, das sich über sie in vielen Jahren gebildet hat, zugunsten von gleichberechtigten – und gleichverantwortlichen, wo immer möglich – Mitarbeitenden zu verändern. Lufthansa hat 2002 das erste Mentoring-Programm für Mitarbeitende mit Behinderung begonnen, das bis zum Jahresende 2003 läuft.

Sexuelle Orientierung/Identität

Bereits seit mehr als zehn Jahren gibt es eine Fülle von betrieblichen Leistungen, die unabhängig von der Orientierung gewährt werden. Nach In-Kraft-Treten des Lebenspartnerschaftsgesetzes, inmitten der schweren Krise nach dem 11. September, hat Lufthansa alle manteltarifvertraglichen Regelungen, die für Ehegatten gelten, auf diese Zielgruppe als freiwillige Leistung ausgedehnt.

Im Hinblick auf den Kundenmarkt gibt es sicher eine Fülle weiterer Handlungsoptionen, die noch nicht alle ausgereizt sind, dennoch ist die Heterogenität des Marktes bereits umfassend vorhanden.

Conclusio

Lufthansa hat als eines der ersten Unternehmen das Potenzial mobilisiert, das im Diveristy Management für beide Seiten (Win-Win) liegt: Die Mitarbeitenden erfahren Wertschätzung, das Unternehmen mobilisiert Reserven. Wertschöpfung durch Wertschätzung.

Lektion 7

Die Einführung von Diversity positioniert die Themen „Vielfalt" und „Offenheit" in einer Organisation. In der Kombination von Top-down- und Bottom-up-Maßnahmen liegt ein wesentlicher Schlüssel zum Erfolg, der die Einbindung von Führungskräften und MitarbeiterInnen gleichermaßen gewährleistet.

Diversity Mainstreaming im HR-Management

Nach der Darstellung einer Reihe von Einführungsmaßnahmen, die dazu dienen können, Diversity als neue Denkweise in einer Organisation zu verbreiten, soll nun das Augenmerk auf die ganzheitliche Verankerung dieses Ansatzes in die bestehenden Systeme, das so genannte Diversity Mainstreaming, gelegt werden. Dabei finden die bereits vorgestellten funktionalen Bereiche HR-Management, Unternehmenskommunikation und Marketing Berücksichtigung.

Der gestaltende, strategisch ausgerichtete Ansatz des HR-Managements bildet für Diversity einen zentralen Ankerpunkt bei der Schaffung von Systemen, in denen Unterschiedlichkeiten positiv betrachtet und Beiträge verschiedener Individuen gleichermaßen wertgeschätzt werden und in denen Vielfalt als Erfolgsfaktor gefördert wird. Dass dieses Ziel in den meisten Fällen noch nicht umfassend erreicht wurde, zeigen die Resultate vieler Ist-Analysen, wie sie in Kapitel 4 beschrieben wurden. Insofern erscheint die nähere Betrachtung mehrerer Teildisziplinen des HR-Managements erforderlich. Diese regeln unter anderem, welche Personen in die Organisation aufgenommen werden, wie sie sich dort entwickeln können und wie sie dabei gefördert werden, welche Rahmenbedingungen sie für die Arbeit vorfinden und, nicht zuletzt, wie ihre Mitarbeit bewertet und vergütet wird.

Das Diversity Mainstreaming untersucht, inwieweit die Personalbeschaffung, die Personalentwicklung, die Beschäftigungsmodelle oder die Vergütungssysteme Elemente enthalten, die dazu führen, dass bestimmte Gruppen bevorzugt oder benachteiligt werden. Gegebenenfalls geschieht dies im Allgemeinen unbewusst und basiert auf vor längerer Zeit etablierten, insofern tradierten, Prinzipien. Diese sind häufig durchaus nachvollziehbar, da das (verwaltende) Personalwesen früher in vielerlei Hinsicht andere Aufgaben zu lösen hatte und andere Rahmenbedingungen vorfand als das HR-Management heute. Hierzu sei vor allem auf die tief greifenden Veränderungen verwiesen, die in Kapitel 2 dargestellt wurden.

Diversity Mainstreaming identifiziert Möglichkeiten, wie das HR-Management durchlässiger, flexibler, neutraler und damit effektiver für Unternehmen und Mitarbeiter wird.

Diversity in der Personalbeschaffung

Eine Schlüsselfunktion im eigentlichen Sinne nimmt die Personalbeschaffung beim Diversity Mainstreaming ein. Sie regelt einerseits, welche Personen Zugang in die Organisation erhalten, und damit auch, wie vielfältig die Belegschaft wird. Insofern kann die Personalbeschaffung als Instrument der Implementierung gesehen und genutzt werden. Umgekehrt stellt Diversity ein Instrument der Personalbeschaffung dar, da es im Rahmen der Personalimagewerbung oder auch des gesamten Personalmarketings eingesetzt werden kann, um optimal qualifizierte MitarbeiterInnen für das Unternehmen zu gewinnen und an dieses zu binden. Dies ergibt sich aus der Attraktivität des Diversity-Ansatzes für die MitarbeiterInnen.

Um zu überprüfen und eventuell zu verbessern, wie viel Vielfalt durch die Personalbeschaffung einer Organisation zugeführt wird, erscheint es erforderlich, die Elemente der Personalbeschaffung näher zu betrachten. Dies sind die Stellenbeschreibung und die daraus abgeleitete Stellenausschreibung sowie der Kandidatenauswahlprozess. Als Rahmenbedingung erscheint weiterhin das Personalmarketing von Bedeutung.

Als Basis für die Personalbeschaffung enthält die Stellenbeschreibung folgende – personenunabhängige – Elemente:[12]

▶ die Art und den Umfang der zu verrichtenden Tätigkeit

▶ die Arbeitsbewertung (Bewertung der Anforderungen)

▶ die Qualifikation, die für diese Stelle erforderlich ist

▶ die Leistungsbewertung

▶ die hierarchische Einordnung der Stelle (Unterstellung, Überstellung)

▶ die Einbindung der Stelle in das Informations- und Kommunikationssystem

Damit kommt der Stellenbeschreibung eine besondere Bedeutung zu, da sie die Struktur der Belegschaft und damit auch zu einem gewissen Teil die Kultur einer Organisation mitbestimmt. Allerdings finden sich in Stellenbeschreibungen nicht selten Attribute, die weniger mit der Aufgabe als vielmehr mit dem gewünschten Kandidatentypus verbunden sind, den man sich bei der Erstellung der „Job Description" unbewusst vorstellte. Vorstellbar ist zum Beispiel, dass bei Führungspositionen häufig die Anforderung „Durchsetzungsfähigkeit" vorzufinden ist. Einerseits ist diese Anforderung mit Blick auf moderne Mitarbeiterführung durchaus fragwürdig, andererseits kann sie leicht einseitig männlich interpretiert werden. Insofern stellen tendenziöse Beschreibungen ein kaum unüberwindbares Hindernis für vielfältige KandidatInnen dar, wenn sie nicht gezielt hinterfragt und gegebenenfalls verändert werden. Das Diversity Mainstreaming strebt daher eine Verbreiterung der Anforderungsprofile an. Dies trägt dazu bei, dass durch eine Fokussierung auf die tatsächlich notwendigen Anforderungen (und den Verzicht auf nicht effektive Kriterien) eine breitere Auswahl und damit mehr potenzielle KandidatInnen angesprochen werden können.

Diese Ansprache geeigneter BewerberInnen umfasst neben der eigentlichen Kontaktaufnahme mittels verschiedener Medien und Instrumente auch die Suche in

---

12 Vgl. Staehle, Wolfgang (1999), S. 736; vgl. Schwarz, Horst (1983), S. 227 ff.; vgl. Oechsler, Walter (1997), S. 325.

geeignet erscheinenden Umfeldern und ein allgemeines Personalmarketing, unter anderem zum Aufbau eines Personalimages, das die Personalbeschaffung unterstützt.

Die Identifikation geeigneter Umfelder für die Personalsuche kann wie die Stellbeschreibung Vorannahmen unterliegen, die zu einer Vorselektion des Bewerberkreises führt. Ein Beispiel hierfür bildet die Strategie des Key-University-Marketings, bei der überwiegend oder ausschließlich an Schlüsselhochschulen rekrutiert wird. Untersuchungen haben indes gezeigt, dass Führungskräfte meist an den Hochschulen Nachwuchskräfte suchen, an denen sie selbst studiert haben. Dies dürfte zu einer Förderung der organisationalen Präferenz beitragen. Während es sicherlich effektiv ist, schwerpunktmäßig an Hochschulen zu rekrutieren, die bestimmte, relevante Fachthemen unterrichten, so erscheint es dennoch nicht sinnvoll, andere Hochschulen mit verwandten thematischen Ausrichtungen gar nicht zu berücksichtigen.

Das allgemeine Personalmarketing, vor allem aber die Personalimagewerbung, zielt darauf ab, eine Attraktivität als Arbeitgeber aufzubauen. Hierfür bietet es sich an, neben der Darstellung des Kerngeschäftes (Produkte, Dienstleistungen) auch die Unternehmenskultur, das Arbeitsumfeld, die Vielfalt der Belegschaft und der Arbeitsformen so darzustellen, dass das Unternehmen von geeigneten BewerberInnen attraktiv wahrgenommen wird. Hier kann Diversity eine wesentlich Rolle spielen. Vor allem mit Blick auf die Profilierungsfunktion des Personalmarketings bietet dieses Thema (noch) eine gute Möglichkeit für Arbeitgeber, sich fortschrittlich zu positionieren und von anderen positiv zu unterscheiden. Unabhängig davon, ob Diversity explizit für das Personalmarketing genutzt wird, erscheint das Mainstreaming des Diversity-Gedankens in diesem Bereich von Bedeutung. Vor allem bei der Verwendung von Personal-Image-Broschüren oder -Filmen sowie auf entsprechenden Webseiten ist es von entscheidender Bedeutung, wie das Unternehmen als Arbeitgeber dargestellt wird. Das Kerngeschäft des Unternehmens „sexy" darzustellen ist eine Aufgabe des Personalmarketing. Die Wertschätzung der Vielfalt und Individualität der Mitarbeiter (z.B. in Form eines multikulturellen Arbeitsumfeldes) sowie ein produktives, förderndes und forderndes Arbeitsumfeld (z.B. in Form leistungsorientierter Vergütungssysteme und flexibler Arbeitsformen) bilden weitere Elemente, die zum Aufbau eines Personalimages eingesetzt werden können.

Bei dieser Personalimagewerbung kommt es wie auch in der konkreten Personalwerbung (z.B. durch Stellenanzeigen) entscheidend auf die Darstellung und Vermittlung der zur Verfügung stehenden Inhalte an. Im Wesentlichen sind dabei die verwendeten Bilder und Texte relevant. Diese können – bewusst oder unbewusst – KandidatInnen abschrecken, wenn sie auf einen ganz bestimmten, bevorzugten Typus oder auf eine besonders starke Kultur hinweisen. Sollen durch die Kommunikation zum Beispiel die „Besten" angesprochen werden, so ist es durchaus fraglich, ob dies über eine schwarz-weiß karierte Formel-1-Flagge mit dem Zusatz „Bei uns haben Sie für Ihren Karrierestart die Pole-Position" erreicht wird. Vielmehr ist offensichtlich, dass durch eine solche Kommunikation Formel-1-Fans besonders aktiviert werden. Die Mehrzahl der KandidatInnen – und die Mehrzahl der Besten – dürfte dies bestenfalls als Werbegag ansehen, einige dürften davon indes abgestoßen werden. Dies gilt umso mehr, als dass eine derartige Kommunikation – zu Recht oder zu Unrecht – Rückschlüsse auf die Unternehmenskultur provoziert.

Stattdessen sollte es Ziel der Personalbeschaffung sein, den Arbeitsmarkt in seiner ganzen Breite und damit viele geeignete KandidatInnen anzusprechen. Dazu kann es fallweise sinnvoll sein, zum Beispiel Frauen, Kandidaten mit Behinderungen oder MigrantInnen ausdrücklich anzusprechen. Die älteste Erscheinungsform in diesem Zusammenhang stellt wohl der Zusatz „m/w" in Stellenanzeigen dar bzw. das gleichbedeutende Anhängsel „…In", mit denen weibliche Bewerberinnen explizit angesprochen werden – wenn auch nicht gezielt.

Auch im Zusammenhang mit der so genannten „Greencard" zeigten sich Diversity-Aspekte der Personalbeschaffung: Ethnisch-kulturell vielfältige Kandidaten tragen dazu bei, einen spezifischen Fachkräftebedarf zu decken. Über englischsprachige Anzeigen können indes auch international geprägte, deutsche KandidatInnen erreicht werden.

Mit Blick auf die demographische Entwicklung wird sich zudem in Zukunft ein neues Verhältnis zu älteren und alten Kandidaten auf dem Arbeitsmarkt einstellen müssen, da der so genannte Jugendwahn schon bald zu Engpässen führen wird.

Dies kann sich – wie auch andere Facetten von Diversity – in der verwendeten Bildsprache widerspiegeln. Dabei ist darauf zu achten, dass vielfältige Protagonisten nicht stereotypisch dargestellt werden. Dies geschieht – wie schon für den Bereich Werbung darstellt – häufig unbewusst, ruft aber dennoch das Gefühl von Geringschätzung und Ausgrenzung bei „Betroffenen" hervor. So werden Frauen im Rahmen von Personalanzeigen nicht selten als schmückendes Beiwerk eingesetzt. Sie sitzen an einem Tisch, während ein Mann als Präsentator gezeigt wird. Die Berücksichtigung von Diversity im Rahmen der Personalbeschaffung zielt indes darauf ab, vielfältige Typen in vielfältigen Situation – also auch in traditionellen – zu verwenden. Eine so gestaltete Kommunikation spricht auch Kandidaten an, die positiv gegenüber Vielfalt eingestellt und in der Lage sind, Unterschiede zu nutzen.

Dies führt im Weiteren zur Frage der gewünschten und im Rahmen der Kandidatenauswahl zu überprüfenden Kompetenzen, die BewerberInnen mitbringen.

Bei der Personalauswahl erlangt Diversity ebenfalls eine vielschichtige Bedeutung. Einerseits selektierten frühere Bewertungskriterien häufig Kandidaten aus, die nicht stromlinienförmig „hineinpassten". Diese Filterfunktion sollte aus Sicht von Diversity darauf reduziert werden, fachlich relevante Kompetenzen zu überprüfen und diskriminierende Zusatzüberlegungen wie „Womöglich schafft sie das nicht oder entscheidet sich für die Familie …" oder „Ob seine Deutschfähigkeiten für den Job ausreichen …" weitestgehend auszuschalten.

Aber Diversity wird auch zu einem eigenständigen Auswahlkriterium. So erscheint es mit Blick auf die künftige Entwicklungen angebracht, Grundkompetenzen im Umfang mit Unterschiedlichkeit in den Anforderungskatalog für (Führungs-)Nachwuchskräfte aufzunehmen. Weiterhin erscheint eine positive Grundeinstellung für Vielfalt – und vor allem eine ethische Haltung, die sich klar gegen Diskriminierung richtet – von zunehmender Bedeutung für Arbeitgeber. Dass Kandidaten willens und in der Lage sind, über den Tellerrand zu schauen, lässt sich unter anderem an außercurricularem Engagement ablesen, das schon vor Jahren Eingang in die Auswahlprozesse fand. Die Fähigkeit, andere Perspektiven einzunehmen, zeigt sich zum Beispiel an überfachlichen Qualifikationen. Offenheit und Neugier spiegeln sich in individuellen Hobbys und ganzheitlichen Interessen wider.

Das Diversity Mainstreaming strebt jedoch nicht nur die Integration von Diversity in die Auswahlkriterien, sondern auch in die Auswahlinstrumente an. Eine Vielzahl von Tests, aber auch das persönliche Interview unterliegen unterschiedlichen Einflüssen, die dazu führen können, dass ein bestimmter Kandidatentypus – jenseits von sachlich begründbaren Anforderungen – bevorzugt wird. Diesem Mechanismus begegnet zum Beispiel das Cross-Cultural-Interview-Training, das unter anderem in der Deutschen Bank durchgeführt wird.

Aber Diversity kann auch zu einem eigenständigen Thema der Personalbeschaffung werden, wie ein Beispiel der Boston Consulting Group zeigt. Sie führte 2001 unter dem Titel „Diversity – minds enriched" einen Recruiting-Event für deutsche Beraternachwuchskräfte in London durch. Die Bedeutung von Diversity für BCG wird auch auf den entsprechenden Informationsseiten der Website erkennbar. Dort heißt es: „Strategie bedeutet das Entwickeln und Gestalten von nachhaltigen Wettbewerbsvorteilen. Das heißt, Spielregeln zu verändern und neue Wege einzuschlagen. Solche Lösungen entstehen, wenn man eine Frage aus unterschiedlichen Perspektiven und Positionen betrachtet. Vielfalt fördert nicht nur neue, sondern vor allem andere und überraschende Antworten." Entsprechend kommen die Mitarbeiter bei Boston Consulting aus den verschiedensten Disziplinen (Wirtschaftswissenschaften, Ingenieure sowie Natur- und Geisteswissenschaften) und bringen unterschiedliche Berufserfahrungen mit.

Allerdings bemängeln viele Arbeitgeber mit Blick auf die Personalbeschaffung, dass in vielen Qualifikationsbereichen kaum vielfältige KandidatInnen zu finden seien. Besonders markant tritt dies bei so genannten Männerberufen und Frauenberufen zu Tage. In den zugehörigen Studien- oder Ausbildungsgängen finden sich entsprechend wenige VertreterInnen des jeweils anderen Geschlechts. Daher entwickelten etliche Unternehmen Förderprogramme, die zum Beispiel den Frauenanteil in technischen Berufen, im IT-Bereich oder im naturwissenschaftlichen Umfeld erhöhen sollen.

Shell:
She-Study-Award

Das Gemeinschaftsunternehmen „Shell & DEA Oil GmbH" wurde Anfang 2002 von Shell und RWE-DEA gegründet, welches im Juli des gleichen Jahres von Shell übernommen wurde. Die Geschäftsfelder des Energie- und Chemie-Unternehmens in Deutschland sind: Mineralöl, Erdgas, Chemie, erneuerbare Energien und Strom. 2001 kann Shell in Deutschland einen Jahresumsatz von rund 17,4 Milliarden Euro aufweisen und eine Beschäftigtenzahl von rund 3.700.

Die Bedeutung von Diversity bei Shell

„Diversity and Inclusiveness" ist seit 1997 ein zentraler Bestandteil in der Unternehmenspolitik der internationalen Royal Dutch/Shell. Diversity beinhaltet dabei alle nur denkbaren Unterschiede, die Menschen zu einzigartigen Individuen machen. Dabei wird zwischen sichtbaren (Alter, Geschlecht, ethnische Herkunft, physische Befähigung) und kaum wahrnehmbaren Unterschieden (Religion, Nationalität, Ausbildung) kategorisiert. Visualisiert werden die Unterschiede mit Hilfe des Diversity-Eisberges. Inclusiveness bedeutet, dass das Unternehmen einen Arbeitsumfeld schaffen will, in dem alle die Möglichkeit haben, sich zu verwirklichen. Mit der bewussten Entscheidung für Diversity and Inclusiveness geht das Unternehmen auf aktuelle globale und lokale Entwicklungen in der Wirtschaft und Gesellschaft ein, was für den zukünftigen Erfolg des Unternehmens als unabdingbar angesehen wird.

Im Unternehmensbericht der Shell in Deutschland 2000 heißt es, dass Diversity ein erklärtes Ziel der Royal Dutch/Shell-Gruppe sei. Diversity stehe bei Shell für die Chancengleichheit von Frauen im Unternehmen. Des Weiteren umfasse Diversity das Streben nach einem ausgewogenen Nationalitätenmix auf allen Ebenen. Diese Politik stelle sicher, dass auch Mitarbeiter aus Deutschland bei der Besetzung internationaler Positionen bessere Chancen haben als in der Vergangenheit.

She-Study-Award

Zur Förderung des weiblichen Führungsnachwuchses verleihen die Shell-Gesellschaften Deutschland, Österreich und Schweiz den Förderpreis „She-Study-Award" für junge Natur- und Technikwissenschaftlerinnen. Damit werden herausragende und zukunftsweisende Studienarbeiten rund um die Bereiche Mineralöl, Erdgas, Chemie und erneuerbare Energien ausgezeichnet. Er wird im Jahr 2003 bereits zum siebten Mal ausgeschrieben.

Um an der Preisausschreibung teilnehmen zu können, müssen Frauen im technischen oder naturwissenschaftlichen Bereich studieren bzw. ein Studium absolviert haben. Des Weiteren darf die zu bewertende Dissertation, Diplom- oder Studienarbeit nicht älter als zwei Jahre sein. Vor allem aber muss die Arbeit für die Geschäftsbereiche von Shell bzw. für Gemeininteressen relevant sein. Wenn diese Bedingungen erfüllt sind, dann können die Teilnehmerinnen ein maximal fünfseitiges Kurzexposé ihrer Arbeit, einen Lebenslauf sowie eine Beurteilung der jeweiligen Professorin/des Professors an die Shell & DEA Oil GmbH senden. Der She-Study-Award ist für den ersten Preis mit 5.000 Euro dotiert, der zweite Preis mit 2.500 Euro und der dritte Preis mit 1.000 Euro. Die Bewertung der Arbeit erfolgt durch eine Jury, die sich aus VertreterInnen aus Politik, Wissenschaft und Wirtschaft zusammensetzt.

Der She-Study-Award verfolgt das folgende Ziel: „Wir wollen Frauen fördern und ermuntern, ihre Forschung gesellschaftlich relevanten Themen zu widmen", sagt Kurt Döhmel, Vorsitzender der Shell Holding Deutschland. „Nur mit Innovationen ist Fortschritt möglich. Und dafür brauchen Wirtschaft und Gesellschaft die klügsten Köpfe."

Die feste Verankerung von Diversity in der Personalbeschaffung kann als notwendige Bedingung angesehen werden, Vielfalt in einer Organisation als Erfolgsfaktor zu nutzen. Dies wird allerdings nur nachhaltig möglich sein, wenn auch weitere Teildisziplinen des HR-Managements Unterschiede positiv berücksichtigen.

Diversity in der Personalentwicklung

Der Personalentwicklung kommt mit Blick auf Diversity – wie schon der Personalbeschaffung – eine wesentliche Rolle zu. Eine Integration des Diversity-Gedankens in die Personalentwicklung liegt vor allem bei der Karriereplanung und -förderung und in der Weiterbildung nahe.

Im Bereich der Karriereentwicklung stellt sich die Frage, ob mit allen MitarbeiterInnen in entsprechenden Positionen gleichermaßen Karrierepläne ausgearbeitet werden. Dies erscheint mit Blick auf bestehende organisationale Präferenzen nicht unerheblich, da ansonsten berufliche Perspektiven vor allem für jene Mitarbeiter entwickelt werden, die dem traditionellen Bild einer (ambitionierten) Führungskraft entsprechen. Weiterhin spielt Diversity bei der Art der Karriereentwicklung eine Rolle. Durch die Internationalisierung bilden zum Beispiel Auslandsaufenthalte immer häufiger einen wesentlichen Bestandteil, der sicherlich nicht nur zur beruflichen Entwicklung beiträgt, sondern auch zur Persönlichkeitsentwicklung im Sinne von Diversity. Da indes nicht nur die Bedeutung internationaler Karrieren, sondern auch die Relevanz der Balance von Privat- und Berufsleben (vgl. Kapitel 2) steigt, bildet die Vereinbarkeit von privaten Präferenzen und Auslandsaufenthalten ein Handlungsfeld für Unternehmen. In der Karriereentwicklung findet Diversity indes auch durch funktionsübergreifende Personalentwicklung Berücksichtigung. Diese Rotationen stärken nicht nur das Verständnis unterschiedlicher Unternehmensbereiche füreinander, sie tragen wesentlich zur nachhaltigen Beschäftigungsfähigkeit von Mitarbeitern bei. Weiterhin legt die demographische Entwicklung nahe, dass vertikale Karrieren immer seltener erwartet bzw. angeboten werden können. Stattdessen dürften horizontale Entwicklungen immer häufiger werden. Frühzeitige und regelmäßige Rotationen unterstützen diese Form der Karriere. Weiterhin erscheint das Thema Job-Enrichment wesentlich, das in folgendem Beispiel enthalten ist.

Klinikum der Johann-Wolfgang-Goethe-Universität: Vorhandene Potenziale erkennen und nutzen – der Dolmetscherpool

Im Universitätsklinikum Frankfurt ist ein großer Teil der zu behandelnden Patienten verschiedener nationaler Herkunft. Dadurch kann die sprachliche Verständigung zwischen Ärzten und Patienten beeinträchtigt werden. Infolgedessen ist eine professionelle Patientenversorgung nicht immer gewährleistet. Um diese Herausforderung zu lösen, können externe Dolmetscher engagiert werden, womit jedoch ein Mehraufwand für das Klinikum verbunden ist. Die Alternative für das Universitätsklinikum Frankfurt bildet der im September 1999 eingerichtete „hauseigene" Dolmetscherpool. „Immerhin arbeiten in unserer Klinik Angehörige von 50 bis 60 verschiedenen Nationen, vom höchsten Norden bis in den tiefsten Süden, die um die 50 unterschiedliche Sprachen sprechen", so Pflegedirektor Martin Wilhelm.

Ziel des Dolmetscherpools ist es, Kommunikationsprobleme im alltäglichen Ablauf, d.h. bei der Aufnahme, Entlassung, Diagnose und Therapie zu verringern. Neben den sprachlichen Barrieren können auch andere Probleme beim Aufeinandertreffen verschiedener Kulturen auftauchen. So kann ein Dolmetscher (Muttersprachler) auch dabei helfen, verschiedene Standpunkte und Verhaltensweisen verständlich zu machen. Alle Beschäftigten und Patienten im Haus sind dazu berechtigt, einen Dolmetscher zu rufen und die Leistung in Anspruch zu nehmen. Dies kann sich sowohl auf eine Notfallsituation beziehen als auch auf einen planbaren Einsatz. Der Ablauf richtet sich dabei nach genau festgelegten Regeln, um den Krankenhausbetrieb weitgehend störungsfrei weiterlaufen zu lassen.

Im Dolmetscherpool sind MitarbeiterInnen aus nahezu alle Bereichen beschäftigt (Ärzte, pflegendes Personal, Physiotherapeuten, Schreibkräfte, medizinisch-technische Assistenten, Medizinstudenten). Die 60 Laiendolmetscher haben vor Aufnahme der Tätigkeit eine speziell ausgerichtete interne Schulung erhalten.

Die Einrichtung des internen Dolmetscherpools zeigt, dass die breitere Nutzung der Potenziale bestehender MitarbeiterInnen zu höherem Erfolg der Organisation beitragen kann. Zusätzlich besteht darin eine Bereicherung der Arbeitsinhalte von Mitarbeitern und damit ein Beitrag zu ihrer persönlichen und beruflichen Entwicklung.

In der Personalentwicklung spielt das Thema Weiterbildung ebenfalls eine zentrale Rolle für das Zusammenspiel von Diversity und HR-Management. Dabei stehen folgende Fragen im Mittelpunkt: Sind die Inhalte und Methoden der Weiterbildung für unterschiedliche Mitarbeitergruppen gleichermaßen zugänglich, relevant und effektiv? Und: Unterstützen die Weiterbildungsangebote die Erreichung der Diversity-Ziele in geeigneter Weise?

Aufgrund unterschiedlicher Vorbildungen erscheint es offensichtlich, dass unterschiedliche Mitarbeiter verschiedene Bedarfe für Weiterbildung aufweisen. Während sich diese in fachlichen Fragen ähneln dürften, sind Unterschiede in persönlichen und sozialen Bereichen wahrscheinlich. Diese können sich zum Beispiel zwischen Männern und Frauen oder zwischen Jung und Alt einstellen. Vor einer stereotypischen Betrachtung dieser oder anderer „Zielgruppen" ist gerade im Kontext von Diversity jedoch zu warnen. Weiterhin stellt das Diversity Mainstreaming sicher, dass die in Trainings vermittelten Inhalte keinen diskriminierenden oder ausgrenzenden Charakter aufweisen. Stattdessen bestehen vielfältige Möglichkeiten, durch geeignete Fallstudien oder Beispiele in vielfältigen Trainings Diversity-relevante Botschaften „einzubauen". Im Falle von Führungs- oder Kommunikationstrainings bietet es sich weiter gehend an, Diversity-Module in die-

sen zu verankern. Besonders in international tätigen Unternehmen gehören Fremd-
sprachenkurse bereits zu einem festen Angebotsbestandteil. Zusätzlich erscheinen Deutschkursangebote für Impatriates oder Migranten sinnvoll.

Auch die Methoden der Weiterbildung können für verschiedene Mitarbeiter unterschiedlich effektiv wirken. So unterschiedet man zwischen Lerntypen wie dem
visuellen, dem auditiven und dem haptischen Typen. Der visuelle Typ lernt besonders gut mit Hilfe optischer Reize, d.h., er/sie muss die Lerninhalte sehen können (Text, Bild). Für den auditiven Typ eignen sich akustische Reize, um lernen
zu können (lautes Lesen, CD-Hören). Der haptische Typ bevorzugt das „Begreifen", d.h., er muss die Lerninhalte anfassen können. Dieser benötigt beispielsweise wenig Anleitung, da er die Lerninhalte durch „Probieren" aufnimmt. Da
diese Lerntypen und ihre Mischformen nicht auf den ersten Blick erkennbar sind,
bietet es sich an, wann immer dies möglich ist, einen Methodenmix einzusetzen. Dadurch wird es auch wahrscheinlicher, für unterschiedliche Menschen adäquate Angebote bereitzustellen.

Diversity in der Beschäftigung

Mit Blick auf die sich vielfältig entwickelnden Lebensziele, Werte und Präferenzen in der Gesellschaft erscheint es zunehmend erforderlich, die Arbeitsangebote von Unternehmen und anderen Arbeitgebern an diese veränderten Lebenswirklichkeiten anzupassen. Dies stellt auch eine Notwendigkeit dar, um im Zuge
der demographischen Entwicklung künftig mehr Menschen effektiv beschäftigen
zu können, die bislang nur wenig am Arbeitsleben teilgenommen haben. Aber
auch mit Blick auf eine erwünschte hohe Produktivität und Loyalität erscheint es
erstrebenswert, optimale Beschäftigungsbedingungen für die ganze Bandbreite
der MitarbeiterInnen zu schaffen. Aus Sicht von Diversity erhalten dabei drei Themenbereiche eine besondere Relevanz: der Arbeitsplatz, die Arbeitszeit und die
Arbeitsunterstützung – jeweils in den weitest denkbaren Bedeutungen.

Der **Arbeitsplatz** und das zugehörige Arbeitsumfeld stellen gewissermaßen den
logistischen Kern des Angebotes dar, das ein Arbeitgeber seinen Arbeitnehmern
unterbreitet. Dabei spielen aus Sicht von Diversity unterschiedliche Arbeitsformen (wie Telearbeit) oder die Arbeitsplatzgestaltung (z.B. für Menschen mit Behinderungen) eine wesentliche Rolle. Unter Diversity-Aspekten wird die Arbeitsumgebung neben der Kultur von verschiedenen Verpflegungsangeboten, von et-
waiger Berufskleidung oder dem Vorhandensein von Gebetsräumen mitgestaltet.

Die **Arbeitszeiten** und der damit verbundene Arbeitsumfang bilden einen weiteren Eckpfeiler der Beschäftigung. Aus Sicht von Diversity erlangen Instrumente
wie flexible Arbeitszeiten (z.B. mit Lebensarbeitszeitkonten oder Modelle für Al-
tersteilzeit), Teilzeit (in verschiedenen Abstufungen und Verteilungen sowie für

unterschiedliche hierarchische Ebenen), Feiertagsregelungen (für Menschen unterschiedlicher Glaubensrichtungen) oder Sabbaticals besondere Bedeutung.

Arbeitsplätze und -zeiten im beschriebenen Sinne waren lange Zeit auf das so genannte Normalarbeitsverhältnis ausgelegt. Dies wurde meist von einem Mann wahrgenommen, der spätestens mit der Übernahme von Führungsverantwortung verheiratet war. Seine Frau ging häufig keiner Beschäftigung nach, sondern kümmerte sich um Haushalt und die Kinder – und hielt ihm so „den Rücken frei". Andererseits entwickelte sich mit zunehmendem Erfolgsdruck in vielen Unternehmen über die Jahre so genannte „Anwesenheitskulturen". In diesen stellt alleine die Präsenz von Mitarbeitern einen Wert dar – besonders die (lange) Anwesenheit in den Abendstunden. Nicht nur, dass derartige Kulturen dem Leistungsprinzip latent entgegenstehen (schließlich sinkt die Leistung mit wachsendem Zeitaufwand bei konstanter Arbeit), sie sind offensichtlich für Menschen, die in ihrem Privatleben Unterstützung erhalten, leichter zu handhaben. Singles oder Alleinlebende oder Menschen mit einem Partner, der selbst einer Beschäftigung nachgeht, erfahren durch derartige Arbeitszeitanforderungen eine besondere, zusätzliche Belastung.

Aber andere Menschen, die in mancher Hinsicht nicht dem „Durchschnitt" entsprechen, empfinden es als unverhältnismäßige und damit unfaire Belastung, mit Systemen zurande kommen zu müssen, die in wesentlichen Fragen ihre spezifischen Bedürfnisse nicht berücksichtigen. Dies betrifft häufig Menschen mit Behinderungen oder Angehörige nicht christlicher Glaubensrichtungen.

Einen großen Teil der beschriebenen Aspekte adressiert das Konzept Work-Life-Balance, das in den letzten Jahren stark an Bedeutung gewonnen hat. Aus Sicht von Diversity erscheint es dabei jedoch wünschenswert, die jeweiligen Instrumente so zu konzipieren, dass sie für viele oder alle MitarbeiterInnen relevant sind und nicht einseitig Frauen oder Eltern bevorzugen. Diese Programme der „Vereinbarkeit von Familie und Beruf" tragen letztlich ein wenig zur Stereotypisierung und – auf einer Metaebene – zur Festigung der Monokultur bei, in der traditionelle Familien die Insidergruppe darstellen. Im Rahmen von Diversity bieten sich zusätzlich Aktivitäten an, die sich zum Beispiel an Väter richten, private Verpflichtungen oder Interessen der MitarbeiterInnen fördern oder auf religiöse Bedürfnisse – zum Beispiel bezüglich der Arbeitszeit – eingehen. Vor allem mit Blick auf das wachsende Problem des „Burn-out", bei gleichzeitiger Perspektive eines künftig verlängerten Arbeitslebens, erscheint es darüber hinaus unverzichtbar für Unternehmen, durch flexible Regelungen für alle Mitarbeiter, die Förderung von Sabbaticals und verschiedene Unterstützungsmaßnahmen (siehe späterer Abschnitt) die nachhaltige Produktivität und Kreativität der Belegschaft zu sichern, was durch folgendes Fallbeispiel illustriert wird.

Kraft Foods Deutschland:
Kraft Flex – Teil der globalen Human-Resources-Strategie

Kraft Foods ist der zweitgrößte Nahrungsmittelhersteller der Welt. Die deutsche Gesellschaft firmiert seit Juni 2000 unter dem Namen Kraft Foods Deutschland, blickt aber auf eine mehr als 100-jährige Historie zurück. Hierzulande ist das Unternehmen mit Marken wie Jacobs, Kaffee Hag, Onko, Philadelphia, Miracel Whip, Mirácoli, Milka, Suchard und Toblerone erfolgreich. Kraft Foods Deutschland hat seinen Hauptsitz in Bremen und unterhält Produktionsstätten in Bremen (Entkoffeinierung, Instantkaffee), Elmshorn (Instantkaffee), Berlin (Röstkaffee), Fallingbostel (Kraft Lebensmittel) und Lörrach (Schokoladenprodukte).

Der Diversity-Ansatz von Kraft Foods

Für Kraft Foods Deutschland bedeutet Diversity „Vielfalt, Verschiedenartigkeit". Diese Begriffe sind für das Unternehmen von zentraler Bedeutung. „Bei Kraft Foods kommt es vor allem auf eines an: Unsere MitarbeiterInnen sind individuelle Persönlichkeiten, mit unterschiedlichen Lebensstilen, Bedürfnissen und Plänen. Der Begriff Diversity, also Verschiedenartigkeit, prägt unsere Unternehmenskultur, und gegenseitige Achtung gehört zum Teamgeist", fasst Reinhard Lüllmann (Director Human Resources) zusammen. Weiter erklärt er, „der Konzern habe erkannt, dass Diversity wesentlich zum Unternehmenserfolg beiträgt". Kraft Foods hat sich daher zum Ziel gesetzt, den Diversity-Gedanken auf allen Ebenen des Unternehmens zu verankern. Zudem soll die Akzeptanz für eine Kultur der Vielfalt gesteigert werden.

Seit vier Jahren existiert bei Kraft Foods ein Diversity-Council mit Vertreterinnen und Vertretern aus verschiedenen Unternehmensbereichen. Dadurch sollen Impulse gegeben und Initiativen gefördert werden. In den ersten Jahren bestanden die Schwerpunkte von Diversity aus drei Säulen:

▶ Vereinbarkeit von Beruf und Privatleben (heute unter dem Namen „Kraft Flex" konzernweit ausgebaut)

▶ Frauen im Management

▶ interkulturelles Bewusstsein

Kraft Flex

Mitarbeiterbefragungen in den Jahren 1998 und 2001 ergaben, dass sich die MitarbeiterInnen weltweit bessere Möglichkeiten zur Vereinbarkeit von Berufs- und Privatleben wünschen. Bei Kraft Foods wurde deshalb „Kraft Flex" als Teil der globalen Human-Resources-Strategie entwickelt. Der Konzern sieht vor, dass jeder Standort Maßnahmen im Rahmen von drei Kategorien initiieren und entwickeln kann. So

Logo „KRAFT FLEX"
(Copyright: Kraft Foods Deutschland)

erhalten Verwaltungs- bzw. Werksstandorte ein „maßgeschneidertes" Programm. Die drei Kraft-Flex-Kategorien sind:

▶ Zeitmanagement
▶ Mitarbeiterservice
▶ Arbeitsumfeld

Das „Zeitmanagement" wird praktisch in Form von Gleitzeit (ohne Kernarbeitszeit), Teilzeit (für Frauen und Männer), Jobsharing oder besonderen Schichtmodellen umgesetzt. Dabei steht die Förderung eines zielorientierten Arbeitens im Mittelpunkt, nicht das zeitorientierte Verhalten. Es kommt darauf an, die Aufgaben konzentriert und zugleich entspannt anzugehen: Ein maximaler Arbeitszeitrahmen und die Einschränkung von Überstunden unterstützen die MitarbeiterInnen. Sie sollen nicht zu „Workaholics" werden, die abends kein Ende finden, sondern regelmäßig einen Ausgleich zur Arbeit schaffen. So bestärkt Kraft Foods seine MitarbeiterInnen darin, ihre persönlichen Lebensumstände mit den beruflichen Anforderungen in Einklang zu bringen.

Der „Mitarbeiterservice" wird durch externe Dienstleistungen, flexible Kinderbetreuung, einen Round Table, Sozialberatung und Sport umgesetzt. So organisiert zum Beispiel der „Familienservice" Tagesmütter, Kinderfrauen, Au-pairs und Betreuungspersonen für pflegebedürftige Angehörige und bietet Unterstützung bei der Suche nach Kindergärten, Horten, Krippen und Haushaltshilfen. Durch den zweimal im Jahr stattfindenden Round Table halten Mütter und Väter während der Elternzeit Kontakt zum Unternehmen. So bleiben sie auf dem Laufenden und bekommen nützliche Tipps und Hinweise für den Wiedereinstieg. Für den Ausgleich zur Arbeit ist Sport und Entspannung wichtig. Deshalb gibt es an allen Standorten Betriebssportgruppen.

Zum Bereich „Arbeitsumfeld" gehören diverse Maßnahmen wie Telearbeit, „Kraft Fields", „Management zum Anfassen" als auch Arbeitshilfen in den Werken, die das Heben von schweren Gegenständen erleichtern. Durch

Teilzeit bei Kraft Foods Deutschland auch für Projekt-manager ein Gewinn (Copyright: Kraft Foods Deutschland)

die so genannten „Kraft Fields" soll allen MitarbeiterInnen die Möglichkeit gegeben werden – abseits vom Schreibtisch und bei einer guten Tasse Kaffee –, sich mit KollegInnen in entspannter Atmosphäre kurz auszutauschen. Viermal im Jahr bietet Kraft Foods Veranstaltungen an, die den informellen Austausch zwischen Mitarbeitern und Geschäftsleitung ermöglichen, wie zum Beispiel „Brunch mit dem Management".

Bewertung und Ausblick

Das Wirtschaftsmagazin „Capital" kürte 2003 die 50 besten Arbeitgeber Deutschlands. Das Ranking ergab, dass Kraft Foods der beste Arbeitgeber seiner Branche in Deutschland ist. In diesem Wettbewerb erreichte das Unternehmen Platz 15 unter den Großunternehmen sowie Platz 21 unter den Arbeitgebern aller Branchen. „Auf dieses Ergebnis sind wir sehr stolz", so Reinhard Lüllmann. „Für unsere MitarbeiterInnen der Arbeitgeber erster Wahl zu sein gehört zu unserem Grundverständnis – kann es dafür eine bessere Bestätigung geben?"

Die Auszeichnung von Capital bestätigt die Ergebnisse der unternehmensinternen Mitarbeiterbefragung, die 2002 durchgeführt worden ist: Die MitarbeiterInnen wissen, wofür sie verantwortlich sind, zeigen sich zufrieden mit dem Vertrauen der Vorgesetzten und mit den Maßnahmen zur besseren Vereinbarkeit von Beruf und Privatleben, wie zum Beispiel flexible Arbeitszeitregelungen. Die meisten MitarbeiterInnen gaben außerdem an, Kraft Foods als guten Arbeitgeber uneingeschränkt weiterzuempfehlen.

Dieses Ergebnis bestätigt die Aktivitäten von Kraft Foods und ist ein wesentlicher Ansporn, den „Diversity-Gedanken" weiterhin voranzutreiben.

Den dritten Bereich des Diversity Mainstreamings in der Beschäftigung bilden **Unterstützungsmaßnahmen für MitarbeiterInnen**. Das HR-Management kennt bereits seit längerem Instrumente wie die Sozialberatung oder die Gesundheitsförderung. In den letzten Jahren kam eine Reihe von familienorientierten Maßnahmen wie der Familienservice oder die Notfallkinderbetreuung hinzu. Diese Aktivitäten folgen dem Gedanken, dass ein Arbeitgeber kein Interesse daran hat, dass Mitarbeiter durch Aufgaben oder Probleme in ihrem privaten Bereich von einer konzentrierten oder effektiven Arbeit abgelenkt werden oder gar ausfallen. Die Kosten für eine Unterstützung dürften in der überwiegenden Zahl der Fälle unter den Kosten liegen, die durch Abwesenheit oder suboptimale Mitarbeit entstünden.

Aber auch im Bereich der Beschäftigungsunterstützung zeigen neuere Entwicklungen, dass nicht nur für Menschen mit Familie geeignete Maßnahmen dazu führen, dass die Energie der Mitarbeiter dem Unternehmen zugute kommt. Auch für Alleinlebende stellen Bankdienstleistungen oder Fitnesseinrichtungen auf dem Firmengelände, ein Einkaufsservice, ein Post- oder ein Reinigungsservice Unterstützungsmaßnahmen dar, die wesentlich zur Stressreduzierung beitragen können.

Procter & Gamble: Innovative Konzepte braucht das Land – Partnerschaft im Kinderbetreuungsnetzwerk

von Olaf Peters

Procter & Gamble gehört zu den führenden internationalen Markenartikelherstellern der Welt. Das Unternehmen vertreibt nahezu 300 Marken in über 160 Ländern. P&G beschäftigt weltweit rund 100.000 Mitarbeiter in fast 80 Ländern.

In Deutschland ist Procter & Gamble seit 1960 tätig. Die 6.500 Mitarbeiter/-innen in Deutschland erwirtschaften etwa 6 % des weltweiten Umsatzes. Die Produkte des Unternehmens verteilen sich auf die Bereiche Textil- und Haushaltpflege (u.a. Ariel, Lenor, Swiffer), Hygieneartikel (u.a. Tempo, Always, Charmin, Bounty), Kosmetik- und Haarpflege (u.a. Pantene, Head & Shoulders, Oil of Olaz), Babypflege (Pampers), Gesundheitspflege (u.a. Wick, blend-a-med) sowie Snacks und Getränke (u.a. Pringles, Punica). Markenartikel von P&G sind in nahezu jedem Haushalt zu finden.

Diversity bei Procter & Gamble

Diversity ist bei Procter & Gamble seit langem ein erklärtes Ziel. Der europäische Fokus liegt klar im Bereich Gender-Diversity. Die bestehenden

Förderungsmaßnahmen wurden nach und nach entwickelt: flexible Arbeitszeit- und Arbeitsplatzmodelle, Mentoring, Diversity Workshops, Vorträge und Diskussionen sowie Mobilitätskonzepte. In einem Thema kamen wir jedoch in Deutschland nicht wirklich voran: das Thema Kinderbetreuung.

Kinderbetreuungsnetzwerk

Das Thema Kinderbetreuung ist ein wichtiges Element bei der Vereinbarkeit von Familie und Beruf. Ganz besonders die fehlende Betreuung von Kinder unter drei Jahren, aber auch das Halbtagskindergartenmodell machte den Wiedereinstieg für unsere Mitarbeiter/-innen während oder nach der Elternzeit oft extrem schwer. Auch professionelle Unterstützung bei der Suche nach geeigneter Betreuung hat nicht wesentlich geholfen, mangels qualifizierter Kinderbetreuung.

Diversity-Logo
(Copyright: Procter & Gamble)

Was tun? Ausländische Kollegen, die auch im Themenkreis Diversity arbeiteten, verstanden uns nicht. Wir erklärten die deutsche Infrastruktur im Kinderbetreuungsbereich, auch gesellschaftliche Normen wie zum Beispiel das Konzept der Rabenmutter. Das lässt sich nicht ändern, das ist einfach so, war der Schlusssatz. Nach dem Motto: „Geht nicht, gibt's nicht" haben wir dann mit der Suche begonnen, ob es nicht doch etwas gibt, was wir verändern können. Der Gang zu den Kommunen war der erste Schritt: „Was wird sich in naher Zukunft ändern?" Abwinken allerorts, kein Geld. Selbermachen, die betriebsnahe Kindertagesstätte – viele unvorhersehbare Variablen, Komplexität und hohe Kosten in wirtschaftlich angespannter Lage ließen uns auch diese Möglichkeit verwerfen.

Dann die Initialzündung: Ein Tagesmütterverein aus einer benachbarten Kommune sprach uns an, ob sie bei uns im Konsumentenforschungsbereich Material auslegen können. 2.000 Konsument/-innen kommen jede Woche in die Einrichtung, um Testprodukte abzuholen. Zusätzlich wurde ein Zettel aufgehängt „Wir suchen Tagesmütter". Und schon hatten wir 30 Interessenten. Was nun? Der Tagesmütterverein (NET e.V. = Netzwerk Eschborner Tagesmütter) und die Gleichstellungsbeauftragte der Stadt Eschborn stellten ihre Expertise zur Verfügung, um Fragen und Bedürfnisse der Interessierten kompetent zu adressieren. Der Grundstein der Partnerschaft war gelegt.

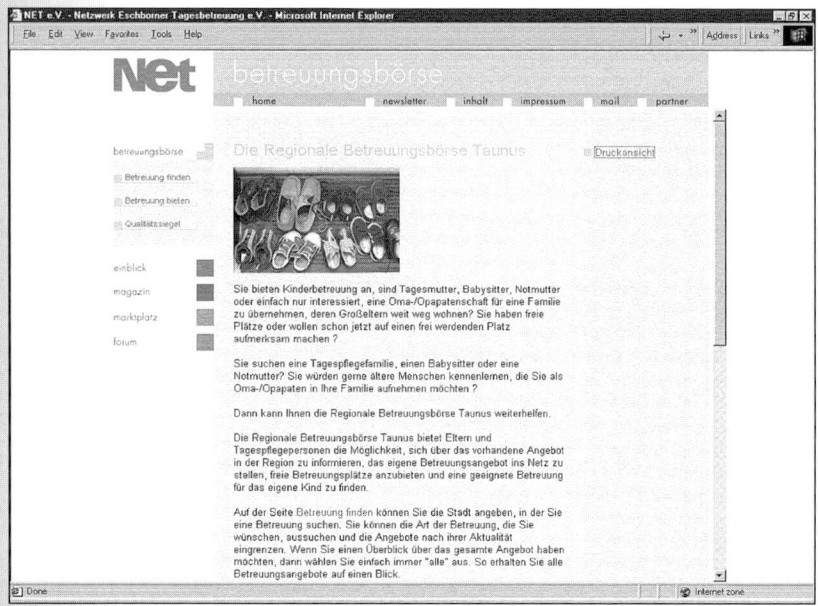

Screenshot aus dem Internet

Als Initiativteam (Verein/Unternehmen/Kommune) entwickelten wir ein Netzwerkkonzept. Das Ziel war schnell definiert als die Verbesserung des Kinderbetreuungsangebotes durch qualifizierte Tagesmütter in unserer Region. Die Idee ist denkbar einfach: ein Netzwerk zu schaffen, das alle im Thema involvierten Parteien verbindet und für alle eine Verbesserung bedeutet – für Eltern, Tagesmütter, Kommunen und das Land, Kinderbetreuungsinstitutionen und -vereine, Firmen und Behörden wie das Arbeits- und das Jugendamt. Integrales Element ist ein Internetportal (www.net-e-v.de), das es den Tagesmüttern ermöglicht, miteinander in Kontakt zu treten, Experteninformationen zu erhalten, sich weiterzuqualifizieren und Betreuungsmöglichkeiten anzubieten. Die Eltern können sich umfassend über Kinderbetreuung informieren und qualifizierte Kinderbetreuung finden. Der Tagsmütterverein gestaltet das Portal und leitet die Rekrutierung und Qualifizierung von Tagesmüttern. Hier unterstützten die kooperierenden Kommunen, die ihren Bürger/-innen eine verbesserte Tagesmütterinfrastruktur zum Nulltarif bieten können. Die Firmen unterstützen das Projekt finanziell und erhalten ein „Vorzugsrecht" für Betreuungsangebote für ihre Mitarbeiter, indem neue Betreuungsangebote zunächst für die Firmen zugänglich gemacht werden, bevor sie auf dem Netz allgemein zugreifbar sind. Die Landesregierung kann Erfahrung mit dem innovativen Pilotprojekt machen und unterstützt das kostenminimierende Infrastrukturprojekt auch finanziell.

Bewertung und Ausblick

Das Fazit: Etwas geht immer! Wichtig ist Offenheit gegenüber neuen Kulturen in anderen Organisationen und der Ansatz, die Stärken der unterschiedlichen Partner konsequent zu nutzen. Risikobereitschaft, sich in ein unbekanntes Terrain zu begeben und sich auf die Expertise neuer Partner zu verlassen. Und die Einsicht, das man allein in den oft vielschichtigen Diversity-Themenbereichen nicht weit kommt, sondern Kooperationspartner braucht. Und Geduld, in kleinen Schritt Fortschritte zu machen.

Abschließend noch ein Ausblick auf einen Diversity-Aspekt, der in Zukunft an Bedeutung gewinnen wird: nationale und kulturelle Unterschiede der Mitarbeiter bewusster wahrzunehmen und sie als bereichernde Vielfalt zu begreifen und auszuschöpfen. Besonders in international agierenden Unternehmen wird dies eine Grundvoraussetzung sein, um mit einer multikulturellen Belegschaft global erfolgreich agieren zu können. Auch hier gilt das Prinzip der kleinen Schritte. Ein „National-Diversity-Team" trifft sich regelmäßig zu einem Stammtisch und entwickelt Ideen, um Mitarbeiter der verschiedensten Kulturen zusammenzubringen, um sich besser zu verstehen und um besser zusammenarbeiten zu können. Orientierungshilfe für „Non-locals" in die deutsche Infrastruktur, soziale Integration im beruflichen und privaten Kontext sind die ersten Schritte. Auch hier werden externe Kooperationen angestrebt, zum Beispiel mit internationalen Clubs und mit einem Mitarbeiter Counsellingdienst. Darüber hinaus sind Workshops geplant, die den Mitarbeiter/-innen erleichtern, kulturelle Unterschiede wahrzunehmen und auf individuell und kulturell geprägte Stile positiv einzugehen. Vielfalt anstatt Uniformität ist das Leitmotto – hier wie in allen Diversity-Aspekten.

Diversity in den Vergütungssystemen

Eine Organisation erwartet von ihren Beschäftigten eine bestimmte Arbeitsleistung, für die der Mitarbeiter bestimmte Gratifikationen entgegennimmt (Anreiz-Beitrags-Theorie). Bei diesem Austauschmodell kann eine Organisation als Anreizsystem betrachtet werden. Sie bietet materielle und/oder immaterielle Anreize. Beschäftigte ziehen dabei meist materielle Anreize vor, da diese leichter zu bewerten sind. Diese Anreize tragen umgekehrt dazu bei, dass ein Mitarbeitertypus entsteht, der dem Anreizsystem entspricht.

Bei der Anreizpolitik spielt die Motivation eine zentrale Rolle. Motivation ist (leider) nicht greifbar, sondern ein theoretisches Konstrukt, welches wir gedanklich nutzen. Sie bestimmt maßgeblich die Stärke, Richtung und Dauer unseres Handels. Wenn auch eine Handlung ohne Motivation möglich ist, steigert sie doch den Output (Arbeitsleistung) mitunter wesentlich. Motivation kann mit Hilfe verschiedener Anreize erschlossen und gefördert werden: finanzielle Anreize, Arbeitsbedingungen, Führungstechniken, Weiterbildung, Selbstverwirklichung usw. Aus Sicht von Diversity erscheint dabei wesentlich, dass verschiedene Anreize bei jedem Menschen eine andere Bedeutung (Wertigkeit) aufweisen. Generell gilt indes, dass die Leistung eines Individuums erkannt und angemessen belohnt werden muss, so dass sich ein „Gerechtigkeitsgefühl" einstellt (Equity-Theorie) und individuelle Grundbedürfnisse befriedigt werden.

Die Entgeltfindung im Rahmen von Vergütungssystemen strebt eine Leistungsgerechtigkeit an, die durch Lohnformdifferenzierungen erreicht werden kann. Hierfür ist die Leistungsbewertung bzw. -beurteilung[13] (Performance Management) entscheidend. Durch Verfahren der Leistungsbeurteilung soll individuellen Leistungsunterschieden Rechnung getragen werden, um diese finanziell zu honorieren.[14] Von Bedeutung ist dabei, wer Leistung (bzw. Erfolg) definiert und wie dies geschieht. Hier werden Mechanismen relevant, die in Kapitel 4 beschrieben wurden: Die persönliche Entwicklung von Menschen führt dazu, dass sie die Bewertung von Leistung und Motivation an ihren eigenen Vorgehensweisen und Präferenzstrukturen ausrichten. Dies verstärkt sich, wenn mehrere Menschen, zum Beispiel in Entscheidungspositionen, ähnliche Vorstellungen haben. Im Ergebnis führt dies dazu, dass in Organisationen Angehörige von Insidergruppen Maßstäbe definieren, denen Outsider nur schwer standhalten. So erklären sich die Berichte von Frauen und Minderheiten, sie müssen mehr leisten, um die gleiche Anerkennung wie Männer bzw. die Mehrheit zu erhalten. Diese Frage tritt zudem immer wieder in der Diskussion zu Tage, ob Frauen (und Männer) „männlich" agieren müssen, um Erfolg zu haben.

Das Diversity Mainstreaming strebt Beurteilungen und Vergütungen an, die sich von dem „Wer" und „Wie" distanzieren. Ziel ist eine performanceorientierte Vergütung, bei der die Leistung zählt und Potenziale anerkannt werden. Dieses Prinzip müsste auf lange Sicht dazu führen, dass Frauen und Männer in vergleichbaren Positionen gleiches Entgelt beziehen. Andererseits stellt Diversity den „Familienzuschlag" im öffentlichen Bereich in Frage, der keinen Bezug zur dargebrachten Leistung aufweist und möglicherweise transparenter (und fairer) über Kindergeldzahlungen des Staates erfolgen könnte. In diesem Zusammenhang stellt der weite Bereich der „Benefits" ein Handlungsfeld für das Diversity Mainstreaming dar. Manche dieser Zusatzleistungen wurden mit Blick auf bestimmte, dem Mainstream entsprechende Lebensformen entwickelt (z.B. Vergünstigungen

---

13 Synonyme: Persönlichkeitsbeurteilung, Verhaltensbeurteilung, Merit Rating.

14 Vgl. Oechsler, Walter (1997), S. 346.

„Respect for an individual's contributions,
as well as a willingness to work together in a
constructive, positive way is at the heart of
Nokia's success in the world market. Clearly this
will remain so as we aim to be the employer
of choice in our industry."

JORMA OLLILA, Chairman and CEO Nokia, August 2003

für Ehepartner). Angesichts vielfältiger Veränderungen in diesem Bereich erscheint es zeitgemäß, fair und effektiv, diese Benefits auf andere anerkannte Lebensformen (z.B. nach dem Lebenspartnerschaftsgesetz) oder alle Lebensformen (auch nichteheliche Gemeinschaften) auszudehnen oder auch für Singles Zusatzleistungen zu entwickeln, die einen entsprechenden Mehrwert für deren Lebenssituation bieten. In dieser letzten Stufe wäre das Prinzip der „Inklusion" vollständig verwirklicht, da dann tatsächlich alle MitarbeiterInnen Benefits erhalten (können).

Entsprechend der Überprüfung von Stellenbeschreibungen (siehe oben) erfolgt im Rahmen des Diversity Mainstreamings daher eine Überprüfung von Anforderungskatalogen, anhand deren die Arbeitsbewertung erfolgt. Auch müssen Wertmaßstäbe eine einheitliche Anwendung finden und das Charakteristische, Beanspruchende einer Tätigkeit auf faire Weise zum Ausdruck bringen.[15]

Da Leistungsbeurteilungen zunehmend auch persönliche bzw. menschliche Fähigkeiten, zum Beispiel soziale Kompetenzen, in Betracht ziehen, liegt es nahe, auch die Kompetenzen, die Mitarbeiter mit Blick auf Diversity einsetzen, in die Bewertung (und in die Vergütung) einfließen zu lassen. Dabei besteht grundsätzlich die Möglichkeit, Diversity als Kompetenzbereich zu verankern (z.B. in Führungsmodellen) oder Diversity als Teil von Zielvereinbarungen (z.B. im Rahmen der Balanced Scorecard) zu berücksichtigen. Im Sinne des Mainstreamings stellt die ganzheitliche Verankerung in Führungsmodellen die nachhaltigere Variante dar, während die Aufnahme in Zielvereinbarungen eher im Rahmen der Topdown-Einführung sinnvoll erscheint (siehe dort).

Die Bedeutung von Diversity für die einzelnen Bereiche des Personalmanagements

Im Rahmen einer Studie der mi.st [Consulting wurde untersucht, in welchen Bereichen des Personalmanagements Unternehmen Diversity als wichtig erachten. Die meisten Befragten gaben an, den Ansatz in den Bereichen Personalbeschaffung und Weiterbildung anzuwenden. Doch es gab Unterschiede zwischen europäischen und amerikanischen Unternehmen. Letztere setzen im Recruiting verstärkt auf Zielvorgaben, die einen Quoteneffekt bewirken können. Auch nennen sie spezielle Entwicklungsprogramme beispielsweise für Frauen oder ethnisch-kulturelle Minderheiten als angewandte Tools. Diese können den Eindruck einer Bevorzugung (positive Diskriminierung) wecken. Dagegen bevorzugen europäische Firmen eine Überprüfung und Anpassung ihrer Recruiting-Systeme mit Blick auf deren Neutralität und Durchlässigkeit für unterschiedliche Bewerber – also das Mainstreaming im dargestellten Sinne. Auch werden die Mitarbeiterbeziehungen vor allem in einigen europäischen

---

15   Vgl. Jochmann-Döll, A.; Wächter, Hartmut (1989).

Unternehmen durch „Dignity & Respect" und Anti-Mobbing-Aktivitäten verbessert.

Indes erscheint es im Bereich der Weiterbildung besonders wichtig, Stereotypisierungen in bestehenden Trainings zu eliminieren und sicherzustellen, dass die verwendeten Methoden für ganz unterschiedliche TeilnehmerInnen relevant und effektiv sind. Allerdings hat die Studie gezeigt, dass die fokussierte Diversity-Arbeit in der Personalentwicklung noch selten geleistet wird, denn nur ein Befragungsteilnehmer weist auf die intensive Integration von Diversity in der Personalentwicklung hin. Dies erstaunt insofern, als dass derartige Aktivitäten direkt der angestrebten Steigerung der individuellen und damit der gesamten Produktivität des Unternehmens dienlich wären.

Für fast alle Unternehmen stellt die Vereinbarkeit von Privat- und Berufsleben ein weit entwickeltes Themenfeld dar. Vor allem flexible Arbeitszeitmodelle und Abwesenheitsrichtlinien sowie Betreuungs- und Unterstützungsprogramme sind verbreitet. Vergleichweise wenig Beachtung finden dagegen Stressmanagement sowie Gesundheits- und Freizeitfragen.

Diversity Mainstreaming in der Unternehmenskommunikation

Wie schon im HR-Management strebt Diversity in der Unternehmenskommunikation eine umfassende Berücksichtigung von Unterschieden an. Da das Thema Marketing in nachfolgendem Abschnitt separat behandelt wird, kommen im Rahmen eines zeitgemäß ganzheitlichen Verständnisses von Unternehmenskommunikation für das Diversity Mainstreaming vor allem zwei Teilbereiche in Frage: Die interne (Mitarbeiter-)Kommunikation und die (externe) Öffentlichkeitsarbeit. Letztere umfasst neben der Produkt- und Unternehmens-PR vor allem den Bereich der Nachhaltigkeit, in dem meist verschiedene Aktivitäten des Umweltschutzes, des Sponsorings und der sozialen bzw. gesellschaftlichen Verantwortung gebündelt werden.

Im Unterschied zur internen Kommunikation im Rahmen der Diversity-Einführung (siehe oben) strebt das Diversity Mainstreaming an, die Themen der internen Kommunikation und ihre Vermittlung so zu gestalten, dass sich tatsächlich alle Beschäftigten darin wiederfinden. In diesem Zusammenhang sei auf die Ausführungen zu Bildauswahl und textlichen Formulierungen im Abschnitt „Diversity in der Personalbeschaffung" verwiesen. Weitere Anregungen für diesen Bereich des Mainstreamings finden sich im folgenden Abschnitt zu Marketing.

Eine besonderes Augenmerk im Bereich der internen Kommunikation soll hier auf Sprachregelungen liegen. In Unternehmen bildet sich über die Jahre eine so genannte Corporate Language heraus. Teil dieser Sprache sind unter anderem bestimmte (Fach-)Begrifflichkeiten oder (technische) Ausdrucksweisen. Analog entstehen sprachliche Besonderheiten, die in der Kommunikation des Unternehmens mit den Mitarbeitern oder zwischen den Mitarbeitern zum Ausdruck kommen. Das Diversity Mainstreaming zielt hier darauf ab, dass verwendete Formulierungen neutral sind und keine MitarbeiterInnen ausgrenzen. Ein offensichtliches Beispiel bildet die Verwendung von männlichen und weiblichen Formen. Weniger verbreitet sind Überlegungen zur Ansprache von Menschen mit Behinderungen oder von Migranten. In der Kommunikation findet sich zum Beispiel noch häufig die Formulierungen „Mitbürger" oder „Ausländer", die von vielen Migranten als diskriminierend empfunden werden. Bei internen Einladungen war es lange Zeit üblich, Herrn Sowieso „mit Gattin" einzuladen. Nachdem sich die Lebensentwürfe von immer weniger Menschen an tradierten Vorstellungen orientieren, gelangte man zu den Formulierungen mit Partnerin (bei Herren) und mit Partner (bei Damen). Aus Sicht von Diversity beinhalten diese jedoch eine heterosexuelle Vorannahme, die auf Homosexuelle ausgrenzend wirkt. Da die sexuelle Orientierung vieler Mitarbeiter nicht bekannt ist, erscheint daher die Formulierung „mit Begleitung" für alle Beschäftigten angebracht – vorausgesetzt, sie impliziert, dass man auch ohne Begleitung teilnehmen kann.

Ein weiterer Antriebsfaktor entwickelt sich seit einigen Jahren im Umfeld von „Nachhaltigkeit" (Sustainability, Sustainable Development). Eine der drei Säulen der so genannten Triple Bottom Line (People – Planet – Profit) besteht in der sozialen Verantwortung (oder besser: gesellschaftlichen Verantwortung) von Unternehmen – Corporate Social Responsiblity (CSR). In diesem Rahmen erfolgen zum Beispiel Sponsoring oder Fördermaßnahmen (1) im direkten (regionalen) Umfeld des Unternehmens, (2) in relevanten Themenbereichen (beispielsweise Kultur oder Sport) sowie (3) im karitativen Bereich. Die in diesem Absatz geschilderten Aspekte galten lange als „typisch amerikanische" Überlegungen, die dem sachlich-funktionalen Denken in Deutschland wenig entsprachen. Nun scheint hier eine Annäherung zu erfolgen. Inzwischen engagieren sich viele Großunternehmen in sozialen Einrichtungen oder mit eigenen Stiftungen. In den letzten Jahren gingen einige Großunternehmen dazu über, ihre gesamten Aktivitäten im Bereich Nachhaltigkeit (oder CSR) jährlich in umfangreichen Berichten zu veröffentlichen. In diesem Kontext hat die Allianz in effektiver Weise auf ihre Überlegungen und Aktivitäten im Zusammenhang mit Diversity hingewiesen. Ein ausführlicher achtseitiger Bericht im Corporate Responsibility Magazine stellt das Thema allgemein dar, zitiert Fach- und Führungskräfte des Konzerns und präsentiert eine Reihe von Aktivitäten verschiedener Konzerngesellschaften.

Im Rahmen der Corporate-Practice-Studie von mi.st [Consulting wurde erhoben, ob sich der Geist von Diversity auch bei anderen Unternehmen im Bereich CSR niederschlägt. Dies läge nahe, da hier eine direkte Verbindung von Geschäftstätigkeit und gesellschaftlichem Umfeld besteht und durch Diversity eine bewusst breite Abdeckung der so genannten Communities erreicht werden kann. Allerdings wiesen nur wenige Befragte auf konkrete Aktivitäten im Bereich Nachhaltigkeit hin, die gesellschaftliche Vielfalt berücksichtigen. Es scheint, als ob nachhaltige Maßnahmen noch als mildtätige Aktivitäten gesehen werden und insofern unberührt von (interner oder geschäftsorientierter) Diversity-Arbeit bleiben. Auch das klassische Sponsoring wird noch getrennt von Diversity betrachtet, was eine mögliche gegenseitige Befruchtung praktisch ausschließt. Lediglich Projekte, die sich für die Belange von Behinderten oder Frauen einsetzen, bieten für einige Unternehmen eine Plattform, ihr soziales Engagement mit den Grundzügen von Diversity zu koppeln.

Da sich Aktivitäten zur Nachhaltigkeit, insbesondere im Themenbereich gesellschaftliche Verantwortung, naturgemäß auf die gesamte Gesellschaft beziehen, kann diese Funktion der Unternehmen nicht von den grundlegenden Veränderung in der Gesellschaft unberührt bleiben. Im Gegenteil muss gerade der Bereich Nachhaltigkeit/CSR bewusst und proaktiv auf bestehende und wachsende Vielfalt in der Gesellschaft und sich verändernde Werte eingehen. Insofern bietet sich die Überprüfung von Sponsoring- und Förderkonzepten an, um Möglichkeiten zu identifizieren, wie Diversity-Ansätze dazu beitragen können, die Arbeit zu Nachhaltigkeit noch effektiver zu gestalten.

Wie dies erfolgen kann, zeigt das Beispiel der Alfred-Herrhausen-Gesellschaft. Dieses Forum der Deutschen Bank führt umfangreiche Aktivitäten jeweils zu einem Jahresthema durch. Im Jahr 2002 beinhaltete dieses Thema unter anderem „Diversity". Neben der Publikation eines Buches wurde eine hochkarätige Veranstaltung in Berlin durchgeführt.

Eine Reihe von Unternehmen, darunter auch die Deutsche Bank und Ford, bindet weiterhin die Belegschaft in das gesellschaftliche Engagement ein, zum Beispiel durch die Freistellung für ehrenamtliche Tätigkeit.

Microsoft Deutschland ermutigt alle MitarbeiterInnen, Diversity als wertvoll zu begreifen und ihr eigenes Potenzial voll zu realisieren: Die Anerkennung und Förderung unterschiedlicher individueller Werte, Lebens- und Arbeitsstile bereichert die gemeinsame Arbeitsumgebung und macht Microsoft damit zum „Great Place to Work" für die besten Talente im Markt.

Um den MitarbeiterInnen neue Impulse zu geben und langfristig für Diversity zu sensibilisieren, hat sich Microsoft Deutschland für das Programm „Switch – die andere Seite" entschieden. Im Mittelpunkt steht hier vor allem das Erfahren und Erleben von vermeintlich fremd erscheinenden Werten und Lebensentwürfen.

Bei dem von der Stadt München angebotenem Programm leisten Microsoft-MitarbeiterInnen eine Woche lang Dienst in sozialen Einrichtungen. Dabei handelt es sich beispielsweise um die Bahnhofsmission, Sterbehilfe oder Aids-Beratung. Die Switch-TeilnehmerInnen erfahren Diversity in dieser Woche „auf eine ganz andere Weise", sehr hautnah, überschreiten Grenzen. Sie lassen sich auf eine Realität ein, die zunächst in einem extremen Kontrast zu ihrem Arbeitsalltag steht. Auch die vordergründige „Nicht-Normalität" wird so zum Teil der erlebten Normalität.

Bei der Verarbeitung dieser so anderen, teilweise tief gehenden Eindrücke und Erfahrungen werden die ProjektteilnehmerInnen nicht allein gelassen. In der ganzen Zeit steht ihnen ein hauptamtlicher Mitarbeiter der besuchten Einrichtung als Coach zur Seite. Auch der Austausch zwischen den Teilnehmern wird gefördert, durch gemeinsame Treffen vor und nach dieser Projektwoche.

Microsoft-MitarbeiterInnen erfahren „Andersartigkeit". Das persönliche Erleben sensibilisiert für Unterschiede und andere Lebensentwürfe. Zugleich soll es die Fähigkeit fördern, diese zu achten und ihnen mit Wertschätzung zu begegnen. Somit unterstützt Microsoft die respektvolle und effektive Zusammenarbeit zwischen unterschiedlichen Arbeitsgruppen und MitarbeiterInnen.

Durch den Austausch mit den Mitarbeitern der Einrichtungen und der anderen teilnehmenden Unternehmen lernen alle Beteiligten voneinander, Vorurteile werden abgebaut, soziale Kompetenzen weiterentwickelt.

Nicht zuletzt zeigt es, wie Microsoft als Unternehmen und mit seinen MitarbeiterInnen Verantwortung in der Gesellschaft übernehmen kann und damit einen Beitrag für ein respektvolles Miteinander leistet.

Diversity Mainstreaming im Marketing

Eine Zielsetzung von Diversity besteht in der Steigerung des Erfolges eines Unternehmens. Insofern erscheint es nahe liegend, eine Integration und Nutzung der Grundideen von Diversity auch im Bereich des Marketings und des Kundenbeziehungsmanagements zu betrachten. Allerdings zeigte die Corporate-Practice-Studie der mi.st [Consulting, dass nur wenige Unternehmen konkrete Beispiele nennen können, wie sie Diversity im Bereich Märkte & Kunden nutzen. Einige Firmen erwähnten, vielfältige Mitarbeitergruppen zu nutzen, um die Vielfalt ihrer Märkte besser zu bearbeiten. Ein Unternehmen wies auf heterogenes Verkaufspersonal hin, mit dem auf vielfältige Kundenbedürfnisse reagiert wird.

Auch die in Kapitel 5 (Abschnitt „Wirtschaftliche Rahmenbedingungen: Werbekultur") vorgestellte Studie belegt zudem eindrucksvoll, dass die Marketingkommunikation (am Beispiel der Fernsehwerbung) bestehende Vielfaltspotenziale der Märkte nicht nutzt. Vor allem bestehende kulturelle Vielfalt, die Vielfalt der Generationen und vielfältige sexuelle Orientierungen werden nicht widergespiegelt. Da verwundert es nicht, dass ein aktuelles französisches Buch „Les nouveau Marketings" just diese Facetten thematisiert. Dabei besteht das proklamierte Ziel des Massenmarketings in der universellen Anwendbarkeit eines (bestimmten) Marketingmix. Dies wirft zwei Fragen auf:

▶ Was meint „universell"? Besteht darin ein Hinweis auf die leichtfertig verwendete Verallgemeinerung „alle" (z.B. alle Frauen, alle Männer, alle Jüngeren, alle Deutschsprachigen …)? Oder besteht der Versuch, das Wort „Masse" zu umgehen? Welche Masse wäre gemeint? Gibt es „die" Masse überhaupt (noch)? Oder sprechen wir von „den Massen", und welche Konsequenzen hätte dies?

▶ Was meint „Anwendbarkeit"? Verwässert dieser Begriff den (zu Recht) hohen Anspruch, das Marketing solle dem Kunden einen für ihn oder sie zutreffenden, individuellen Mehrwert vermitteln? Bezieht sich die „Anwendung" tatsächlich auf die gesamte Vermittlung, d.h. inklusive Absendung und Empfang, oder lediglich auf eine Implementierung von Maßnahmen?

Kulturhistorisch betrachtet, liegt es nahe, dass Massenmarketing zu Zeiten seines Entstehens in den Nachkriegsjahrzehnten ein opportunes Mittel war, die noch in manchen Bereichen existierende Masse des Marktes über ein One-size-fits-all-Konzept zu erreichen. Ein rückblickend noch erkennbarer, sozialer Druck sorgte seinerzeit für Anpassung und regelte, wer „dazugehörte" und wer nicht. Für das Massenmarketing genügte es, die zu erreichen, die dazugehörten, weil sie die Kaufkraft besaßen und tatsächlich die Masse, den Mainstream, darstellten. Traditionelle Familien mit traditionellen Rollenaufteilungen halten sich bis heute in ausgeprägt konservativen Kommunikationsstrategien wie zum Beispiel für einige Marken der Firma Meica („Deutschländer", „Truman's", „Bratmaxe").

Die als homogen angenommenen Märkte wurden über „Durchschnittstypen" sprichwörtlich abgebildet. Der Durchschnittsmann, die Durchschnittsfrau und die Durchschnittsfamilie dienten als Transportmedien. Im Zuge der Differenzierung der Märkte erfolgte eine Differenzierung in „Cluster". Der Grundtenor der Werbung ging jedoch weiterhin von einer relativen Einheitlichkeit aus. Bis heute ist diese im Auftritt einiger Marken aus dem Hause „Ferrero" zu erkennen, die seit vielen Jahren mit ausgeprägt einheitlichen Protagonisten an den Markt herantreten. Es bleibt fraglich, ob die konstant mittelblonden, mitteljungen, mitteldeutschen, mittelständischen und natürlich heterosexuellen Pärchen der Ferrero Küsschen & Co. die Massen der Märkte widerspiegeln.

Aus zahlreichen Daten lässt sich indes zeigen, dass der „Mainstream" seit Jahren zurückgeht und einen immer kleineren, aber dennoch den einzig hart umkämpften (!) Teil des Gesamtmarktes ausmacht (vgl. Kapitel 2). Nach Berechnungen der mi.st [Consulting stellt der „traditionelle Mainstream" inzwischen weniger als 30 % des Marktes dar bzw. rund 20 % , wenn unkonventionelle Rollenverteilungen unter Ehepartnern mitberücksichtigt werden. Die zuvor zitierte Analyse der TV-Werbung zeigt, dass die Marktkommunikation kaum vielfältige Realitäten zeigt.

Andererseits ist bekannt, dass sich Kunden mit Werbung identifizieren können müssen. Wenn die dargestellte (Wunsch-)Welt keine Bezüge zur eigenen Lebenswirklichkeit aufweist, dann entsteht keine Beziehung zum Produkt, oder es tritt ein Gefühl der Ausgrenzung aus der Markenwelt auf. In beiden Fällen bleibt der Werbereiz aus.

Obwohl zahlreiche gesellschaftliche Trends, quantitative wie auch qualitative, in Richtung Vielfalt und Individualität weisen, erkennt das Marketing nicht einmal bereits herrschende Vielfalt an. Dies belegen zwei Studien im Auftrag von mi.st [Consulting, in denen Marketingexperten bezüglich ihrer Segmentierungsüberlegungen und -kriterien befragt wurden. Eine Untersuchung unter 40 Lebensmittelkonzernen zeigte, dass eine Differenzierung des Marketings an Informationsdefiziten scheitert. Die Marketer gaben an, dass ihnen just jene Segmentinformationen (in diesem Falle über den Gay-Markt) fehlten, die sie in anderen Fällen zur Segmentierung verwendeten. Eine aktuell durchgeführte Befragung von Marketingmanagern und Werbeagenturen fand heraus, dass umfassende Informationsdefizite und ein erstaunliches Maß an persönlichen Vorurteilen der professionellen Bearbeitung von ethnischen und von homosexuellen Marktsegmenten entgegenstehen.

Während Potenziale außerhalb des Mainstreams ungenutzt bleiben, ist eine Fokussierung auf Themen zu beobachten, die mehr der persönlichen Lebenswelt der Akteure als der strategischen Marketingkonzeption zu entstammen scheinen. So bewegen sich etliche Marken im Kommunikationsumfeld „Fußball", obwohl häufig kein Bezug zur Marke, ihrer Architektur oder ihren Werten erkennbar ist. Die bloße Kontaktzahl dient als Argument für die Kommunikationsmaßnahme. Etwaige Diskrepanzen des Umfeldes mit der Markenwelt lassen sich kaum thematisieren.

Das Zielgruppenmarketing scheint einen Ansatz für eine effektivere Ansprache zu bieten. Allerdings kann die Gruppenbildung leicht zu Stereotypisierungen führen, da die werbliche Prägnanz meist durch eine (Über-)Betonung einzelner Gruppenmerkmale entsteht. Man denke nur an die klischeehafte Darstellung von jungen Müttern, Single-Männern, Senioren, Homosexuellen oder Jugendlichen. Dies erscheint nicht nur für viele Angehörige der jeweiligen Zielgruppen beleidigend und angesichts der allgemeinen Öffnung der Gesellschaft kontraproduktiv, es ignoriert zudem die deutlich angewachsene Vielfalt innerhalb vieler Marktsegmente. Der Trend zum Familienmarketing, vor allem im Food- und im FMCG-Bereich, illustriert dies. „Family"-Aktionen beziehen sich ganz überwiegend auf traditionelle Familien, die monokulturell und stereotypisch dargestellt werden. Neue Familienkonstellationen, die das klassische 2+2-Modell längst von seiner (zahlenmäßigen) Vormachtstellung verdrängt haben, werden nicht angesprochen. Singles oder Alleinlebende kaufen das Produkt möglicherweise mit einem Gefühl des Befremdens.

Diversity bietet schon bei der Erstellung eines Marketingkonzeptes, der Definition von Produkt und Zielgruppen und der Festlegung von Marketingstrategien Möglichkeiten, den Erfolg zu steigern. Entsprechend den oben zitierten Studien, wonach viele Zielgruppen erst gar nicht in Erwägung gezogen werden, erscheint diese Überlegung, mehr Offenheit, mehr Aufgeschlossenheit walten zu lassen, viel versprechend. In anderen Bereichen, wie im Kundenbeziehungsmanagement (CRM), ist eine Beachtung der Individualität bereits auf dem Vormarsch. In Call-Centern wird beispielsweise darauf geachtet, dass AnruferInnen nicht aufgrund demographischer Faktoren stereotypisiert werden.

Für ein Diversity-Marketing lassen sich insgesamt drei Hauptvarianten vorstellen:

▶ die Bearbeitung des Gesamtmarktes über vielfältige Zielgruppen, ohne die bisher vorherrschenden Stereotypisierungen zu verwenden

▶ die Bearbeitung des Gesamtmarktes, indem das Thema „Vielfalt" explizit zur breiten Abdeckung genutzt wird

▶ die Bearbeitung des Gesamtmarktes auf eine offene Art und Weise, so dass vielfältige Kunden implizit angesprochen werden

Eine zielgruppenorientierte Ansprache ohne Rückgriff auf Klischees scheint in erster Linie eine (lösbare) kreative Herausforderung zu sein. Dennoch beinhalten viele Kommunikationsinhalte offensichtliche oder subtile Klischees, die durch das Diversity Mainstreaming eliminiert werden sollen. Eine solch kritische Betrachtung findet meist aus Sicht bestimmter Gruppen statt. So kommentiert die Frauenzeitschrift „Emma" immer wieder sexistische Werbung, während die Kolumne „Rosa Brille" Werbung aus schwul-lesbischer Sicht glossenhaft bespricht (24 Tops und 24 Flops der vergangenen zwei Jahre unter www.rosa-brille.com). Wie leicht sich Klischeehaftes in der Werbung negativ erkennbar macht, mag das Beispiel eines französischen Kleinwagens zeigen. Obwohl die Hauptzielgruppe Frauen waren, wurde das Produkt mit der Tagline „Der Rivale" umworben – wohl mit Blick auf inländische Dominanz in diesem Segment. Diese markant-machoistische Sprachwahl dürfte die meisten weiblichen Kunden unberührt lassen. Ähnlich deplaziert erscheint ein aktueller TV-Spot von DaimlerChrysler, der das Thema „Technik" mit der Zungenfertigkeit einer Frau in Verbindung bringt.

Neben der Vermeidung von Stereotypen stellt sich die Frage nach Alternativen der Ansprache. Aus dem Gay-Marketing sei auf hierzu auf die Kampagne „CommUnityCation" des Telekommunikationsanbieters NetCologne verwiesen, die mittels einer „Keith-Haring-Codierung" schwul-lesbische Zielgruppen besonders anspricht (www.homo-economics.com → campaigns). Weiterhin besteht die Möglichkeit, auf eine sympathische Art und Weise mit Stereotypen zu spielen. So führte beispielsweise der TV-Spot „Successful People" für den AUDI A6 schon vor Jahren eindrucksvoll vor, wie leicht man den Begriff „Manager" und entsprechende Bilderwelten mit „Männern" in Verbindung bringt. Ein aktueller Spot von Volkswagen nutzt die Assoziation „Van = Familienauto" für einen bleibenden Aha-Effekt. Und DaimlerChrysler greift das Generationenthema in ausgesprochen effektiver Art und Weise mit einem Augenzwinkern auf („zu jung" – „zu alt").

Explizit tritt „Vielfalt" als Thema in der Werbung und damit als Instrument zur breiten Marktabdeckung erstaunlich selten auf. Bis heute bildet die Kampagne „Happynese" (Langnese/Unilever) aus dem Jahre 2001 ein herausragendes Beispiel. Eine in vielerlei Hinsicht bunte Gruppe transportierte die Kampagne. Die Protagonisten wurden in ihrer Individualität auf einer eigenen Website vorgestellt. Männer und Frauen verschiedener Altersgruppen, ethnischer Prägungen und sexueller Orientierungen waren vertreten. Mit dem Thema „Individualität" warb die Dresdner Bank in der Kampagne „Individuell beraten" und nutzte ebenfalls sehr unterschiedliche Charaktere, um ihre Botschaft zu verstärken. Das Thema „Differenz" nutzt die „Aktion Mensch" in ihrer Tagline „Es lebe der Unterschied" für eine Imagekampagne.

Bei der Thematisierung und Visualisierung von Vielfalt ist indes darauf zu achten, dass dies nicht in einer Quoten-und-Exoten-Kommunikation resultiert. An dieser Stelle sei an einige Werbemotive der Firma Benetton erinnert, die immer wieder plakativ und sensationalistisch auf Differenz abhob.

Die dritte Variante, die sich als „Diversity-Marketing" anbietet, baut auf einer offenen Geisteshaltung auf. Diese liegt vielen zeitgemäßen Markenwelten ohnehin zugrunde, zum Beispiel über Attribute wie Freundschaft, Nähe, Respekt, Offenheit, Multikultur, Unkonventionalität, Neugier, Modernität, Aufgeschlossenheit etc. Die Umsetzung in der Marketingkommunikation erscheint indes nicht so einfach. In Abgrenzung zu den bereits vorgestellten Varianten mag die Vermittlung von „Offenheit" am ehesten ohne Menschen oder nur durch einzelne Personen, die nicht im Zentrum der Botschaft stehen, erfolgen. So kann die Marktkommunikation gewissermaßen neutralisiert und für eine breitere Masse von KundInnen kompatibel werden. Damit nähert sich „Diversity-Marketing" nach anfänglicher Abkehr wieder dem Massenmarketing – allerdings aus der anderen Richtung. In jüngerer Vergangenheit haben sich vor allem einige Imagekampagnen in einem Umfeld bewegt, das werteorientiert und so für eine breite Masse zugänglich war. Als Beispiele seien die Markenkampagnen der Hypovereinsbank (HVB), von Opel (Frisches Denken für bessere Autos), der Credit Suisse oder die neuere E-on-Kampagne (Ich bin on) genannt.

Diversity bietet dem Marketing im Sinne von Wertschätzung der ganzen Vielfalt neue Möglichkeiten, mehr Menschen durch Differenzierung, Offenheit und Einbeziehung (Inclusion) emotional zu erreichen. Da Diversity zudem ein echtes Zukunftsthema ist, passt es zu vielen modernen Marken. Durch die interne Verankerung wird Diversity für Kunden überprüfbar und erlebbar.

Der erste Schritt in Richtung Diversity-Marketing besteht in der Analyse bestehender Vielfalt: Wie viele unterschiedliche Kunden bilden unseren Gesamtmarkt? Den zweiten Baustein bildet die Neugier für andere Perspektiven: Welche Wahrnehmung haben Menschen, die wir bislang als TV-Zuschauer oder Plakatbetrachter möglicherweise übersehen haben? Aus diesen Betrachtungen lässt sich ableiten, wie viele Potenziale bislang nicht völlig ausgeschöpft wurden, da Marktsegmente nicht angesprochen oder nicht erreicht wurden. Eine Analyse der Markenarchitekturen und -werte unter Diversity-Gesichtspunkten führt weiterhin häufig zu neuen Erkenntnissen bezüglich ungenutzter Vermarktungsmöglichkeiten. So werden neue Interpretationsmöglichkeiten der Werte denkbar, die wiederum eine Entwicklung der Marke und ihres Marketings möglich machen.

Insgesamt sind die Möglichkeiten des Diversity Mainstreamings im Marketing überaus vielschichtig und betreffen potenziell den gesamten Marketingbereich. Neben diesen umfangreichen Konzepten bietet Diversity konkrete Ansatzpunkte für eine differenzierte Marktbearbeitung, wie das folgende Fallbeispiel zeigt.

Deutsche Telekom: Diversity als Business Case – Von „Frauen ans Netz" zum Zielgruppenmarketing

von Sylvia Stange

Die Deutsche Telekom ist eines der weltweit führenden Unternehmen der Telekommunikationsbranche. Mit ihren vier Konzerndivisionen – T-Mobile, T-Online, T-Systems und T-Com – bietet die Telekom ihren Kundinnen und Kunden das gesamte Spektrum der modernen Telekommunikationsdienstleistungen aus einer Hand. „Die Deutsche Telekom wird als das führende Unternehmen der Informationstechnologie- und Telekommunikationsbranche die Gesellschaft für eine bessere Zukunft verbinden" ist erklärtes Unternehmensziel. Telekom ist als Konzern in mehr als 65 Ländern vertreten. Als einer der größten Telekommunikationsanbieter Europas ist das Unternehmen auf den wichtigsten Märkten in Europa, Asien und Amerika präsent. Fast jeder dritte Konzernbeschäftigte ist heute außerhalb Deutschlands tätig.

Chancengleichheitspolitik

Die Existenz und das Leben einer Chancengleichheitspolitik sind wesentliche Voraussetzungen für den Erfolg eines international agierenden Konzerns, und zwar nach innen und außen. Voraussetzung für ein faires, gleichberechtigtes und wertschätzendes Zusammenarbeiten zwischen Frauen und Männern in den Unternehmen ist unter anderem das Wissen um die unterschiedliche Sozialisation. Wettbewerbsfähigkeit hängt in hohem Maße von der Leistungsfähigkeit und Leistungsbereitschaft der Beschäftigten ab. Kompetente, engagierte und unternehmerisch denkende Beschäftigte sind für den Erfolg unseres Unternehmens immer wichtiger. Deren Potenziale und Qualifikationen zu erkennen und richtig einzusetzen ist daher das personalpolitische Ziel der Deutschen Telekom. Dies belegen zahlreiche Programme, zum Beispiel das Mentoring- und Crossmentoringprogramm für Frauen. Mit dem Abschluss eines Tarifvertrages und einer Konzernbetriebsvereinbarung zu Gleichstellung und Chancengleichheit sind Vereinbarungen in einer – für ein deutsches Wirtschaftsunternehmen – einmaligen Größenordnung getroffen worden. Im

Konzern setzen sich Beschäftigte hauptberuflich für die Durchsetzung von Chancengleichheit ein.

Weiterhin beteiligt sich die Deutsche Telekom im Rahmen einer Entwicklungspartnerschaft am EU-Projekt EQUAL, mit dem durch die Entwicklung und Erprobung innovativer Modelle ein Beitrag zur Europäischen Beschäftigungsstrategie geleistet wird. Ziel von EQUAL ist der Abbau von Diskriminierungen auf dem Arbeitsmarkt. Die Deutsche Telekom wird durch gezielte Projekte die Umsetzung von Chancengleichheit voranbringen.

Für das Engagement in Sachen Chancengleichheit wurde die Deutsche Telekom bereits zum dritten Mal mit dem Total-E-Quality-Prädikat ausgezeichnet. Total-E-Quality Deutschland ist ein Verein, der sich intensiv für die Herstellung fairer Chancen zwischen Frauen und Männern einsetzt. Entwickelt wurde das Konzept unter anderem vom Bundesministerium für Familie, Senioren, Frauen und Jugend, der Bundesvereinigung der Deutschen Arbeitgeberverbände, dem Deutschem Gewerkschaftsbund, der Bayer AG, der Deutschen Telekom, der Hoechst AG und anderen Unternehmen.

Living Diversity – Vielfalt leben

Die bislang an Chancengleichheit für Frauen und Männer ausgerichtete Personalpolitik wird nunmehr erweitert um den Managementansatz „Diversity". Dieser gewinnt besonders für die international agierende Deutsche Telekom zunehmend an Bedeutung. „Diversity" beschreibt die Einstellung gegenüber Vielfalt. Sechs Faktoren, die Menschen wenig beeinflussen können, bilden die natürlich Basis: Alter, Geschlecht, Ethnizität, sexuelle Identität, Befähigung und religiöse Glaubensprägung. Kultur, Sprache, Familienstand sind unter anderem weitere bedeutsame Dimensionen. Living Diversity – Vielfalt leben – heißt im Konzern Deutsche Telekom: Individualität und Pluralismus der Beschäftigten werden respektiert und die gewonnenen Energien für unseren Geschäftserfolg genutzt.

Mehr Frauen für technische Berufe zu gewinnen ist seit vielen Jahren ein Ansinnen der Deutschen Telekom. Voraussetzung dafür ist die intensivere Nutzung der Informations- und Kommunikationstechniken durch Frauen. Frauen gehen anders an Technik heran als Männer. Auch das Internet sehen sie nicht als nettes Spielzeug, sondern fragen erst einmal: Was bringt es mir, dass ich mich damit beschäftige, welchen Nutzen habe ich davon? Vielleicht sind sie deshalb im Netz noch immer in der Minderzahl. Bisher jedenfalls sind vor allem diejenigen mit der neuen Technik vertraut, die sie im Job anwenden (müssen). Noch 1998 waren sie lediglich zu 21 % an der Internetnutzung in Deutschland beteiligt. Dies galt es, zu ändern. Die Mitglie-

Logo „frauen ans netz"
(Copyright: Frauen geben Technik neue Impulse e.V.)

der der Initiative „Frauen geben Technik neue Impulse" setzten ihre Idee in die Tat um – die Aktion Frauen ans Netz wurde ins Leben gerufen.

Frauen ans Netz ist eine gemeinsame Aktion des Bundesministeriums für Bildung und Forschung, der Bundesanstalt für Arbeit, der Deutschen Telekom/T-Online, der Zeitschrift BRIGITTE und des Vereins Frauen geben Technik neue Impulse e.V., gestartet 1998. Frauen ans Netz vermittelt Onlinekompetenz, damit Frauen ihre Zukunft aktiv gestalten können. Ziel der Aktion ist es,

▶ den Frauenanteil im Netz auf mindestens 50 % zu steigern,

▶ Frauen den Umgang mit dem Medium Internet leicht verständlich und in angstfreier Atmosphäre zu vermitteln,

▶ auch Frauen ohne Zugangsmöglichkeiten zu Technik, Frauen in der Familienphase und Frauen mit derzeit geringen Arbeitsmarktchancen den Einstieg ins Internet kostengünstig zu ermöglichen, so dass sie dies sinnvoll für ihre zukünftige Aus- und Weiterbildung einsetzen können,

▶ Frauen zu zeigen, wie viel Spaß das weltweite Netz macht und wie sie es optimal für Kontakte, Unterhaltung und Information nutzen können,

▶ Frauen zu motivieren, sich aktiv an der Mitgestaltung des weltweiten Netzes und der Informationsgesellschaft der Zukunft zu beteiligen.

Die Pilotierung 1998 an vier Standorten der Deutschen Telekom war mehr als ein Erfolg. Die angebotenen Schnupperseminare waren regelrecht überlaufen, und Vertriebsleitungen hatten gar Sorge um die Gesundheit der Kundinnen und Kunden. Aber bereits zu diesem Zeitpunkt erhielten wir auch Signale über die Begeisterung der Seminarteilnehmerinnen und die Bereitschaft überzeugter Frauen, „online" zu gehen.

Die Erfahrungen aus der Pilotierung sorgten für künftige professionelle Aktionen mit einer kostenlosen Hotline zur Buchung von Seminaren, zur kurzfristigen Bereitstellung weiterer Seminare und – vor allem – für zufriedene Kundinnen. Erstaunte Vertriebsleitungen waren mit Anfragen zu „Komplettangeboten", d.h. ISDN, T-Online und auch einen PC, aus „einer Hand" zunächst überrascht. Und schnell wurde deutlich, dass die meisten Frauen doch ein anderes Kaufverhalten an den Tag legen als Männer; und sie verfügen immerhin meist über ca. 70 % des Familieneinkommens. Mit „Frauen ans Netz" gelang es den Beauftragten für Chancengleichheit, die Marketingstrategen für „Chancengleichheit bei der Deutschen Telekom" zu gewinnen: Win-Win für alle Beteiligten.

„Frauen ans Netz" ist ein optimales Beispiel für eine zielgruppenspezifische Marktbearbeitung. Als Telekom-Projekt wurde es gleichzeitig mit der Neuorientierung der Marktbearbeitung nach Kundensegmenten entwickelt und als eines der ersten Aktivitäten erfolgreich im Markt platziert. Mittlerweile sind die Kundensegmente zusammengefasst und bei „X ans Netz" integriert.

Nach den ersten Turbulenzen der Pilotierung und so mancher Diskussion über die Vereinbarkeit von staatlicher Finanzierung und unternehmerischem Handeln hätten die Beteiligten wohl kaum zu hoffen gewagt, dass diese Aktion noch in 2003 fortgeführt würde. Und die Ergebnisse überzeugen:

▶ Die Internetnutzung von Frauen ist auf über 40 % gestiegen, wenn auch noch immer langsamer als die der Männer.

▶ Die Verleihung des 2. Preises beim „ppp-award" der Initiative D21 honoriert die Leistungen der Beteiligten an der Aktion und gibt Mut zur Fortsetzung.

Auch für die Deutsche Telekom ein Erfolg, der – wenn auch nicht dem Kerngeschäft zuzuordnen – zeigt, dass sich gesellschaftspolitisches Engagement für die Umsetzung von Chancengleichheit für Frauen und Männer letztlich bezahlt macht.

Das Mainstreaming von Diversity verankert die Berücksichtigung und Nutzung von Unterschiedlichkeiten und die Grundhaltung der „Inklusion" in den Systemen einer Organisation. Durch die ganzheitliche Integration von Diversity-Prinzipien in das HR-Management, die Unternehmenskommunikation und das Marketing werden Organisationen flexibler, durchlässiger und effektiver.

6.3 Prozessmanagement: Organisation und Erfolgsmessung

Komplexe Veränderungen, wie sie durch die Einführung und das Mainstreaming von Diversity beschrieben wurden, benötigen eine klare Führung, eine differenzierte Steuerung und eine ausgewogenen Koordination. Im Falle von Diversity wird dieses Prozessmanagement von einer funktionalen Diversity-Organisation und einer prozessorientierten Erfolgsmessung wahrgenommen. Während organisatorische Strukturen vor allem eine Verankerung im Unternehmen und damit die Basis für effektive Führung und Koordination darstellen, bieten Erfolgsmesssysteme Unterstützung bei der Prozesssteuerung.

Die Organisation von Diversity

Vor allem zu Beginn der Implementierung von Diversity stellt sich oft die Frage, ob eine fest verankerte Funktion (Stelle) in der Organisation für das Management des Veränderungsprozesses benötigt wird. Angesichts der Komplexität und der Langwierigkeit der Grundlagenerschaffung, der Einführung und des Mainstreamings von Diversity erscheint dies nur zu offensichtlich. Andererseits zeigen die in Kapitel 7 aufgezeigten Vorteile und Verbesserungen, die sich mit Diversity erzielen lassen, dass eine Stelle oder Abteilung zudem eine lohnende Investition darstellt. Generell gilt für Diversity wie für andere gewinnbringende Aktivitäten, dass umfangreiche Erfolgssteigerungen natürlich auch Investitionen, insbesondere Anfangsinvestitionen, erforderlich machen.

Wenn eine Diversity-Funktion dauerhaft eingerichtet werden soll, so stellen sich die Fragen, die eine Stellenbeschreibung (siehe oben) beantwortet: die Aufgaben, die Anforderungen, die organisatorischen Einbindung. Mit Blick auf den aufwendigen Implementierungsprozess muss weiterhin geklärt werden, wann die Stelle eingerichtet wird, welche Kompetenzen sie erhält und welche Ressourcen ihr zur Verfügung stehen. Schließlich wird sich die Frage nach der internen Organisation dieser Diversity-Einheit, stellen: Welche Struktur erhält das Diversity-Team? Wie erfolgt die Aufgabenteilung? Und so weiter.

Zu der Frage, wann eine Diversity-Funktion eingerichtet werden sollte, kann zunächst festgestellt werden, dass diese idealerweise im Rahmen der entwickelten Strategie definiert sein wird – Structure follows Strategy. Ab der Umsetzung der Diversity-Strategie dürfte also eine dezidierte Position im Unternehmen vorhanden sein. Damit bleibt die Frage offen, in welcher Struktur die umfangreichen Grundlagenarbeiten (vor der Strategieentwicklung und ihrer Umsetzung) erfolgen sollen – die Entwicklung des Business-Kontextes, die Zielbildung, die Ist-Analyse, die Erstellung des Business Case … Mit Blick auf das vorgestellte Promotorenmodell liegt nahe, dass für die intensive Grundlagenarbeit vor allem der Macht- und der Fachpromotor gefragt sein dürften, während für die spätere Einführung und das Mainstreaming auch der Prozesspromotor eine bedeutende Rolle spielt. Damit liegt nahe, für die ersten Phasen (Grundlagen- und Strategieentwicklung) eine andere Struktur zu wählen als für die folgende Umsetzung (Einführung und Mainstreaming).

Diese Fragen erlangen eine zusätzliche Bedeutung, wenn im Unternehmen bereits eine oder mehrere Stellen vorhanden sind, die sich bislang mit Diversity-Themen befasst haben. Neben Abteilungen für Chancengleichheit kommen zum Beispiel die Spezialisten für Organisationsentwicklung als Beteiligte in Frage. Dabei wird zu klären sein, ob sie Diversity als Teilaufgabe oder federführend betreuen und ob die Funktionsbezeichnung entsprechend verändert wird. Mit Blick auf den tief greifenden Charakter der Diversity-Veränderungen wird es dabei effektiv sein, für die Einführung und das Mainstreaming eine dezidierte Position einzurichten, die den Namen Diversity trägt. Auf eine solche beziehen sich die weiteren Ausführungen.

Bei der organisatorischen Einbindung scheinen sich die Autoren der Fachliteratur einig zu sein. Die Diversity-Funktion muss „hoch aufgehängt" sein, d.h. mit direktem Zugang zur ersten oder zumindest zweiten Hierarchieebene ausgestattet sein. Dies sichert die Verbindung zum „Business" und ermöglicht die effektive Implementierung wichtiger Top-down-Aktivitäten. Dabei erscheint es sinnvoll, die Stelle selbst mit der nötigen Autorität auszustatten, um Barrieren des Nichtwollens oder Nichtdürfens überwinden zu können. Bei der Frage nach der Zuordnung zu einem Funktionsbereich stellt das HR-Management die weitaus häufigste Variante dar. Mit Blick auf die umfangreichen Bezüge zum Kerngeschäft ist allerdings zu überlegen, ob nicht auch andere organisatorische Anbindungen ähnlich effektiv oder effektiver sein können. Erfolgreiche Modelle sind zum Beispiel die Stabsorganisation beim Vorstand bzw. dem Vorsitzenden oder die Anbindung an das Geschäftsleitungsmitglied, das die Unternehmenskommunikation verantwortet.

Mit Blick auf die Aufgaben, die einer Diversity-Position zukommen, dürfte diese sich stark an der Funktion orientieren, die einem Prozesspromotor zukommt. Er wird von Thomas als „Change Agent" bezeichnet und über folgende Anforderungskriterien beschrieben:[16]

▶ Er akzeptiert, dass der Diversity-Prozess dauerhaft unterstützt werden muss.

▶ Er benötigt und fordert Unterstützung des Managements.

▶ Er übernimmt Verantwortung für die ganzheitliche Umsetzung von Diversity.

▶ Er bringt hohe Motivation zur Bewältigung von Komplexität mit.

▶ Er arbeitet nach einem klaren Konzept.

▶ Er muss die Dauer des Prozesses verdeutlichen.

Vor allem in großen Organisationen erfordert die Implementierung von Diversity allerdings zusätzliche Kapazitäten. Diese können zentral, dezentral oder integriert verankert werden. In jedem Fall sollte sich die Diversity-Organisation an den Strukturen des Unternehmens orientieren: Länderorganisation, Geschäftsbereichsorganisation, Projektorganisation oder eben eine zwei- bis dreidimensionale Matrixorganisation. Jede dieser Strukturen kann sich zumindest ansatzweise in der Diversity-Organisation wiederfinden.

Entsprechend kennt die interne Struktur von Diversity-Funktionen eine Reihe von Aufgabenverteilungen. Der offensichtlichsten Definition von Diversity als Vielfalt und dem Beispiel des Chancengleichheitsmanagements folgend, werden in manchen Fällen Themenspezialisten zum Beispiel für Ethnien/Kulturen, Alter oder Behinderung benannt. Weiterhin richten viele Teams Kompetenzzentren für bestimmte Implementierungsinstrumente ein, zum Beispiel für Training, Kommunikation, Mitarbeiternetzwerke oder Mentoring. Schließlich finden sich in einigen Fällen Ansprechpartner für betriebliche Funktionen oder Geschäftsbereiche, die als interne Berater oder Account-Manager mit den Kollegen des Recruitings, der Weiterbildung, der Geschäftsbereiche X, Y und Z, oder dem Marketing zusammenarbeiten, um für die jeweiligen Bereiche bestmögliche Lösungen für die Berücksichtigung und Nutzung von Diversity zu entwickeln. Die Frage nach der zu bevorzugenden Variante richtet sich, wie erwähnt, wesentlich nach der Organisationsstruktur des Unternehmens. Allerdings werden wir in Kapitel 8 zeigen, dass die verschiedenen Ansätze auch auf das jeweilige Entwicklungsstadium einer Organisation im Bereich Diversity hinweisen.

Eine Studie der mi.st [Consulting ergab, dass nur wenige europäische Unternehmen über dediziertes Diversity-Personal verfügen. Während die meisten befragten amerikanischen Unternehmen in Europa einen European Diversity Manager eingesetzt haben, der Veränderungsprozesse koordinieren (und kommunizieren) soll, weisen nur ein Drittel der befragten europäischen Unternehmen in Europa eine vergleichbare Position auf. Diese wird indes häufig nur als Teilzeit-

---

16   Vgl. Thomas, Roosevelt (1992).

stelle angelegt, d.h. ein Full-Time-Mitarbeiter hätte einen weiteren Verantwortungsbereich zu übernehmen. Situationen, in denen sich derart konkurrierende Themen oder Prioritäten gegenüberstehen, sind freilich nicht immer geeignet, das strategische Vorgehen eines Veränderungsprozesses sicherzustellen.

Im Vergleich zu festen Verankerungen sind andere Organisationsformen von Diversity vergleichsweise verbreitet. So gaben viele Unternehmen an, Diversity-Councils, Taskforces oder Kompetenzzentren eingerichtet zu haben, um die Einführung von Diversity zu koordinieren. Allerdings sind keine Fälle bekannt geworden, in denen derartige Freiwilligenstrukturen alleine (d.h. ohne institutionalisiertes „Management") tatsächlich zu durchgreifenden Veränderungen geführt hätten. Dies verwundert kaum, da die Beteiligten in diesen Zusammenhängen gewissermaßen ehrenamtliche Tätigkeiten zusätzlich zu ihrer eigentlichen Beschäftigung ausüben und üblicherweise über wenige Ressourcen und organisatorische Einflussmöglichkeiten verfügen. Dies ändert jedoch nichts an der hohen Bedeutung, die diese freiwilligen Strukturen für die Begleitung der Diversity-Implementierung aufweisen. Während der Phasen der Grundlagenentwicklung stellen sie zudem häufig die einzigen Ressourcen dar, die überhaupt genutzt werden können, um mit der Implementierung zu beginnen.

Die Erfolgsmessung von Diversity

Um den Erfolg der Implementierung von Diversity beurteilen und den Veränderungsprozess steuern zu können, führen viele Organisationen Erfolgsmessungen durch. Allerdings stellt die Komplexität des Themas und seine vielfältige Wirkungsweise ein Kennzahlen-getriebenes Diversity-Controlling vor schier unlösbare Herausforderungen. Um diesen dennoch gerecht zu werden, haben kanadische Berater ein Diagnoseinstrument entwickelt, das mit über 400 Messpunkten arbeitet. Angesichts der Vorbehalte, mit denen Diversity ohnehin zu kämpfen hat, erscheint es indes effektiver, bestehende Kennzahlen und Messinstrumente zu verwenden und ein handhabbares Messsystem aufzubauen.

Mit Blick auf das vorgestellte Modell kommen grundsätzlich zwei Ansätze der Erfolgsmessung in Frage:

▶ die direkte Messung der Zielerreichung oder des Prozessfortschrittes
▶ die indirekte Messung von erzielten Vorteilen und Verbesserungen

Die direkte Messung der Zielerreichung bzw. des Prozessfortschrittes greift auf die Analysen der Bestandsaufnahme (siehe Abschnitt zu Beginn dieses Kapitels) zurück. Diese sollten der Struktur der Zielsysteme folgen. Diese Struktur bietet gleichsam einen möglichen Rahmen der Erfolgsmessung.

Ziele	Ist-Analyse	Erfolgsmessung
Vielfalt der Beleg-schaft entspricht dem Umfeld	Demographische Vielfalt von Kunden und Beschäftigten	Veränderung der Repräsentation vielfältiger Gruppen
Produktives Arbeits-umfeld für alle Beschäftigten	Unternehmenskultur, Umgang, gelebte Werte	Mitarbeiterbefragung zu Diversity, Vielfalt, Wertschät-zung von Individualität
Externe Anerkennung für Diversity	Wahrnehmung verschie-dener externer Stake-holder (Experten)	Prädikate, Einladungen, Auszeichnungen, Presse-echo

Die Messung von Vorteilen und Verbesserungen kann zum Beispiel mit Hilfe der Balanced Scorecard erfolgen, die selbst in Zusammenhang zum Business steht. Dieses Zielvereinbarungsinstrument nimmt eine indirekte Messung nach Indika-toren vor[17] und folgt damit dem Grundgedanken, dass Diversity nicht ein Ziel an sich, sondern ein Mittel zum Zweck (der Erfolgssteigerung) darstellt. Eine valide Messung erfolgt nur, wenn nur Indikatoren verwendet werden, die tatsächlich von der implementierten Diversity-Strategie beeinflusst werden. Dabei muss anerkannt werden, dass jeder der Indikatoren zusätzlich durch andere Faktoren beeinflusst wird. Der Ansatz der Scorecard-Messung besteht darin, dass eine kon-sistent positive Entwicklung der mit Diversity in Zusammenhang stehenden Indi-katoren einen Beleg für den Erfolg darstellt. Als Indikatoren kommen die Fluk-tuation, der Krankenstand, die Produktivität, die Marktanteile, die Kundenzufrie-denheit, der Aktienkurs und vieles mehr, jeweils abhängig von dem gewählten Diversity-Ansatz und der Strategie, in Frage.

Lektion 9 Die Implementierung von Diversity erfordert ein differenziertes Vorge-hen, das umfangreiche Grundlagenarbeit, eine gezielte Einführung und ein umfassendes Mainstreaming der Grundgedanken umfasst. Der kom-plexe Veränderungsprozess muss im Rahmen einer effektiven Diversity-Organisation und mittels eines Erfolgsmesssystems gemanagt werden.

---

17   Hansen, Katrin; Aretz, Hans-Jürgen (2002), 20 ff.

„Falls es uns gelingt, einen überdurchschnittlich großen Anteil der talentiertesten Menschen weltweit für uns zu gewinnen, so können wir damit einen Wettbewerbsvorteil erwerben. Dies ist die einfache strategische Logik, die hinter unserem Engagement für Vielfalt und Inklusion von Individuen steht – Männern und Frauen, unabhängig von Hintergrund, Glaubensbekenntnis, Rasse, Nationalität oder sexueller Orientierung.“

Lord Browne of Madingley, Group CEO, BP plc, Juni 2002

Literatur

Emmerich, Astrid; Krell, Gertraude (1998): Managing Diversity-Trainings. In: Krell, Gertraude (Hg.): Chancengleichheit durch Personalpolitik – Gleichstellung von Frauen und Männern in Unternehmen und Verwaltungen – Rechtliche Regelungen – Problemanalysen – Lösungen. Wiesbaden: Gabler.

Hansen, Katrin; Aretz, Hans-Jürgen (2002): Diversity Management – eine Herausforderung für deutsche Unternehmen. In: Human Resource Management, 35-7.34, S. 1–28.

Hauschildt Jürgen; Kirchmann Edgar (1997): Arbeitsteilung im Innovationsmanagement. Zur Existenz und Effizienz von Prozesspromotoren. In: Zeitschrift für Führung und Organisation, Nr. 2, S. 68–73.

Jochmann-Döll, A.; Wächter, Hartmut (1989): Arbeitsbewertung und Lohndiskriminierung. In: Personal, Nr. 5, S. 182–187.

Köhler-Braun, Katharina (1999): Durch Diversity zu neuen Anforderungen an das Management, In: Zeitschrift für Führung und Organisation, Nr. 4, S. 188–193.

Lieberman, Simma; Simons, George F.; Berardo, Kate (2001): Putting Diversity to Work. CrispLearning.com

Oechsler, Walter (1997): Personal und Arbeit. Einführung in die Personalwirtschaft. München/Wien: Oldenbourg.

Schwarz, Horst (1983): Betriebsorganisation als Führungsaufgabe. Landsberg: Moderne Industrie.

Staehle, Wolfgang (1999): Management. Eine verhaltenswissenschaftliche Perspektive. München: Vahlen.

Stuber, Michael (2003): Die Umsetzung von Diversity. In: Belinszki, E. et al. (Hg.), Vielfalt in Organisationen, Münster u. a. O.: LIT (in Vorbereitung).

Stuber, Michael (2002): Diversity Mainstreaming. In: Personal, Nr. 3, S. 48–53.

Stuber, Michael (2003): Diversity-Marketing. In: Thexis, Nr. 4, S. 31–35.

Thomas, R. Roosevelt Jr. (1992): Beyond Race And Gender – Unleashing the Power of Your Total Work Force by Managing Diversity. New York: AMACON.

Kapitel 7
Welche Vorteile und Nachteile sind mit Diversity verbunden?

Angesichts der Komplexität des Themas Diversity stellt sich die Frage, ob eine Organisation aus der Verfolgung der Zielsetzungen ausreichend Vorteile ziehen wird. Diese Überlegung kann angesichts der vielen positiven Erfahrungen der letzten 15 Jahre in den USA weitgehend mit „Ja" beantwortet werden. Diversity gewinnt auch nach diesen langen Jahren immer noch weiter an Bedeutung und ist damit über den Zweifel einer Modeerscheinung erhaben. Da sich indessen die Aktienkurse von Unternehmen, die Diversity systematisch bearbeiten, positiver als der Referenzindex entwickeln, erkennen immer mehr Experten zudem den harten Mehrwert des Ansatzes.

Diversity ermöglicht die vollständige Nutzung aller vorhandenen und erschließbaren Potenziale – intern wie auch extern. So entstehen Vorteile und Verbesserungen mit Blick auf Kunden & Märkte, Anteilseigner, den Arbeitsmarkt und das gesellschaftliche Umfeld (Community) sowie auf die Belegschaft. Letztere lassen sich persönlich (individuell), interpersonell (zwischenmenschlich) und organisational betrachten.

▶ externe Abwägungen
  – Kunden & Märkte
  – Shareholders (Anteilseigner)
  – Arbeitsmarkt
  – Community

▶ interne Abwägungen
  – individuelle Ebene
  – interpersonale Ebene
  – organisationale Ebene

extern		intern	
Kunden & Märkte	▪ höhere Marktanteile ▪ neue Marktsegmente ▪ bessere Kundenbeziehung	**persönlich/ individuell**	▪ verbesserte Produktivität (quantitativ und qualitativ) ▪ erhöhte Loyalität, Motivation
Shareholders	▪ verbessertes Rating ▪ höhere Attraktivität	**zwischenmenschlich**	▪ verbesserte Gruppenarbeit und Zusammenarbeit ▪ besseres Zusammenspiel neuer Kollegen
Arbeitsmarkt	▪ besserer Zugang zu breiteren Marktsegmenten ▪ verbessertes Personalimage	**organisational**	▪ höhere Offenheit gegenüber Veränderungen (M&A, OE) ▪ effektivere Reorganisation
Community	▪ höheres Ansehen		

Abb. 7.1:   *Mögliche Vorteile und Verbesserungen durch Diversity (Quelle: mi.st [Consulting)*

In allen Bereichen müssen die möglichen Vorteile gegen Nachteile wie Kosten und Risiken abgewogen werden.

7.1 Externe Abwägungen

Ein Grundgedanke bei Diversity besteht darin, durch eine vielfältige Belegschaft, die Unterschiedlichkeiten wertschätzt und nutzt, zu einer erfolgreicheren Marktbearbeitung zu gelangen. Weitere Zielsetzungen bestehen in der Schaffung eines Diversity-Images, das auf Arbeitsmärkten und in der allgemeinen Öffentlichkeit zu mehr Ansehen führt. Es soll nun plausibel gemacht werden, wie diese externen Vorteile und Verbesserungen im Rahmen oder als Folge der im vorigen Kapitel dargestellten Implementierung, gewissermaßen als Output, als Ergebnis entstehen. Sie werden gegen die jeweiligen Kosten und Risiken abgewogen.

Kunden & Märkte

Arbeiten in einem Unternehmen unterschiedliche Mitarbeiter zusammen, die andere Lebenssituationen und Blickwinkel grundsätzlich anerkennen und wertschätzen, werden sie aufgrund dieser Unternehmenskultur differenziertere Betrachtungen der Märkte und Kunden anstellen, als dies in Monokulturen der Fall ist. Schließlich gehört es zu den Prinzipien eines Diversity-Umgangs, über den Tellerrand zu schauen und die Welt mit anderen Augen zu sehen. Wie in Kapitel 3 dargestellt, führt also nicht nur die Repräsentation vielfältiger Gruppen bzw. deren Vertretung zu einer quantitativ und qualitativ besseren Marktbearbeitung, sondern auch die veränderte Geisteshaltung und das weiterentwickelte Verhalten von Angehörigen der (früheren) Insidergruppen.

Dies führt zur Identifikation von Marktpotenzialen, die zuvor unerkannt geblieben waren, und damit zu höheren Marktanteilen. Weiterhin resultiert die Anerkennung der Vielfalt (Differenzierung) bereits bearbeiteter Marktsegmente (z.B. des Mainstreams) in einer besseren Marktdurchdringung. Schließlich bewirkt die Berücksichtigung der Verschiedenheit der Kunden zu einer höheren Zufriedenheit derselben und trägt damit zur Kundenbindung bei.

Dem gegenüber stehen die Kosten, die in Zusammenhang mit einer Differenzierung der Marktbearbeitung stehen. Diese halten sich jedoch mit Blick auf das Diversity Mainstreaming im Marketing in Grenzen. Auch die Entwicklung von Zielgruppen- oder Diversity-Marketingkonzepten lässt sich im Allgemeinen im Rahmen der etablierten Marketingorganisation gut darstellen, bildet es doch das Kerngeschäft dieser Funktion. Weitere Nachteile können in Zusammenhang mit der Marktpräsenz entstehen. Marken, die bislang eine eher konservative Positionierung aufweisen, können nur sehr behutsam eine Diversity-Ausrichtung annehmen, da sie sonst traditionelle Käuferschichten verlieren können. Aber auch diese Gefahr kann angesichts der allgemeinen Werteentwicklung als überschaubar angesehen werden.

Shareholders (Anteilseigner)

Wie in der Grafik zu Beginn von Kapitel 2 dargestellt, beeinflusst Diversity sowohl den Umsatz als auch die Produktivität in positiver Weise. Damit trägt es zu einer Verbesserung der Ertragssituation bei. Insofern mag erwartet werden, dass sich auch die Aktienratings und in der Folge die Kursnotierungen positiv entwickeln, da diese unter anderem die Entwicklung der Ertragslage in Betracht ziehen. Diese Überlegung lässt sich aufgrund der relativ neuen Diversity-Entwicklungen in Deutschland noch nicht belegen. Allerdings erstellen spezialisierte Ratingagenturen in den USA bereits seit rund zehn Jahren Indizes (und Investmentfonds!), die einen Kriterienkatalog verwenden, der überwiegend Aspekte überprüft, die von dem in diesem Buch beschriebenen Diversity-Ansatz abgedeckt werden. Die Performance dieser Indizes und Fonds hat in den vergangenen Jahren den jeweiligen Benchmark geschlagen.

Aber nicht nur mit Blick auf den Kursverlauf erscheint Diversity relevant. Immer mehr Anleger ziehen für ihre persönliche Einschätzung potenzieller Investments bislang als „soft" eingestufte Kriterien heran. Für sie dürfte ein auf Firmen-Webseiten und in den Medien dokumentiertes Engagement eines Unternehmens im Bereich Diversity einen positiven Aspekt darstellen – ähnlich wie dies für Aktivitäten im Bereich Nachhaltigkeit gilt.

Gefahren, Schwierigkeiten oder Nachteile lassen sich in diesem Zusammenhang nicht erkennen und können insofern auch nicht gegen den potenziellen Positiveffekt aufgerechnet werden.

Arbeitsmarkt

Im Kapitel Diversity Mainstreaming im HR-Management wurden die grundlegenden Zusammenhänge von Diversity und der Personalbeschaffung dargestellt. Mit Blick auf Vorteile und Verbesserungspotenziale bewirkt Diversity eine Erhöhung der Effektivität der Personalbeschaffung: Das Unternehmen erhält bessere Auswahlmöglichkeiten, da der Arbeitsmarkt in seiner ganzen Breite berücksichtigt wird und so mehr qualifizierte Bewerber angesprochen werden und sich bewerben.

Andererseits bewirkt die Wertschätzung von Vielfalt einen positiven Personalimageeffekt. Qualifizierte, vor allem hoch qualifizierte, Nachwuchskräfte führen ein multikulturelles, von Selbstbestimmung, Flexibilität und Offenheit geprägtes Arbeitsumfeld weit oben unter ihren Auswahlkriterien, nach denen sie ihre (potenziellen) Arbeitgeber aussuchen. Dies gilt umso mehr, als dass die Arbeitsmärkte zunehmend von Vielfalt geprägt sind, und (immer mehr) KandidatInnen, die nicht dem Mainstream entsprechen, ein besonderes Augenmerk auf das Vorhandensein fundierter Diversity-Maßnahmen legen.

Eine Studie der mi.st [Consulting fand heraus, dass die meisten Unternehmen sich von Diversity vor allem positive Effekte auf den Arbeitsmarkt erhoffen. Dabei beziehen sie sich nicht nur auf eine Verbesserung des Images bei Frauen und Minderheiten, sondern bei der Gesamtheit aller potenziellen KandidatInnen.

Ähnlich wie im Bereich der Kunden & Märkte lassen sich für den Arbeitsmarkt einige wenige potenzielle Nachteile und Gefahren mit Blick auf Diversity identifizieren. Zunächst sind auch hier die entstehen Kosten zu nennen, die in Zusammenhang mit einer differenzierteren Bearbeitung der Arbeitsmärkte entstehen. Allerdings können diese, zum Beispiel mit Blick auf Änderungen der Personalimagematerialien im Rahmen bestehender Budgets dargestellt werden. Ein breiterer Kontakt mit verschiedenen Arbeitsmarktsegmenten wird dagegen mit höheren Kosten zu Buche schlagen, wenn dies nicht zu Lasten anderer Aktivitäten geschehen soll. Analog zum Kundenbereich kann es auch auf dem Arbeitsmarkt zu negativen Effekten in traditionellen Marktsegmenten kommen. Kandidaten mit ausgeprägt konservative Werteordnungen mögen mit Befremden reagieren, wenn ein potenzieller Arbeitgeber eine offenen Haltung gegenüber Vielfalt kommuniziert. Allerdings wäre zu fragen, ob diese Kandidaten überhaupt noch dem Wunschprofil eines Unternehmens entsprechen, das seinen Anforderungskatalog um Diversity-Kriterien ergänzt hat.

Community

Eine (mittelfristige) Zielsetzung von Diversity bezieht sich auf die externe Wahrnehmung einer Organisation mit Blick auf die bewusste Wertschätzung von Vielfalt und die gezielte Nutzung von Unterschieden. Ein solches Diversity-Image wird sich auf das Ansehen eines Unternehmens auswirken.

Die Studie „European Risk Management & Insurance Survey 2002–2003", die mit Risk-Managern und Führungskräften der Versicherungs- und Finanzbereiche von über 100 führenden europäischen Unternehmen durchgeführt wurde, kam zu dem Ergebnis, dass Imageschäden als zweitgrößte Bedrohung angesehen werden. Dennoch sind wenig Strategien erkennbar, die vor Imageverlusten schützen sollen. Die Studie kommt zu dem Schluss, dass der Ruf eines Unternehmens anscheinend dem Zufall überlassen wird.[1]

In diesem Kontext bildet Diversity einen klar umrissenen und an den Unternehmenszielen ausgerichteten Ansatz. Allerdings kann nicht davon ausgegangen werden, dass in allen externen Umfeldern ein Diversity-Engagement notwendigerweise als positiver Aspekt anerkannt wird. In Kapitel 5 wurde das Umfeld für Diversity in Deutschland dargestellt, das in vielen Bereichen wenig günstig aus-

---

1   Weitere Informationen unter: http://www.aon.com/de/ge/about/aon_germany/publications/pub1/rmsurvey02.jsp.

„Die Vielfältigkeit unserer Mitarbeiter ist eine unserer entscheidenden Stärken. (...) Wir schätzen diese Verschiedenartigkeit: Durch sie entstehen viele kreative Ideen und Lösungen, denn jede/-r Mitarbeiter/-in hat eine andere Sicht der Dinge."

http://motorolacareers.com, im August 2003

fällt. Entsprechend kann es in diesen Umfeldern zu negativen Wahrnehmungen kommen. Dem gegenüber stehen die Entwicklungen der Staatengemeinschaft, der Gesellschaft, ihre Kultur und der Wirtschaft. Sie lassen erkennen, dass ein positives Miteinander vielfältiger Menschen in Zukunft zur Regel und zu einer Notwendigkeit wird. In dieser Hinsicht bietet die Kommunikation von Diversity-Ansätzen umfangreiche Imagevorteile. Da sich das Thema zudem dynamisch entwickelt, ist es mit einem Innovationsfaktor besetzt, der zusätzlich ausgenutzt werden kann. In allen Fällen wird zu prüfen sein, wie sich die jeweils zu kommunizierenden Diversity-Aspekte in das Gesamtimage eines Unternehmens einfügen – wo Synergien und wo Diskrepanzen bestehen.

Mit Blick auf die Kostenüberlegungen schneidet die Imagearbeit mit Diversity im Vergleich zu teuer erkauften Sponsorships oder aufwendigen PR-Aktionen günstig ab. Vor allem in einem Multiplikatorenumfeld entfalten Präsentationen auf Konferenzen, erhaltene Auszeichnungen oder Prädikate sowie innovative Formen sozialen Engagements effektive Wirkung.

7.2   Interne Abwägungen

Diversity verfolgt das Ziel, vielfältige MitarbeiterInnen zu beschäftigen, die in ihrer Individualität wertgeschätzt werden, andere respektieren und Unterschiede als Erfolgsfaktor nutzen. Die Arbeit an der Erreichung dieser Ziele wird sich auf die einzelnen Mitarbeiter, auf die Interaktion in der Belegschaft und auf die Organisation als Ganzes auswirken. Potenzielle Vorteile und Verbesserungen werden im Folgenden gegen mögliche Nachteile und entstehende Kosten abgewogen.

Individuelle Ebene

Die bewusste Anerkennung von Unterschieden und die gezielte Wertschätzung der Individualität von Mitarbeitern stellt für Unternehmen keinen karitativen Akt dar. Tatsächlich führt Diversity zu qualitativen und quantitativen Steigerungen der persönlichen Produktivität.

Qualitativ profitieren Organisationen von einer besseren Entfaltung ihrer MitarbeiterInnen. Während diese in Monokulturen nur den Teil ihrer Fähigkeiten in das Unternehmen einbringen, der im jeweiligen Umfeld erwünscht scheint, kommen in Diversity-Kulturen auch Kompetenzen zum Tragen, die anderenfalls nicht oder außerhalb des Unternehmens, zum Beispiel bei ehrenamtlichem Engagement, eingesetzt werden. Je nachdem, wie sehr sich Mitarbeiter verbiegen müssen, um sich anzupassen, kann dieser Anteil erheblich sein. Dieser Effekt bezieht sich indes nicht nur auf Fähigkeiten, sondern auch auf persönliche Sichtweisen, deren Äußerung in Monokulturen teilweise nicht opportun erscheinen mag.

Quantitative Verbesserungen bewirkt Diversity durch die vollständigere Nutzung der persönlichen Potenziale der Mitarbeiter. Die echte Wertschätzung und der umfassende Respekt, der allen Individuen entgegengebracht wird, sowie deren aktive Einbindung führen zu höherem Engagement und damit zu effektiverer Mitarbeit.

Beide Effekte tragen dazu bei, dass die Loyalität gegenüber dem Unternehmen sowie das Wohlbefinden und die Arbeitszufriedenheit wachsen. Dies bewirkt sinkende Fluktuation und einen geringeren Krankenstand. Beides macht sich in geringeren Kosten für das Unternehmen bemerkbar. Weiterhin werden konkret die Bereiche Motivation, innere Kündigung und Stress berührt, mit denen sich Organisationen vermehrt auseinander setzen müssen.

Motivation, innere Kündigung und Stress

Motivation

Ein Phänomen, dem sich Organisationen heute mehr denn je stellen müssen, ist der Motivationsrückgang. Diesen quantitativ darzustellen ist eine scheinbar schwierige Aufgabe, da er indirekte Kosten verursacht. Gerade in wirtschaftlich problematischen Zeiten können diese jedoch keinesfalls vernachlässigt werden. Ein Fachbeitrag in der Zeitschrift Personal verdeutlicht den Sachverhalt. Demnach ist die Leistung eines Mitarbeiters oder einer Mitarbeiterin das Ergebnis ihrer Fähigkeit multipliziert mit ihrer Motivation. Ein Motivationsrückgang wirkt sich also direkt auf die Leistung aus. „Das heißt, ein Motivationsrückgang um 5 % bewirkt eine durchschnittliche Leistungsabnahme um ebenfalls 5 % . Dabei muss allerdings beachtet werden, dass aufgrund der multiplikativen Verknüpfung der absolute Leistungsrückgang bei jenen Personen höher ist, die eine höhere Fähigkeit besitzen."[2]

Ende des Jahres 2002 wurden in Deutschland über 35.000 ArbeitnehmerInnen von der NFO Infratest zur Arbeitsmotivation befragt. Demnach erleben 35 % der Befragten ihr Arbeitsumfeld als wenig motivierend, und sie sind mit ihren Vorgesetzten unzufrieden. Nur 12 % der Berufstätigen sind mit ihrer Arbeitssituation ausgesprochen zufrieden und empfinden ihr Arbeitsumfeld als hoch motivierend.[3]

Mit dem Thema Motivation, jedoch mit einem anderen Fokus, beschäftigen sich seit einigen Jahren auch Spezialisten an der Universität St. Gallen. Sie gehen davon aus, dass die MitarbeiterInnen intrinsisch motiviert sind und daher kein Bedarf an einer weiteren Förderung der Motivation besteht. Vielmehr stehen die Vermeidung und der Abbau von demotivierenden Einflüssen sowie der Aufbau remotivierender Bedingungen im Vordergrund. Eine Studie untersuchte geeignete Motivationsfaktoren. Dazu wurden 250 Führungskräfte in Deutschland, Österreich und der Schweiz von Januar 2000 bis Januar 2001 befragt. Die Ergebnisse zeigen, dass neben dem Arbeitsinhalt (43 %) Beziehungsfaktoren, d.h. das Verhältnis zum direkten Vorgesetzten und zu Arbeitskollegen (je 19,2 %) sowie das Privatleben potenzielle Motivationsbarrieren sind. Die Benennung der Motivationsbarrieren in einer Organisation erscheint deshalb wichtig, weil durch sie das Entfaltungspotenzial und die Effizienz der MitarbeiterInnen eingeschränkt wird. Um Demotivation so weit wie möglich zu vermeiden, plädieren die Autoren für eine positive Unternehmenskultur.

---

2   Lohaus, Daniela; Habermann, Wolfgang (2002), S. 23.

3   Vgl. www.nfoeurope.com/ib/Newsitem.cfm?lan=en&ObjectId=9CC23D8A-8EBC-4ED6-AC7EB6A94F89C61A am 17.07.2003.

Diese muss dadurch gekennzeichnet sein, dass alle MitarbeiterInnen so viel soziale Unterstützung am Arbeitsplatz erfahren wie möglich, da dadurch weniger Demotivation entsteht. Daneben ist jede Form der Anerkennung förderlich für die Motivation. Beide Faktoren (soziale Unterstützung und Anerkennung) sind Ausdruck einer Beziehung zwischen Menschen und wirken deshalb der Demotivation entgegen. Das Ziel einer jeden Organisation muss demnach sein, eine Kultur zu schaffen, in der die Mitglieder möglichst viel Verantwortung, Anerkennung und Identifikationsmöglichkeiten erfahren (im Gegensatz zur Misstrauenskultur). Insgesamt zeigt die Studie, wie Barrieren für ungenutzte Leistungspotenziale ermittelt werden können, sowie Lösungen zur Verhinderung von Demotivatoren.[4]

Innere Kündigung

Ein weiteres Phänomen in vielen Organisationen besteht in inneren Kündigungen. Eine Düsseldorfer Studie zeigt, dass rund ein Drittel der Beschäftigten in deutschen Unternehmen innerlich gekündigt haben. „Innere Kündigung bezeichnet einen persönlichen Zustand, der durch ein innerliches Abrücken von der Arbeitsumgebung und eine Verweigerung von Eigeninitiative gekennzeichnet ist."[5] Dies bedeutet, dass das Engagement der MitarbeiterInnen geringer wird, die individuelle Leistung sinkt und das Interesse, sich mit Vorgesetzten auseinander zu setzen, zurückgeht. Meist kündigen diese MitarbeiterInnen nicht, so dass Arbeitgeber die Situation häufig nicht wahrnehmen. Dennoch entsteht für Organisationen ein dauerhaft nicht tragbarer Zustand.

Stress

Ein drittes Phänomen ist die Zunahme von Stress am Arbeitsplatz. Mehr als 40 Millionen Menschen in Europa gaben in einer Studie der Europäischen Agentur für Sicherheit und Gesundheitsschutz am Arbeitsplatz an, unter Stress zu leiden. Damit ist jeder dritte Arbeitnehmer betroffen. Schätzungen zufolge kostet arbeitsplatzbedingter Stress 20 Milliarden Euro und verursacht 50–60 % der Krankschreibungen. Die Studie erwähnt ausdrücklich die „Schnittstelle zwischen Privatleben und Arbeit" als Stressfaktor (www.osha.eu.int/ew2002/). Die meisten Betroffenen leiden in aller Stille, so dass sich viele Unternehmen der Situation nicht bewusst werden. Dennoch beeinträchtigen die damit verbundenen psychosozialen Risiken den wirtschaftlichen Erfolg. Hier besteht zudem ein enger Zusammenhang zu dem verbreiteten Personalabbau. Mit diesem wird Diversity selten in Verbindung gebracht. Dagegen erscheint es von besonderer Bedeutung, dass Organisationen, die planen, künftig mit weniger

---

4   Vgl. Wunderer, Rolf; Küpers, Wendelin (2003a und 2003b).

5   Krenz-Maes, Anja (1998), S. 48.

Beschäftigten den gleichen Erfolg wie bisher zu erzielen, ein produktives Arbeitsumfeld schaffen, in dem alle Potenziale der MitarbeiterInnen voll ausgeschöpft werden und diese sich wohl und wertgeschätzt fühlen.

Nachteile und Gefahren lassen sich auf der individuellen Ebene mit Blick auf Wertschätzung und Entfaltung nur begrenzt erkennen. Am schwersten dürften hier die Kosten einer Kulturveränderung wiegen, denen allerdings die Kosteneinsparungen im Bereich des Krankenstandes und der Fluktuation sowie die Produktivitätssteigerungen gegenüberstehen. Kulturell gesehen, erscheint es in diesem Zusammenhang indes von Bedeutung, dass die Wertschätzung des Unternehmens tatsächlich allen Mitarbeitern entgegengebracht wird. Eine ausgesprochene Fokussierung auf Frauen und Minderheiten birgt die Gefahr, dass Angehörige der bisherigen Insidergruppe negative Gefühle entwickeln. Der Konzern Motorola hat daher im Rahmen seiner Diversity-Aktivitäten in den USA vor einigen Jahren unter anderem eine White-Males-Aktion durchgeführt, durch die besonders darauf hingewiesen wurde, dass die Beiträge dieser Gruppe gleichermaßen anerkannt werden.

Interpersonale Ebene

Diversity adressiert nicht nur den Umgang des Unternehmens mit seinen Mitarbeitern, sondern auch die Einstellungen der MitarbeiterInnen zueinander und den Umgang in der Belegschaft. Dadurch entsteht ein respektvolles Arbeitsumfeld, in dem eine effektive Zusammenarbeit möglich ist.

Im Sinne gegenseitiger Wertschätzung trägt Diversity zur Stärkung eines angenehmen Betriebsklimas bei. Der umfassende Respekt füreinander und für andere Perspektiven, Erfahrungen und Beiträge bewirkt ein positives Miteinander.

Durch die im Rahmen von Diversity ebenfalls vermittelte Kompetenz im Umgang mit und in der Nutzung von Unterschiedlichkeiten erreichen Organisationen eine verbesserte Zusammenarbeit, auch über Abteilungs- und Bereichsgrenzen hinweg. Dies gilt insbesondere für heterogen zusammengesetzte Teams und für die Kooperation mit neuen Kollegen. Tatsächlich müssen in Organisationen immer häufiger unterschiedliche Mitarbeiter zusammenarbeiten. Dies ist eine Folge sich rasch verändernder Umfeldbedingungen und der wachsenden Tendenz zur Projektorganisation. Dabei wurde die Frage, ob heterogene Teams tatsächlich mehr Erfolg haben, als homogene Teams, lange Zeit kontrovers diskutiert. Eine Metaanalyse von über 80 wissenschaftlichen Studien fand heraus, dass heterogene Teams vor allem dann ohne Zeitnachteil zu besseren Ergebnissen kommen, wenn den Gruppenmitgliedern vor Arbeitsbeginn Kompetenz im Umgang mit Unterschieden vermittelt wird. Da dies im Rahmen von Diversity erfolgt (vgl.

„Deutschland braucht begrenzte Zuwanderung aus Wettbewerbsgründen, aus Innovations- gründen, um uns zu erneuern und miteinander mehr an Ideen zu entwickeln."

Rita Süssmuth, 26. Februar 2003

Abschnitte zu Training in Kapitel 6), können auf interpersonaler Ebene tatsächlich Verbesserungen erwartet werden.

Dass in diesem Punkt Aufklärungsbedarf besteht, zeigt ein Umfrageergebnis unter Mitgliedsfirmen der DGFP. Drei der vier am häufigsten vermuteten Schwierigkeiten im Zusammenhang mit Diversity betreffen die Zusammenarbeit. 68 der Befragten erwarteten, dass die Führungsaufgabe schwieriger würde, 27 sehen Spannungen und Konfliktsituation als Risiko an, und 13 sehen die Gefahr von Kommunikations- und Verständnisschwierigkeiten. Wie oben dargestellt wurde, können diese Nachteile durch Trainings verringert oder vermieden werden. Allerdings erfordern diese Aktivitäten einen nicht unerheblichen Aufwand in Form direkter Kosten und zu investierender Arbeitszeit.

Organisationale Ebene

Diversity zielt auf eine umfassende Veränderung der Kultur und der Systeme einer Organisation ab. Die strukturelle und inhaltliche Erhöhung der Flexibilität und Offenheit durch die zuvor beschriebenen Maßnahmen führt dabei zu einer erhöhten Effektivität der Organisation. Neben der verbesserten Produktivität und Zusammenarbeit laufen in ihr Veränderungsprozesse glatter und effizienter ab. Dieser Punkt erlangt angesichts einer immer kürzeren Halbwertszeit von Organigrammen eine klare Bedeutung. Aber auch die zunehmend üblichen dynamischen, flachen und komplexen Organisationsstrukturen dürften mit Diversity effektivere Rahmenbedingungen bilden als ohne.

Besonders umfassende organisatorische Veränderungen finden im Rahmen von Zusammenschlüssen und Übernahmen statt. In diesem Zusammenhang bietet Diversity Mehrwerte, wenn das Aufeinandertreffen der beiden Unternehmenskulturen als Chance aufgegriffen wird. Viele Akquisitionen resultieren in einem geringeren Erfolg als zunächst gehofft, wofür häufig vor allem kulturelle Gründe angegeben werden. Die bewusste Wertschätzung beider Kulturen und das gezielte Voneinanderlernen tragen dazu bei, auch aus diesem Kampf der Kulturen einen Tanz der Kulturen zu machen.

Welche Verbesserungspotenziale beinhaltet Diversity? Ergebnisse einer Studie

In einer Unternehmensumfrage erhob mi.st [Consulting unter anderem die von internationalen Konzernen erwarteten Vorteile im Bereich Diversity. Im externen Umfeld sahen die Befragten die größten Verbesserungspotenziale des Ansatzes in den Bereichen Kundennähe und Personalbeschaffung. Vor allem europäische Unternehmen erhoffen sich zudem eine bessere Ausschöpfung der vorhandenen Arbeitskräfteangebote und ein besseres Personalimage.

Amerikanische Unternehmen dagegen betonen verbesserte Kundenbeziehungen, während sie den Imagefaktor vorsichtiger bewerten als ihre europäischen Kollegen. Mit einer breiteren Sichtweise der Märkte sehen viele Befragte weiterhin Möglichkeiten, ihre Marktabdeckung und die Neuerschließung von Marktsegmenten durch Diversity zu verbessern.

Den am häufigsten genannten internen Nutzen von Diversity sehen amerikanische wie europäische Unternehmen in der Verbesserung von Teamarbeit sowie in der erhöhten Produktivität des einzelnen Mitarbeiters. Während zwar ein strategischer Zusammenhang von Diversity und organisatorischen Veränderungen gesehen wurde, trat dieser Aspekt bei der Erhebung der erwarteten Vorteile kaum zu Tage. Nur wenige Befragte erhoffen sich von Diversity einen effektiveren Ablauf von Veränderungen.

Lektion 10

Durch die Implementierung von Diversity kann eine Organisation umfangreiche Vorteile und Verbesserungen erwarten, die durch wenige Nachteile und Risiken kaum geschmälert werden. Die erzielbaren Mehrwerte betreffen alle externen und internen Stakeholder. Die meisten Benefits können jedoch nur erwartet werden, wenn eine umfassende, strategische Implementierung erfolgt, die eine intensive Kommunikation nach innen und außen, umfassende Trainings und ein ganzheitliches Mainstreaming beinhaltet.

Literatur

Krenz-Maes, Anja (1998): Innere Kündigung, ein unterschätztes Phänomen in vielen Unternehmen. In: Personalführung, Nr. 5, S. 48–53.

Lohaus, Daniela; Habermann, Wolfgang (2002): Kosten des Motivationsrückgangs. In: Personal, Nr. 12, S. 22–27.

Stuber, Michael (2002): Diversity Management: Alle Fähigkeiten nutzen. In: Uni-Magazin, Nr. 1, S. 50–53.

Stuber, Michael(2003): Mit Diversity fit für die Zukunft. In: Personal Manager, Nr. 5, S. 12–20.

Wunderer, Rolf; Küpers, Wendelin (2003a): Demotivation → Remotivation. Neuwied, Kriftel: Luchterhand.

Wunderer, Rolf; Küpers, Wendelin (2003b): Virus Demotivation. In: Personalwirtschaft, Nr. 5, S. 34–39.

Kapitel 8
Welche konkreten Ansätze führen Diversity zum Erfolg?

Wie in den vorangehenden Kapiteln gezeigt wurde, stellt Diversity ein umfassendes, komplexes und im eigentlichen Sinne ganzheitliches Thema dar. Entsprechend vielfältig sind die Definitionsmöglichkeiten, die Umsetzungsoptionen und die erzielbaren Vorteile und Verbesserungen. Daher sollen nun konkrete Ansätze vorgestellt werden, wie Veränderungen im Sinne von Diversity gestaltet werden können. Dabei erscheinen vor allem zwei Fragen von Bedeutung:

▶ Wie können Diversity-Veränderungen angestoßen werden?
▶ Welche Phasen werden bei diesen Veränderungen durchlaufen?

Die Beantwortung dieser Fragen richtet sich vorrangig an die Mitarbeiter, insbesondere auch die Führungskräfte einer Organisation. Sie stehen vielfach unbewusst, manchmal ignorierend, vereinzelt ablehnend, gelegentlich unbeteiligt, teilweise positiv dem Phänomen Vielfalt gegenüber. Diversity als strategischer Ansatz im Rahmen einer erfolgs- und wertorientierten Unternehmensführung zielt darauf ab, dies zu ändern. Dazu gilt es, jeweils adäquate Veränderungsansätze für die verschiedenen angesprochenen Mitarbeiter zu finden.

Der Head-Heart-Hand-Ansatz verdichtet drei zentrale Mechanismen in einem einfachen Konzept. Da Menschen für unterschiedliche Argumentationen empfänglich sind, besteht es aus unterschiedlichen Hebeln, die gemeinsam ein effektives Instrument bilden, Veränderungen zu initiieren. Die eine wird von rationalen Botschaften erreicht (Kopf), der andere von emotionalen (Herz) und wieder andere bevorzugen klare Anweisungen, dass und wie Dinge (anders) zu tun sind (Hand).

Neben der Initiierung von Veränderung erscheint es von Bedeutung, welche Stadien bei Veränderungen durchlaufen werden, um einerseits eine gesunde Entwicklung, andererseits Nachhaltigkeit zu gewährleisten. Hierfür liegt eine Anlehnung an die Organisationsentwicklung und Modelle der Kulturveränderung nahe. Folgende Phasen bilden den Veränderungsprozess im Rahmen von Diversity modellhaft ab:

▶ Anerkennung und Akzeptanz für das Thema
▶ Erkenntnis für Chance und Notwendigkeit von Veränderungen
▶ Verpflichtung für eigenes Engagement
▶ nachhaltige Verankerung der Neuerungen

Für die konkrete Arbeit an Diversity erscheint es nun von Interesse, die beiden Ansätze der Initiierung und phasenweisen Förderung von Veränderung mit Leben zu füllen und effektiv miteinander zu kombinieren.

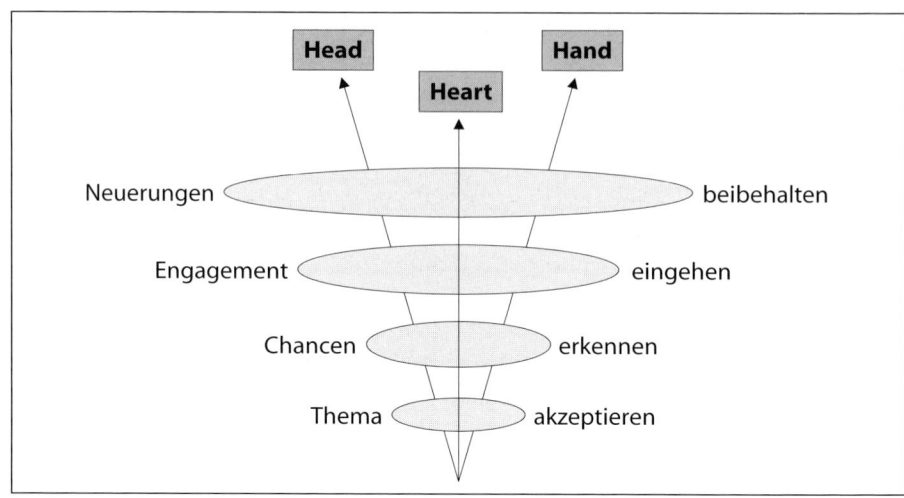

Abb. 8.1: Veränderung initiieren – Entwicklung fördern (Copyright: mi.st [Consulting)

Mit Head, Heart und Hand Veränderungen initiieren

Diversity erhofft oder erwartet von Menschen zum Teil tief greifende Veränderungen. Auch wenn das für andere wahrnehmbare Verhalten im Vordergrund steht, so zielt Diversity doch darauf ab, auch grundlegende Überzeugungen und Einstellungen auf den Prüfstand zu stellen und zumindest die Auswirkungen mancher Grundhaltungen aufzuzeigen, um darüber in vielen Fällen eine Veränderung zu bewirken. Wann aber verändern sich Menschen? Meist dürfte dies geschehen, wenn sie sich einen Vorteil (für sich persönlich oder für ihr Umfeld als Ganzes) davon versprechen. Diese Grundüberlegung macht sich der Head-Heart-Hand-Ansatz zunutze, insofern er auf verschiedenen Ebenen Vorteile für den Mitarbeiter in Aussicht stellt, wenn dieser sich verändert.

Head

Die Ebene des Head-Ansatzes spricht die rationale Seite der Mitarbeiter an. Entsprechend steht eine Kosten und Nutzen abwägende Argumentation für Diversity im Mittelpunkt, um MitarbeiterInnen von Diversity zu überzeugen. Die benannten Vorteile beziehen sich dabei auch auf das Arbeitsgebiet, das Arbeitumfeld und letztlich den Erfolg des angesprochenen Mitarbeiters. Ziel dabei ist es, eine nüchterne Entscheidung für Diversity anzustoßen.

Für diesen Ansatz sind Instrumente erforderlich, die die Vorteile von Diversity im unternehmensspezifischen und individuellen Kontext aufzeigen. Dabei sollten sie eine ausgewogene Darstellung wählen und auch mögliche Hindernisse und Barrieren benennen. Damit setzt der Head-Ansatz auf die argumentativen Stärke des in den Kapiteln 2, 6 und 7 dargestellten Business Case. Dieser bildet jedoch nur die Basis und muss didaktisch und kommunikativ in adäquater Form aufbereitet werden.

Ein Teil dieser Überzeugungsarbeit im Rahmen des Head-Ansatzes besteht in der Anknüpfung an bereits bestehende oder schon lang vorhandene Konzepte, die heute dem Diversity-Ansatz zugeordnet werden. Weiterhin stellt der Head-Ansatz die Notwendigkeit von Veränderungen und deren bewusste Gestaltung im Rahmen von Diversity dar.

Schließlich fordert die rationale Seite der Menschen Antworten auf die Frage der langfristigen Verankerung der vorteils- und wertschaffenden Implementierung von Diversity. Aus vielen Zusammenhängen ist bekannt, dass nicht die Formulierung der Strategie Hindernis einer langfristigen Wertschöpfung ist, sondern das Phänomen des Versandens. Im Sinne von Kapitel 6 sind an dieser Stelle entsprechende Maßnahmen des Diversity Mainstreamings relevant.

Heart

Auf der Ebene des Heart-Ansatzes werden andere Zielsetzungen verfolgt. Hier erfolgt die Argumentation auf der emotionalen Seite. Vor dem Hintergrund der Erkenntnis, dass jede noch so rationale Argumentation an persönlichen Vorbehalten scheitern kann, gilt es, einen gefühlsbedingten Einstellungswandel zu initiieren, der in der Folge zu Verhaltensänderungen führen wird. Viele Menschen lassen sich vor allem dann von einer Idee überzeugen, wenn sie eigene positive Erfahrungen sammeln. Über persönliche Berührungspunkte findet auf der Heart-Ebene eine Begeisterung für Diversity statt. Die individuellen Vorteile stellen sich für den Mitarbeiter in Form von wachsender Zufriedenheit über sich selbst und sein Verhalten (Fairness) ein.

Auf der Heart-Ebene kommen daher Instrumente zum Einsatz, bei denen das persönliche Erleben und die Betroffenheit im Vordergrund stehen. Aus psychologischer Perspektive steht hier das Erkennen eigener Werte und Einstellungen sowie daraus folgender Verhaltens- und Entscheidungspräferenzen am Ausgangspunkt. Diese Selbstreflektion und -erkenntnis bildet einen möglichen Übergang zum bewussten Wahrnehmen von Vielfalt. Dieser Mechanismus wird vor allem bei Trainingsmaßnahmen eingesetzt. Weniger strukturiert, aber dennoch effektiv mit Blick auf persönliche Bewusstseinsprozesse sind weiterhin Mentoring-Programme und Mitarbeiternetzwerke. Bei diesen erfolgt die Reflektion im Rahmen persönlicher Kontakte – ganz nach dem Motto: Der erste Mensch, den man im Ausland (neu) kennen lernt, ist man selbst.

Die Heart-Ebene besitzt eine erhebliche Erfolgsrelevanz für Diversity, da gerade tief greifende Veränderungen ein umfassendes persönliches Commitment erfordern. Vor allem bei Führungskräften oder im alltäglichen Umgang (vgl. z.B. Kapitel 5: Sprache) wird allzu rasch deutlich, ob ein neues Credo nur proklamiert und vorgeschoben oder tatsächlich kultiviert und gelebt wird.

Ein effektiver Einstieg auf der Heart-Ebene besteht in der (Neu-)Entdeckung bereits vorhandener Vielfalt. So ist es vergleichsweise einfach, zum Beispiel in einem Kreis von Führungskräften Unterschiede sprichwörtlich zu Tage zu fördern, indem man die Ebene des offensichtlich Beobachtbaren verlässt. Ein Augenmerk mag dabei auf Lebenseinstellungen liegen, die eine fruchtbare Erkenntnisquelle für Vielfalt darstellen können.

Hand

Die dritte Ebene des Hand-Ansatzes spielt die Stärke des Faktischen aus. Klare Handlungsanweisungen zur Umsetzung der Diversity-Strategie werden gezielt eingesetzt, um die MitarbeiterInnen zu Veränderungen nicht nur zu bewegen, sondern sie (zur ihrem Glück) zu zwingen. Rationale Einsicht ist hierfür zunächst ebenso wenig erforderlich wie eine emotionale Affinität. Der individuelle Vorteil für die Mitarbeiter entsteht durch Belohnungen, die aus konformem Verhalten resultieren oder durch die Vermeidung von Negativfolgen im Falle der Nichteinhaltung von Regeln. Die Gestaltung der Anweisungen muss nicht notwendigerweise auf inhaltlicher Ebene (z.B. durch Vorgabe konkreter Verhaltensmaßregeln) erfolgen, sondern kann auch struktureller Natur sein (z.B. durch die Einführung von Jobrotation-Programmen).

Bereits in Kapitel 5 (Abschnitt „Staatlich-politische Rahmenbedingungen") wurde erwähnt, dass Antidiskriminierungsgesetze notwendige, wenn auch nicht hinreichende Bedingungen für Diversity darstellen. Später zeigte das Kapitel, dass in Deutschland eine erkennbare Obrigkeitsorientierung besteht. Schließlich wurde im Rahmen des Kapitels auf die anerkannte Bedeutung eines Engagements des Topmanagements hingewiesen. Der Hand-Ansatz vereint diese Mechanismen und korrespondiert stark mit der in Kapitel 6 beschriebenen Diversity-Einführung topdown. Zu seinen offensichtlichsten Instrumenten gehören Richtlinien (Policies, Führungsgrundsätze), Betriebsvereinbarungen und Zielvereinbarungen zur Übertragung von Verantwortung im Rahmen persönlicher Diversity-Pläne. Aber auch die Frage, ob Diversity-Trainings freiwillige oder Pflichtveranstaltungen darstellen, zählt zu diesem Ansatz.

Zusammenspiel und Anwendung

Es erscheint offensichtlich, dass keiner der vorgestellten Ansätze für sich alleine in Reinform effektiv wirken kann. Zu unterschiedlich sind die unterschiedlichen Voraussetzungen in Organisationen. Dennoch lassen sich Tendenzen ausmachen, in welchen Umfeldern welcher der Ansätze Head, Heart und Hand besonders viel versprechend erscheint.

Merkmal-kategorie	Head-Ansatz effektiv, falls …	Heart-Ansatz effektiv, falls …	Hand-Ansatz effektiv, falls …
Unternehmens-, Organisations-kultur	technisch-analytisch, rational	Diskussions-kultur, lösungs-orientiert	aufgaben-orientiert
Arbeitsweise/-technik	effizient	effektiv	normativ
Umgang mit Konflikten	rational, aber ablehnend	konsensorientiert	lösungsorientiert, Schnelligkeit vor Qualität
Erlangung von Ansehen durch	Leistung	Charisma	Position
Aufgaben	anspruchsvoll, definiert	wenig strukturiert	klar definiert, einfach
Bedeutung von Vielfalt	gering	mäßig	gering

Ein Vorteil der Strukturierung von Diversity-Veränderungsansätzen in die drei genannten Ebenen liegt in deren gegenseitigem Zusammenspiel. Über welchen Hebel auch immer Menschen dazu bewegt werden, eine Veränderung (entlang der genannten Phasen) vorzunehmen, sie werden durch persönliche Erfahrungen auch in den jeweils anderen Bereichen berührt und erreicht. Verändert ein Mitarbeiter sein Verhalten angesichts des Business Case, wird er wahrscheinlich positive Erfahrungen machen, die in der Folge auch zu einer Einstellungsveränderung führen. Ähnliches mag gelten, wenn ein Mitarbeiter sein Verhalten aufgrund einer neuen Policy ändert und durch das neue Verhalten bessere Erfolge erzielt.

Die oben gewählte Darstellung der drei Wirkungsrichtungen macht etwas Weiteres deutlich: Keiner der drei Hebel wird für sich alleine in der Lage sein, die phasenweise Veränderung zu bewirken. Ein Zusammenspiel der drei Mechanismen erscheint erforderlich, um von Stufe zu Stufe zu gelangen. Ohnehin dürfte die Heterogenität innerhalb einer Organisation zu groß für einen „One-size-fits-all"-Ansatz sein.

Durch bewusste Phasengestaltung Veränderungen fördern

Während die dargestellten Veränderungsansätze dazu dienen, immer wieder neue Impulse für Weiterentwicklungen zu geben, erscheint es wesentlich, allen Beteiligten die Gelegenheit zu geben, sich schrittweise zu verändern. Tief greifende Veränderungen, wie Diversity sie anstrebt, erfolgen selten „über Nacht". Eine Art Phasenmodell illustriert die mögliche Entwicklung des Veränderungsprozesses.

Es wird später zu zeigen sein, dass in jeder der Phasen die Anwendung aller drei Veränderungsansätze möglich und sinnvoll ist.

Zunächst erscheint das Anerkennen des jeweiligen Themas erforderlich. Dies umfasst einerseits eine gewisse Aufmerksamkeit, die Diversity entgegengebracht werden muss. Andererseits ist damit eine Relevanzprüfung verbunden, die in der Akzeptanz des Themas münden sollte, um den Phasendurchlauf abzuschließen.

Das nächste Stadium besteht in dem Erkennen von Verbesserungspotenzialen. Auf Basis der zuvor (an-)erkannten Relevanz umfasst dies eine Bewertung, ob Veränderungen mit positiven Auswirkungen – für die Organisation und/oder das Individuum – verbunden wären. Dazu bedarf es einer vergleichenden Würdigung von Ist- und (möglicher) Soll-Situation.

Die folgende Phase strebt die Verpflichtung zum eigenen Engagement an. Dazu wird es nötig sein, eigene Beiträge zu identifizieren, die zur Erreichung der zuvor erkannten Verbesserungspotenziale beitragen können. Hierfür erscheint das Vorhandensein einer Diversity-Strategie in der Organisation und die Bereitstellung konkreter Aktivitätsrahmen von Bedeutung.

Die letzte Phase besteht in der festen Verankerung der erzielten Neuerung in den täglichen Umgang. Diese Übernahme oder Übertragung eines vorübergehenden Engagements in die persönliche und soziale Routine ist mit Blick auf die nachhaltige Umgestaltung von Kulturen und Systemen von besonderer Bedeutung. Sie stellt überdies keinen Automatismus dar, da selbst intensives Engagement für Diversity dennoch Projektcharakter haben kann.

Die verschiedenen Individuen einer Organisation befinden sich zu unterschiedlichen Teilaspekten von Diversity in unterschiedlichen Phasen dieses Entwicklungsmodells. Man kann davon ausgehen, dass der Abschluss der vierten Phase in einem Bereich die Möglichkeiten der betreffenden Person verbessert, in anderen Bereichen Fortschritte zu erzielen. Weiterhin bedingen die unterschiedlichen Dispositionen der Individuen, dass sie über unterschiedliche Ansätze (Head, Heart oder Hand) stimuliert werden, sich durch eine Phase hindurch in die jeweils nächste Phase zu bewegen. Welcher Ansatz bei einer Person Wirkung zeigt, kann für unterschiedliche Themenbereiche und Phasen jeweils verschieden sein. Wie sich die drei Veränderungsansätze in den dargestellten Phasen widerspiegeln können, ist in nachstehender Tabelle dargestellt.

	Head	Heart	Hand
Thema akzeptieren	▶ Bezüge zu etablierten Aktivitäten, Programmen ▶ Benchmarking	▶ persönliche Beispiele für Diskriminierung/ Ausgrenzung ▶ bestehende Vielfalt aufzeigen	▶ Business-Kontext ▶ Tagesordnungs- punkt in Manage- ment-Meetings
Chancen erkennen	▶ brachliegende Markt- und Produktivitäts- potenziale	▶ Trainingsvideos ▶ Best-Practice- Beispiele	▶ drohende Rechtsfolgen ▶ Lob für Engage- ment (Preis)
Engagement eingehen	▶ Mitarbeit Diversity- Marketing ▶ Team-Diversity- Workshops ▶ Diversity Recruiting	▶ Teilnahme an Netzwerken, Mentoring und Veranstaltungen	▶ Pflichttrainings ▶ Verantwortung für Diversity-Projekte übertragen
Neuerungen beibehalten	▶ Diversity in der strategischen (Business-)Planung ▶ 360°-Feedback zu Diversity	▶ Learning Labs ▶ direkter Beschwerde- weg ▶ Jobrotation	▶ Zielverein- barungen ▶ Balanced Scorecard ▶ Diversity-Führungs- kompetenz

Abb. 8.2: Veränderungsphasen und -ansätze

Zusammenfassung

Die verschiedenen Phasen und Ansätze für Veränderungen im Rahmen von Diversity ergänzen das Modell der Diversity-Einführung und des -Mainstreamings auf der strategischen Ebene. Ohne sie blieben Überlegungen zur Implementierung unvollständig und griffen zu kurz. Mit ihnen wird eine Abbildung der komplexen Realität einer Organisation mit Blick auf Diversity überhaupt erst möglich. Entsprechend steigt die Erfolgswahrscheinlichkeit einer Implementierung durch den Einsatz der strategischen Veränderungsansätze und -phasen.

Fazit: Die fünf häufigsten Fehler und wichtigsten Erfolgsfaktoren

Die umfassende Betrachtung der Grundlagen, Rahmenbedingungen und der Möglichkeiten einer Implementierung von Diversity eröffneten einen Einblick in die Vielschichtigkeit und Anschlussfähigkeit dieses Ansatzes. Zusammen mit bereits mehrjähriger, praktischer Erfahrung können diese Überlegungen dazu dienen, Hinweise auf die häufigsten Fehler und wichtigsten Erfolgsfaktoren bei der Arbeit an Diversity zu identifizieren.

Die fünf häufigsten Fehler

Fokussierung auf (einige) Unterschiede

Die Begrenzung der Definition von Diversity auf zwei, drei, vier Unterscheidungs-facetten birgt die Gefahr der Schubladisierung durch das Betonen bestimmter Merkmale (und damit angeblich zusammenhängender Eigenschaften). Weiterhin beinhaltet sie eine Ausgrenzung in der Form „Manche sind gleicher", die (zu Recht) Zynismus zur Folge haben wird.

Keine Vollzeitstelle für die Diversity-Implementierung

Während es nachvollziehbar erscheint, dass nicht schon die ersten Überlegun-gen zu Diversity zur Einrichtung einer neuen Managementposition führen, muss doch anerkannt werden, dass die Steuerung eines derart komplexen Verände-rungsprozesses nicht ohne organisatorisch verankerte Führung erfolgreich sein wird. Spätestens nach der Grundlagenerarbeitung (vgl. Modell Kapitel 6) sollte eine entsprechende Entscheidung getroffen werden.

Einsatz von Quoten

Bei der Entwicklung von Zielsystemen besteht eine gewisse Versuchung darin, Vielfalt als Ziel in Form von Repräsentationsanteilen zu definieren. Als prokla-miertes Ziel befindet sich diese Zielebene jedoch weit von dem geschäftlichen Oberziel „Erfolgssteigerung" entfernt. Ferner kann die Übertragung dieser Ziele in Umsetzungsaktivitäten zu einer Quotierung führen – in den meisten Fällen wird dies zumindest als solche wahrgenommen. Nichtsdestotrotz eignen sich Repräsentationsanteile als Erfolgsmesskriterien.

Marginale Budgets

Die durch Diversity in den Bereichen Märkte & Kunden sowie individuelle & Teamproduktivität erzielbaren Vorteile und Verbesserungen bewegen sich in den Größenordnungen von mehreren Prozent des jeweiligen Umsatzes bzw. der je-weiligen Wertschöpfung. Zur Gewinnung dieser Benefits ist eine geringeres In-vestment, allerdings in entsprechender Größenordnung, erforderlich.

Reines HR-Projekt

Während der Ausgangspunkt für Diversity in vielen Fällen der HR-Bereich ist, bleibt weder die Implementierung noch die Tragweite auf diese Funktion be-schränkt. Schon bei der Grundlagenentwicklung erscheint daher eine Vernetzung mit der Unternehmenskommunikation, dem Marketing, den Investor Relations und den operativen Geschäftsbereichen erforderlich.

Die fünf wichtigsten Erfolgsfaktoren

Intensive Arbeit an Grundlagen

Manche Diversity-Programme entstehen aus ehrenamtlichen Projekten heraus. So wichtig diese Initialfunktion erscheint, so bedeutend ist auch, dass Diversity in der Folge als professionelles Projekt gestartet wird und mittelfristig seine Verankerung in der Organisation erfährt. Ein klarer Bezug zum Kerngeschäft (vgl. Kapitel 6: Business-Kontext), ein differenzierter Business Case (vgl. Kapitel 6 und 7), ein klares Zielsystem und eine fundierte Ist-Analyse helfen, eine hohe Positionierung sicherzustellen.

Differenzierte Strategie

Während die Bedeutung innovativer Diversity-Projekte unbestritten ist, wird eine grundlegende und nachhaltige Veränderung der Organisation vor allem dann wahrscheinlich, wenn eine strategische Vorgehensweise gewählt wird. Diese sollte verschiedene Veränderungsansätze (Head-Heart-Hand) ebenso berücksichtigen wie Top-down- und Bottom-up-Einführungsmaßnahmen.

Sichtbares Engagement der Unternehmensführung

Auch wenn dieser Erfolgsfaktor droht, zum Allgemeinplatz zu verkommen; er bestätigt sich immer wieder aufs Neue. Obschon das Topmanagement eine effektive Implementierung von Diversity nicht sicherstellen kann, muss es doch in allen Phasen und in allen Aktivitätsbereichen (nicht nur Top-down- und Hand-Ansatz!) involviert sein.

Intensive Kommunikation und Einbindung

Es mag allzu offensichtlich erscheinen, dass die aktive Einbindung der Belegschaft von wesentlicher Bedeutung für Diversity ist. Dieser Einsicht sollten jedoch intensive Bemühungen um eine Interaktion folgen. Veranstaltungen, Webforen, Artikel, Umfragen und weitere „Mitmach"-Aktionen sind hierfür sinnvoll. Zwei Berichte in der Mitarbeiterzeitschrift gewährleisten keineswegs, dass die Belegschaft umfassend informiert und eingebunden ist.

Quick Wins mit langfristiger Perspektive

Bei allem strategischen Weitblick hat es sich als taktisch effektiv erwiesen, bereits im ersten Jahr der Diversity-Arbeit zumindest einen vorzeigbaren Erfolg zu erzielen: Eine interne Veranstaltung, eine öffentliche Auszeichnung, ein gewichtiger Pressebericht, deutliches Kunden- oder Kandidatenlob sowie positive Stimmen aus der Belegschaft tragen zu einer Bestätigung des Ansatzes bei. Dabei darf der Gesamtzusammenhang nicht zugunsten eines Aktionismus aus dem Blick geraten: Organisationen benötigen Jahre, um sich spürbar zu verändern. Dies zeigt sich auch in den Entwicklungen, die deutsche und andere europäische Unternehmen in den letzten Jahren im Bereich Diversity vollzogen haben.

Umsetzung von Diversity in Unternehmen

Häufig erfolgt der Einstieg in die Diversity-Arbeit über die klassischen Diversity-Themen Geschlecht, Ethnizität und/oder Alter. In diesen Bereichen werden Projekte durchgeführt, die eine fokussierte Auseinandersetzung darstellen. Die Stakeholder dieser Phase sind überwiegend im Personalbereich, teilweise in der Unternehmenskommunikation angesiedelt.

Die Verbreiterung und Vernetzung des Ansatzes erfolgt im weiteren Verlauf in zwei Richtungen: Das Verständnis für Diversity umfasst nach und nach mehr „Facetten" sowie den Aspekt „offene Geisteshaltung". Entsprechend verstärkt sich die Zusammenarbeit mit weiteren Funktionen im Unternehmen (z.B. Sozialberatung, Behindertenbeauftragte, Unternehmenskultur, Betriebsrat, internationales Personalmanagement) und führt zu einer Bündelung von Ressourcen. Die Zusammenarbeit wird auf allen Seiten von taktischen Überlegungen mitbestimmt.

In der weiteren Entwicklung ist eine gezielte und bewusste Integration von Diversity in eine Reihe von Schlüsselfunktionen zu beobachten. Ein konsistenter Rahmen und erste positive Erfahrungen bewirken Interesse bei den Funktionen Personalbeschaffung, Weiterbildung/Training, Führungskräfteentwicklung, Marketing und Kundenbeziehungsmanagement oder der Presse- und Öffentlichkeitsarbeit, falls diese das Thema noch nicht proaktiv bearbeitet hatten. Die Zusammenarbeit erfolgt von beiden Seiten angesichts gegenseitigem und beiderseitigem Nutzen.

Eine deutlich fortgeschrittene Phase der Diversity-Arbeit wird von der Verankerung des Themas in den Divisionen, in der Linie bzw. im Geschäftsmodell gekennzeichnet. Die Anerkennung und Nutzung von Vielfalt zur besseren Entwicklung des „Business" finden eine Thematisierung in Staff Meetings, Geschäftsplänen und -modellen sowie in Zielvereinbarungen und der Führungskräftebeurteilung (Managementkompetenz).

Noch ist nicht abzusehen, wie sich die weitere Entwicklung darstellen wird. Denkbar ist jedoch, dass die fokussierte Bearbeitung einzelner Themen nach und nach an Bedeutung verliert. Die nachhaltige Berücksichtigung von Diversity in Schlüsselfunktionen erscheint dagegen dauerhaft von Bedeutung, ebenso die Verankerung in Geschäftsmodellen.

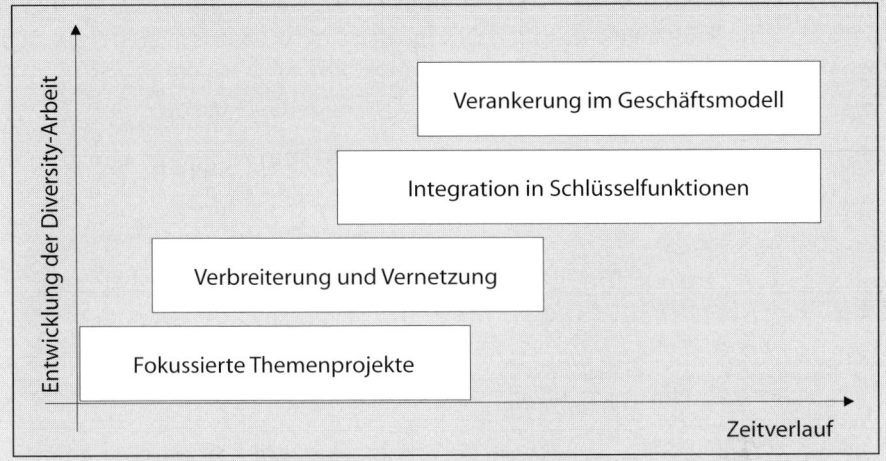

Diversity-Entwicklungsphasen

Gerade im Anschluss an die Erfolgsfaktoren soll dieses Modell Bewusstsein und Verständnis dafür wecken, dass nicht nur die an der Entwicklung von Diversity-Beteiligten – das sind alle MitarbeiterInnen und Führungskräfte – mehrere Prozesse und Stadien durchlaufen. Auch die Organisation und mithin das Thema Diversity verändern sich im Zeitverlauf und nehmen immer wieder eine neue Gestalt an. Damit zeigt sich einmal mehr, wie nah am Leben und wie nah am Alltag von Organisationen sich Diversity positioniert.

Lektion 11

So wenig, wie es eine optimale Art und Weise der Implementierung von Diversity gibt, so wenig existieren geradlinige Ablaufpläne oder universell anwendbare Strategien für die Umsetzung. Alle Elemente der Diversity-Arbeit sollten daher in dem Bewusstsein gestaltet werden, dass die Mitglieder einer Organisation und die unterschiedlichen Teile einer Organisation ein individuelles Verhältnis zu Diversity aufweisen, was entsprechend unterschiedliche Ansprache und Interaktion erfordert.

Ausblick

Diversity beschreibt weitaus mehr als das Phänomen, dass alle Menschen einmalige Individuen sind. Der Ansatz beschreibt für Personen und Organisationen eine Grundhaltung des Umgangs mit Unterschiedlichkeit, die Vielfalt als Erfolgsfaktor nutzt und insofern fördert. Damit bietet Diversity eine Möglichkeit, die vielfältigen Herausforderungen und Trends, denen sich Staat, Wirtschaft und Gesellschaft gegenübersehen, als Chance mitzugestalten. Bedauerlicherweise erhalten viele Menschen durch ihre Erziehung, Bildung und Sozialisation nicht das nötige Rüstzeug, um den Wert von Verschiedenheit intuitiv anerkennen und wertschätzen zu können. Zudem tragen Gruppendynamik, organisationale Präferenzen und Machtkalkül dazu bei, dass bestehende Organisationen nur schwer zu verändern sind.

Unternehmen und andere Organisationen, die auch in Zukunft erfolgreich wirtschaften oder agieren wollen, werden früher oder – im ungünstigen Fall – später erkennen müssen, dass frühere Erfolge keine Gewähr für künftige Sicherheit oder Stabilität, nicht einmal für das Überleben darstellen. Dies wurde in den umfangreichen, politischen Reformdebatten des Jahres 2003 gleichermaßen für den Standort Deutschland konstatiert. Stattdessen müssen Wege gefunden werden, tradierte Kulturen und Systeme offen, durchlässig und flexibel zu gestalten, um Produktivität und Effektivität für alle jeweiligen Stakeholder zu ermöglichen. Dies bedeutet auch, Weichenstellungen zu korrigieren, die in der Vergangenheit heutiges Wissen und heutige Perspektiven nicht berücksichtigten und dies auch nicht konnten. Der nicht unerhebliche Aufwand rechtfertigt sich angesichts der Vorteile und Verbesserungen, die Unternehmen aus Diversity-orientierten Veränderungen erzielen. Sie verfolgen eigene Nutzenüberlegungen und nehmen darüber hinaus eine besondere gesellschaftliche Verantwortung wahr: der Beitrag zu einem besseren Miteinander auch außerhalb der jeweiligen Arbeitsorganisation.

Dem Staat sowie den politischen und gesellschaftlichen Akteuren kommt in diesem Zusammenhang die Verantwortung zu, in ihrem eigenen Wirkungsfeld Ähnliches zu leisten. Das erforderliche Umdenken kann nicht vor der öffentlichen Verwaltung, dem Bildungssektor inklusive der Hochschulen, den Parteien, Gewerkschaften und Arbeitgeber- sowie Wirtschaftsverbänden, aber auch nicht vor Polizei und Bundeswehr Halt machen.[1] Auch hier spielt das Eigeninteresse der jeweiligen Organisationen eine gewichtige Rolle. Denn auch sie können mit Diversity ihre jeweilige Aufgabe – intern wie extern – besser wahrnehmen. Dennoch obliegt ihnen darüber hinaus eine besondere Verantwortung: Sie haben mehr als in der Vergangenheit dafür zu sorgen, dass die grundlegenden

---

1   Die Kirchen mögen in Betracht ziehen, aus den in diesem Buch beschriebenen Entwicklungen eigene Schlüsse zu ziehen.

Weichenstellungen im Standort Deutschland künftig noch stärker auf sich verändernde Rahmenbedingungen ausgerichtet sind. Vor allem der Gesetzgeber und die Tarifpartner sowie die gesellschaftlichen Meinungsführer werden erkennen müssen, dass wesentliche Grundgedanken von „Diversity" in den von ihnen gestalteten Umfeldbedingungen Eingang finden müssen, um erfolgreiches Wirtschaften künftig noch besser zu ermöglichen. Andererseits bildet Diversity auch für das gesellschaftliche System in Deutschland zahlreiche Ansatzpunkte für Verbesserungen. In dieser Hinsicht erscheint es vordringlich, entsprechende Basiskenntnisse und Kompetenzen in das Bildungssystem aufzunehmen. Weiterhin erscheint es erforderlich, dass die Akteure, die meinungs- und wertebildenden Einfluss in der Gesellschaft ausüben, diesen verstärkt einsetzen, um die Entwicklung einer Diversity-Kultur zu begünstigen. In dieser stellt (passive) Toleranz kein erstrebenswertes Ziel, sondern eine Selbstverständlichkeit dar. Auf ihrer Basis entstehen Akzeptanz, Respekt und Wertschätzung für andere. Den Medien, aber auch den weniger publik arbeitenden Stiftungen kommt hier eine besondere Bedeutung zu.

In den vergangenen Jahren ergriffen einige wenige Unternehmen die Initiative, Vielfalt bewusst anzuerkennen und gezielt für Erfolgssteigerungen zu nutzen. Durch den systematischen Ausbau ihrer Aktivitäten werden ihnen nachhaltig strategische Vorteile erwachsen. Zahlreiche Unternehmen, die diesen Weg ebenfalls gehen, werden ebenfalls Vorteile erlangen und Opportunitätskosten vermeiden. Indes erscheint es kaum verständlich, weshalb sich politische Führung und Multiplikatoren nur zögerlich den zeitgemäßen und gewinnbringenden Konzepten zuwenden. Ganz im Sinne der Top-down-Einführung von Diversity und dem Hand-Ansatz für Veränderungen spielen sie eine Schlüsselrolle bei den weiteren Entwicklungen. Bis Diversity allerdings zur politischen Parole, zum Verbandsvorgehen und zur Medienmessage wird, bleiben die Unternehmen Trendsetter und Gestalter eines erfolgreichen Standortes Deutschland.

Anhang

Service: Ausgewählte Internetadressen

Nachfolgend werden ausgewählte Organisationen und Projekte aufgeführt, die in Diversity-Zusammenhängen relevante Arbeit leisten und als Ansprechpartner dienen können. Diese Auswahl stellt keinerlei Bewertung der jeweiligen Aktivitäten oder Inhalte dar. Dies gilt insbesondere für Adressen, die nicht aufgenommen wurden. Die Grundidee des Serviceteils besteht darin, Aktualisierungen und Ergänzungen über die Diversity-Website zu diesem Buch www.ungleich-besser.de → das_Buch kontinuierlich zu verbessern und jederzeit abrufbar zu machen. Hierzu ist es erforderlich, entsprechende Informationen und Links über die Internetseite zur Verfügung zu stellen.

Alter

Bundesarbeitsgemeinschaft der Senioren-Organisationen
www.bagso.de

Bundesministerium für Bildung und Forschung
Projekt „Demographischer Wandel und Zukunft der Erwerbsarbeit"
www.demotrans.de

Initiative „Proage – Facing the challange of demographic change"
www.proage-online.de

Deutsches Zentrum für Altersfragen
www.dza.de

Deutsches Jugendinstitut
www.dji.de

Behinderung

Aktion Mensch
www.aktion-mensch.de

Allgemeiner Behindertenverband in Deutschland e.V.
www.abid-ev.de

Bundesverband für Körper- und Mehrfachbehinderte e.V.
www.bvkm.de

Bundesvereinigung Lebenshilfe für Menschen mit Behinderung e.V.
www.lebenshilfe.de

Zentras – Zentrum für Arbeit und Soziales
www.zentras.uni-trier.de

Beauftragter der Bundesregierung für die Belange behinderter Menschen
www.behindertenbeauftragter.de

Bundesarbeitsgemeinschaft für Unterstütze Beschäftigung
www.bag-ub.de

Unternehmensforum c/o RE-INTEGRA
www.reintegra.de

Genossenschaft der Werkstätten für Behinderte
www.gdw-wfb.de

Geschlecht

Deutscher Frauenrat
www.deutscher-frauenrat.de

Deutscher Frauenring e.V.
www.deutscher-frauenring.de

Total E-Quality Deutschland e.V.
www.total-e-quality.de

Schöne Aussichten – Verband selbstständiger Frauen
www.schoene-aussichten.de

EWMD
www.ewmd.org

Bundesministerium für Familie, Senioren, Frauen und Jugend (BMFSFJ)
www.gender-mainstreaming.net

Friedrich-Ebert-Stiftung: Frauenpolitik und Gender
www.fes.de/gender/

Heinrich-Böll-Stiftung
www.boell.de

Konrad-Adenauer-Stiftung, Frauen- und Familienpolitik
www.kas.de

Friedrich-Naumann-Stiftung
www.fnst.de

Hans-Böckler-Stiftung (DGB)
Wirtschafts- und Sozialwissenschaftliches Institut

Soziale Sicherung von Frauen
www.boeckler.de

Lifestyle, Familie, Work-Life

Verband alleinerziehender Mütter und Väter, Bundesverband e.V.
www.vamv-bundesverband.de

Gemeinnützige Hertie-Stiftung
Audit Beruf und Familie
www.beruf-und-familie.de

Familien-Service
www.familienservice.de

Europäische Agentur für Sicherheit und Gesundheitsschutz am Arbeitsplatz
Verhütung psychosozialer Risiken am Arbeitsplatz
http://osha.eu.int/ew2002/ew2002.php?lang=de&id=4&sub=1

Migration, Nationalität, Kultur, Religion

Bundesausländerbeirat
www.bundesauslaenderbeirat.de

Bundesarbeitsgemeinschaft Immigrantenverbände
www.bagiv.de

Interkultureller Rat in Deutschland
www.interkultureller-rat.de

Beauftragte der Bundesregierung für Migration, Flüchtlinge und Integration
www.integrationsbeauftragte.de

Beauftragter der Bundesregierung für Aussiedlerfragen und nationale
Minderheiten in Deutschland
www.aussiedlerbeauftragter.de

Zentralrat der Juden in Deutschland
www.zentralratdjuden.de

Islamrat für die BRD
www.islamrat.de

Zentralrat Deutscher Sinti und Roma
www.sintiundroma.de

Deutsche Bischofskonferenz
www.dbk.de

Evangelische Kirche
www.ekd.de

DGB
www.migration-online.de

Bundesvereinigung der Deutschen Arbeitgeberverbände
www.bda-online.de

Bundesministerium für Wirtschaft und Arbeit
Bundesprogramm XENOS – Leben und Arbeiten in Vielfalt
www.xenos-de.de

Amadeu-Antonio-Stiftung
Migration – Kultur – Integration – Fremdenfeindlichkeit
www.amadeu-antonio-stiftung.de

Isoplan – Institut für Entwicklungsforschung, Wirtschafts- und Sozialplanung
www.isoplan.de

Wanderausstellung „Coexistence"
www.mots.org.il/eng/exhibitions/traveling.htm

Sietar Deutschland
www.sietar-deutschland.de

Sexuelle Orientierung

Völklinger Kreis e.V.
www.vk-online.de

Wirtschaftsweiber
www. Wirtschaftsweiber.de

LSVD
www.lsvd.de

Diversity allgemein

Bundesministerium für Wirtschaft und Arbeit
Gemeinschaftsinitiative Equal
www.equal-de.de

Universitätsinstitute (mit Arbeitsschwerpunkt Diversity)

Freie Universität Berlin
Chancengleichheit von Männern und Frauen – Managing Diversity
www.wiwiss.fu-berlin.de/w3/w3krell/

Universität Bielefeld
Interdisziplinäres Frauenforschungs-Zentrum (IFF)
www.uni-bielefeld.de/IFF/iff.html

Universität Potsdam
Organisation und Personalwesen – Internationales Management –
Managing Diversity
www.uni-potsdam.de/db/orgapers/website/index.php?x=y

Universität Trier
Arbeit, Personal, Organisation – Diversity Management –
Audit Familiengerechte Hochschule
www.uni-trier.de/uni/fb4/apo/lehrstuhl.html

Stichwortverzeichnis